21世纪先进制造技术丛书

异型石材制品智能加工轨迹控制

吴玉厚 耿 聪 著

科 学 出 版 社

北 京

内 容 简 介

本书从高速高精加工的角度，比较系统地探讨了石材制品多轴智能数控加工的方法，总结了石材制品数控加工运动控制领域的相关进展。全书在论述石材制品多轴智能数控加工的概念和内涵基础上，介绍了多智能体系统的基础知识，探讨了基于多智能体技术的智能数控系统体系结构建模方法，叙述了五轴数控机床通用运动学转换关系，建立了不同配置结构机床加工精度和效率模型，阐述了适用于石材制品五轴高速高精加工的指令点插补方法和平滑过渡方法。

本书可作为高等院校机械制造及自动化专业高年级本科生和研究生的学习用书，也可供研究院(所)、高等院校、企业从事硬脆材料加工、数控、自动化关键技术研究和开发的人员参考。

图书在版编目(CIP)数据

异型石材制品智能加工轨迹控制 / 吴玉厚，耿聪著. -- 北京 : 科学出版社，2025. 6. --（21世纪先进制造技术丛书）. -- ISBN 978-7-03-082332-8

Ⅰ. TU754.4；TG659

中国国家版本馆CIP数据核字第20257G1078号

责任编辑：刘宝莉　乔丽维 / 责任校对：任苗苗
责任印制：赵　博 / 封面设计：蓝正设计

科学出版社 出版
北京东黄城根北街16号
邮政编码: 100717
http://www.sciencep.com
保定市中画美凯印刷有限公司印刷
科学出版社发行　各地新华书店经销
*
2025年6月第　一　版　开本：720 × 1000　1/16
2026年1月第二次印刷　印张：12 1/2
字数：252 000

定价：128.00 元

（如有印装质量问题，我社负责调换）

“21世纪先进制造技术丛书”编委会

“21 世纪先进制造技术丛书”序

21 世纪，先进制造技术呈现出精微化、数字化、信息化、智能化和网络化的显著特点，同时也代表了技术科学综合交叉融合的发展趋势。高技术领域如光电子、纳电子、机器视觉、控制理论、生物医学、航空航天等学科的发展，为先进制造技术提供了更多更好的新理论、新方法和新技术，出现了微纳制造、生物制造和电子制造等先进制造新领域。随着制造学科与信息科学、生命科学、材料科学、管理科学、纳米科技的交叉融合，产生了仿生机械学、纳米摩擦学、制造信息学、制造管理学等新兴交叉科学。21 世纪地球资源和环境面临空前的严峻挑战，要求制造技术比以往任何时候都更重视环境保护、节能减排、循环制造和可持续发展，激发了产品的安全性和绿色度、产品的可拆卸性和再利用、机电装备的再制造等基础研究的开展。

“21 世纪先进制造技术丛书”旨在展示先进制造领域的最新研究成果，促进多学科多领域的交叉融合，推动国际间的学术交流与合作，提升制造学科的学术水平。我们相信，有广大先进制造领域的专家、学者的积极参与和大力支持，以及编委们的共同努力，本丛书将为发展制造科学，推广先进制造技术，增强企业创新能力做出应有的贡献。

先进机器人和先进制造技术一样是多学科交叉融合的产物，在制造业中的应用范围很广，从喷漆、焊接到装配、抛光和修理，成为重要的先进制造装备。机器人操作是将机器人本体及其作业任务整合为一体的学科，已成为智能机器人和智能制造研究的焦点之一，并在机械装配、多指抓取、协调操作和工件夹持等方面取得显著进展，因此，本系列丛书也包含先进机器人的有关著作。

最后，我们衷心地感谢所有关心本丛书并为丛书出版尽力的专家们，感谢科学出版社及有关学术机构的大力支持和资助，感谢广大读者对丛书的厚爱。

华中科技大学

2008年4月

前　言

具有复杂曲面造型的石材制品广泛应用于航空航天、建筑装饰等领域。该类零件几何形状多样，如何精确控制刀具在所规定平面上沿设计曲线运动？加工机床机械结构复杂，不同配置结构机床对加工效率、加工精度是否会产生影响，影响程度如何？如何建立满足工艺知识推理、加工环境感知以及智能轨迹控制等需求的石材智能数控加工系统体系结构？近年来，本书作者一直从事石材智能数控加工领域的研究工作，不断探寻上述问题的解决方法。

本书针对国民经济领域复杂结构硬脆零部件制造任务，结合石材制品多轴智能数控加工现状，介绍了作者在异型石材制品智能加工刀具轨迹控制领域的研究思路和方法。全书共 6 章。第 1 章结合数控加工技术发展历程，对相关研究成果进行梳理。第 2 章分析刀具路径自主规划、情境感知、故障检测和诊断等功能对智能数控系统自主性、协调性、知识学习和决策加工等方面的要求，结合异型石材智能数控加工的整体工作流程，建立基于多智能体的石材智能数控系统整体结构模型。第 3 章简要介绍了石材制品五轴数控机床运动学分析的相关知识。第 4 章在此基础上，量化了不同配置结构五轴数控机床对加工效率、加工精度的影响，建立了五轴数控加工精度和效率模型。第 5 章提出多种基于刀具姿态控制的异型石材制品加工的指令点插补方法和适用于石材锯切加工的指令点插补方法，以实现刀具的灵活精确控制，提高五轴数控加工精度。第 6 章针对加工中旋转轴在走刀步长短的程序段处发生较大变化时所带来加工效率低、加工精度差以及加工表面粗糙等问题，提出对刀轴矢量变化较大的指令点进行修正，避免旋转轴的大幅转动，以实现指令点的平滑过渡。

作者能够长期从事多轴数控加工研究工作，离不开国家科技支撑计划“异型石材多功能数控加工成套设备研究与产业化开发”（2006BAJ12B07）、国家科技重大专项“高档数控机床与基础制造装备”（2013ZX04012-021）、国家留学基金委资助项目（[2018]3058）以及辽宁省自然科学基金面上项目（20180550160）等项目的支持。本书的成稿离不开课题组集体的智慧，离不开中国科学院、沈阳机床集团股份有限公司和沈阳建筑大学等单位诸多专家的帮助，在此一并表示感谢。

由于作者水平有限，书中难免有不足之处，恳请读者提出宝贵意见。

目　录

"21世纪先进制造技术丛书"序

前言

第1章　绪论 ··· 1

1.1　数控加工技术的发展 ··· 1

1.2　智能数控系统体系结构 ··· 5

1.3　机床运动学分析 ··· 6

1.3.1　多轴数控机床运动学转化 ··· 7

1.3.2　机床轴运动引起的误差分析 ··· 7

1.4　刀具运动轨迹控制 ··· 8

1.4.1　指令点插补 ··· 8

1.4.2　指令点平滑过渡 ··· 10

1.5　本书研究内容 ··· 11

参考文献 ··· 12

第2章　基于MAS的石材制品智能数控加工系统体系结构 ··· 16

2.1　MAS相关理论 ··· 16

2.1.1　开放式数控系统 ··· 16

2.1.2　agent个体研究 ··· 19

2.1.3　MAS理论 ··· 21

2.1.4　MAS研究现状 ··· 26

2.1.5　MAS理论与先进制造技术的结合 ··· 31

2.2　开放式数控系统结构框架研究 ··· 31

2.2.1　数控系统的广义模型 ··· 32

2.2.2　开放式数控系统的特征 ··· 33

2.2.3　开放式数控系统体系结构设计指导原则 ··· 33

2.3　智能数控系统功能介绍 ··· 35

2.3.1　智能数控系统的主要特性 ··· 35

2.3.2　智能数控系统的工作过程 ··· 35

2.3.3　智能数控系统数据流模型 ··· 37

2.3.4　智能数控系统功能需求分析 ··· 37

2.3.5　智能数控系统功能模块划分 ··· 38

2.4 基于 MAS 的异型石材制品智能数控系统整体结构模型设计 ······ 40
参考文献 ······ 42
第 3 章 五轴数控机床运动学分析 ······ 44
3.1 五轴数控加工运动学模型 ······ 44
3.2 *AC* 双转台型机床运动学分析 ······ 45
3.3 *BA* 双摆头型机床运动学分析 ······ 48
3.4 *BA* 混合型机床运动学分析 ······ 50
3.5 五轴数控机床通用运动学分析方法 ······ 52
参考文献 ······ 57
第 4 章 五轴数控加工精度与效率模型 ······ 59
4.1 旋转轴运动引起的刀具姿态误差分析 ······ 59
4.1.1 刀具姿态误差计算模型 ······ 59
4.1.2 平行类机床与非平行类机床刀具姿态误差分析 ······ 64
4.2 平行类机床与非平行类机床运动效率比较 ······ 85
4.2.1 两旋转轴转动幅度相同 ······ 85
4.2.2 首末刀轴矢量相同 ······ 86
4.3 刀轴矢量与旋转轴间速度的映射关系 ······ 95
参考文献 ······ 98
第 5 章 异型石材制品五轴数控加工的指令点插补方法 ······ 100
5.1 线性插补方法 ······ 100
5.2 基于平面刀具姿态控制的指令点插补方法 ······ 103
5.2.1 刀具轨迹规划模块 ······ 103
5.2.2 坐标系转换模块 ······ 106
5.2.3 中间指令点拟合模块 ······ 107
5.2.4 实时插补模块 ······ 109
5.2.5 实例验证及分析 ······ 110
5.3 基于平滑刀具姿态控制的指令点插补方法 ······ 115
5.3.1 刀轴矢量平滑插值模型 ······ 115
5.3.2 实例验证及分析 ······ 118
5.4 基于圆锥直纹面刀具姿态控制的指令点插补方法 ······ 121
5.4.1 基本方法 ······ 122
5.4.2 参数曲线插补 ······ 122
5.4.3 刀具姿态控制 ······ 123
5.4.4 具体实现 ······ 127
5.4.5 实例验证及分析 ······ 129

5.5 基于刀具姿态控制的指令点插补方法……134
5.5.1 代码预处理……135
5.5.2 连续加工区域识别……135
5.5.3 指令点压缩……138
5.5.4 实时插补……142
5.5.5 实例验证及分析……143
5.6 适用于圆柱直纹面锯切加工的指令点插补方法……147
5.6.1 运动几何学模型……147
5.6.2 方法设计……148
5.6.3 实例验证及分析……154
5.7 适用于椭圆柱直纹面锯切加工的指令点插补方法……155
5.7.1 运动几何学模型……155
5.7.2 方法设计……156
5.7.3 实例验证及分析……158
参考文献……159
第 6 章 异型石材制品五轴数控加工的指令点平滑过渡方法……161
6.1 基于旋转轴位置修正的指令点平滑过渡方法……162
6.1.1 初始修正区域识别……162
6.1.2 待修正区域确定……165
6.1.3 旋转轴位置修正……166
6.1.4 轨迹重规划……167
6.1.5 实例验证及分析……168
6.2 基于刀轴矢量定向压缩的指令点平滑过渡方法……179
6.2.1 待压缩区域确定……180
6.2.2 待压缩刀轴矢量表示……181
6.2.3 投影角和倾斜角拟合……182
6.2.4 刀轴矢量修正……184
6.2.5 数控指令格式……184
6.2.6 实例验证及分析……185
参考文献……187

第1章 绪　　论

近年来，随着尖端科学技术的不断发展，石材制品在航空航天、精密模具、汽车制造等领域得到广泛应用。与传统金属材料相比，石材制品曲面几何造型的多变性、加工效果的个性化以及加工装备配置结构的多样性为其高速高精加工增添了难度[1, 2]，具体表现在下述几方面。

(1)加工效果的个性化为轨迹运动控制方案的制定提出了智能化的要求。精度、效率和表面光洁度是常见的加工效果衡量指标，三者相互制约，不能同时达到最优。熟练的数控系统操作人员能够平衡三者的关系，形成合适的加工方案，但这对加工人员经验、技术水平要求较高，不符合石材加工行业从业人员的实际情况。因此，如何构建满足智能数控加工的软件体系结构，进而提升系统智能化程度，是实现石材制品高速高精加工不可忽视的问题。

(2)配置结构多样性为机床运动学分析提出了通用性的要求。不同旋转轴配置结构机床对同一工件进行加工所取得的精度和效率往往存在较大差异。如何建立通用的机床旋转轴运动学模型和分析方法，从而根据加工需要选择适合的机床，是充分发挥石材制品高速高精加工潜力不可避免的问题。

(3)几何造型多变性为刀具运动轨迹控制方法的研究提出了多样化的要求。石材制品曲面造型复杂，多由初等解析曲面和自由曲面组合而成。为满足该类制品高速高精加工需要，除常见的铣刀、车刀外，一些特殊形状的刀具(如圆锯片)也应用于石材加工，为刀具运动轨迹控制方法的研究提出了多种需求。

综上所述，建立满足智能数控加工的软件体系结构，形成符合机床运动学特性的石材制品数控加工轨迹控制方案，是实现该类制品高速高精加工所需解决的基础与关键问题。结合数控加工技术发展历程，本章对智能数控系统、机床运动学以及运动轨迹控制等领域相关研究成果进行梳理。

1.1　数控加工技术的发展

数控加工技术是根据产品设计和加工工艺要求，通过数控系统控制产品加工过程，进而实现自动化加工的一项技术。数控加工技术的发展始于20世纪50年代第一台机床数控装置的成功研制，其发展水平直接体现了国家的工业实力和综合国力。

数控系统集计算机、自动控制、机械制造、自动检测和微电子等领域相关技术于一体，通过数字化信号实现对机床运动和加工过程的控制，是制造领域的典型代表[3,4]。早期的数控系统采用电子管和继电器等硬件作为具有计算能力的专用控制器，用于实现自动化加工设备的控制，因此也将这段发展时期称为硬件式数控时代。根据数控系统所采用硬件技术的不同，可将其划分为三个阶段。

(1)第一代数控系统采用电子管、继电器和模拟电路作为核心部件。与早期计算机相比，这类“搭建”的计算机运算速度较快，能够适应机床实时控制要求。

(2)第二代数控系统采用晶体管作为核心部件。与笨重的电子管相比，晶体管的使用极大地缩小了数控系统体积，使其在工业领域得到更为广泛的应用。

(3)第三代数控系统采用小规模集成电路作为核心部件。小规模集成电路的使用在提高数控系统可靠性的同时，其功耗和体积都大大降低，大幅度降低了生产成本。

20 世纪 70 年代初，随着通用小型计算机的大批量生产和首片微处理器的研发，数控系统的核心部件由专用计算机转换为具有多片微处理器结构的通用小型计算机，极大地提高了运算速度和系统使用范围，完成了由数控(numerical control, NC)到计算机数控(computer numerical control, CNC)的转变。根据系统核心部件的不同，CNC 的发展也可划分为三个阶段。

(1)第一代计算机数控系统采用小型计算机作为核心部件。小型计算机的使用，使部分原来通过硬件实现的功能可以由软件完成，标志着数控系统“软连接”时代的到来。

(2)第二代计算机数控系统采用微处理器芯片作为核心部件。微处理器芯片具有可靠性高、功能强、速度快、价格便宜等特点，它在计算机数控系统中的使用，降低了系统的体积和成本，简化了系统编程和操作，实现了真正意义上的机电一体化，也大大提高了数控系统在工业加工领域的普及度。

(3)第三代计算机数控系统又称个人计算机(personal computer, PC)数控系统，是随着个人计算机的普及而得到广泛应用的。与上一代计算机数控系统不同，PC 数控系统的软、硬件平台是完全通用的，避免了数控系统生产厂商自行开发生产计算机所带来的开发周期长、更新速度慢、生产成本高等问题，也使得数控加工技术的发展势头更为坚实、宽广和快速。

近年来，PC 数控加工技术在性能、功能、加工过程、体系结构以及应用环境等方面呈现出一些新的发展趋势[5]。

1. 高速高精加工

精度和效率是数控加工技术发展过程中永恒的追求目标。近年来，随着计算机系统浮点运算能力和函数处理能力的增强、高速电主轴单元技术的突破以及直线电机进给系统的成功应用，高速高精加工技术得到了迅猛发展。

高速加工具有切削速度高、进给速度快、加工时间短等优势，能够显著减少工件变形，提高生产效益。因此，高速加工技术在汽车工业、模具制造以及航空航天等领域大型构件的整体高效加工中具有较大的技术需求和应用潜力。当采用具有高速加工功能的数控系统加工时，机床轴进给速度可达 120m/min，主轴转速达到 100000r/min，加速度突破 2g，在一些情况下甚至可达到 15g。

高精加工能够满足计算机中央处理器、天文望远镜镜片等尖端产品的加工精度要求。高精加工技术的发展对于实现惯导器件、光学器件等国家重要领域核心零件的精密加工具有十分重要的意义[6]。目前，机床精密加工精度可达到 1μm，超精密加工精度已达到纳米级。综上所述，高速高精加工不仅是先进制造技术的重要组成部分，也是未来 PC 数控加工技术发展的重要方向。

在数控系统高速高精加工过程中，需要重点解决的关键问题是如何实现指令点的平滑过渡和刀具轨迹的高精度插补，从而避免高速运动冲击，保证机床各轴平滑且精确地运动。为解决这一问题，发那科数控系统配备了纳米插补和光滑刀具中心点(tool center point, TCP)功能。纳米插补使数控系统控制单位精细至纳米级，提高了插补精度。光滑 TCP 功能通过对刀轴矢量进行平滑处理，能够避免刀轴矢量的大幅变化，从而缩短加工时间。与光滑 TCP 功能类似，三菱数控系统实现了超光滑曲线控制功能，能够实现高精度、稳定的切削。西门子数控系统实现了压缩器的功能，能够将一系列离散微小直线段压缩为一条连续曲线，使机床轴的运动更加平稳协调，提高了加工表面光洁度。

2. 多轴联动和复合加工

采用多轴联动技术进行数控加工，可时刻保持刀具最佳切削位置，提高复杂曲面的加工效率和加工表面光洁度。复合加工技术的实现使数控机床可通过一次装夹完成大部分加工，显著提高了加工效率和精度。因此，多轴联动数控加工技术和复合加工技术在复杂曲面的高速高精加工中得到了越来越广泛的应用[7]。

目前，国产高档数控系统主要采用旋转刀具中心点(rotation tool center point, RTCP)编程处理方法控制多轴数控机床的轴运动[8]。该方法通过机床运动学转换模块将工件坐标系下刀尖点位置坐标和刀轴矢量转化为机床各轴运动坐标，并通过补偿机床旋转轴运动所带来的刀具中心点位置变化，保证加工中刀具中心点始终在所要求的轨迹上运动。然而，当采用 RTCP 功能进行加工时，由于忽视了刀轴矢量变化，易产生刀具姿态误差以及机床轴频繁加减速等问题。为进一步发挥多轴联动机床高速高精加工的潜力，实现对机床各轴的灵活控制，国外一些高档数控系统，如西门子、发那科、海德汉等已实现了刀具姿态控制和指令点平滑等功能。

为适应数控系统复合加工要求，需要在多轴联动数控机床运动学分析、加工工艺规划、指令点编程以及刀具补偿等方面开展深入的研究工作。目前，发那科和西门子数控系统均已实现了能够满足数控系统复合加工需要的刀具定向编程、刀具中心点控制、刀具半径补偿等功能。一些高档数控系统提供了多通道控制功能，提高了系统同步操作能力，在加工中避免了干涉和碰撞情况的发生。

3. 网络化、集成化

信息技术的发展强有力地促进了数控系统网络化、集成化进程。计算机数控系统的网络化与集成化发展，使其从独立的基础加工设备转变为制造网络中相互联系的功能节点，为异地制造、远程故障诊断等技术的实现创造了有利条件。

4. 开放化

上一代计算机数控系统基于各数控系统生产厂商自行开发的专用计算机设计而成，带来系统使用维护成本较高、系统集成和更新换代的难度过大等问题。随着个人计算机技术和模块化方法的发展成熟，模块化、开放化、标准化的结构体系对数控加工技术的发展起到日益重要的作用，数控系统体系结构的发展逐渐走上了开放化和模块化的宽广道路。

5. 智能化

智能化数控加工技术是人工智能与自动控制技术相结合的产物。智能化技术在数控加工中的广泛应用，不仅减轻了机床操作者的劳动强度，而且极大地提高了加工质量和加工效率。智能化在数控系统中的发展主要体现在以下几个方面。

1)加工过程的智能感知与控制

通过将人工智能技术与现代传感技术、自适应控制技术相结合，实现对数控加工关键步骤和要素的智能监控，并通过计算机分析后发出控制信号，从而使数控系统始终保持最佳工作状态。发那科公司提供的伺服调试软件是这一领域研究的典型代表。当采用该软件进行数控加工时，首先在参数设定窗口规定加工设计各项参数值，然后由程序窗口执行调试程序，最后在图形显示窗口中显示数控系统加工反馈信息。通过反复执行上述步骤，自动调整相关加工系数，得到更好的效果。

2)智能化编程

数控系统智能化编程技术应用专家系统相关技术建立知识库和工艺数据库，实现刀具的自动选择、刀具碰撞干涉检查以及与 CAD/CAM/CAPP 技术的集成，通过智能化操作和一键编程，减轻了操作人员的劳动强度，达到最优加工效果。这一方面的典型代表是海德汉数控系统的 SmarT.NC 操作模式，该模式配备了输入窗口、图形化支持和模式生成工具，使数控编程过程更为简便。此外，西门子提供的高速加工循环设置功能通过建立专家系统数据库，为不同加工类型分别设计适合的加工策略，实现了加工参数的自适应调整。

3）故障诊断智能化

数控系统智能化故障诊断技术通过模糊数学、神经网络等学科理论以及专家系统技术实现对数控系统和机床故障的智能化诊断，有助于数控加工故障的快速排除和修复。例如，发那科数控系统配备的远程故障诊断功能，可在数控系统产生故障时通过互联网将情况传送回控制系统进行处理。

综上所述，多轴联动、智能化、网络化、模块化是数控系统的主要发展方向。在石材制品的数控加工中，建立满足智能化、网络化、模块化要求的软件体系结构，根据加工精度、加工效率等要求选择适合的机床结构和加工刀具，实现刀具轨迹灵活控制，是异型石材制品多轴智能数控加工中需要解决的关键问题。下面将进一步梳理智能数控系统体系结构、机床运动学分析以及刀具运动轨迹控制等领域的主要研究成果和发展方向。

1.2　智能数控系统体系结构

作为机械制造领域的基础核心单元，如何使数控系统实现一键式操作，减轻对操作人员工艺、路径规划经验的依赖，一直是研究的热点问题。近年来，人工智能、数字化制造、物联网等领域技术的发展成熟，使智能制造成为数控技术发展的必然趋势[9]。

在智能数控技术的研究中，系统体系结构的建立是所需解决的首要问题[10]。为智能数控系统选择适合的软件体系架构模型，对实现系统正常通信、功能扩展以及自主决策有着十分重要的作用。与传统开放式数控系统不同，智能数控系统不仅具有开放式数控系统的高性能、高适用性等特征，还具有机床刀具自主选择、插补方法自主决策、加工环境自主感知等功能。因此，必须从数控系统智能化的要求出发，设计满足加工需求的软件体系结构。

如果将设计、制造、加工的各个阶段描述为不同单元，智能数控加工的实质就是各单元间通过通信协调完成加工任务的过程。多智能体系统（multi-agent system, MAS）包含多个独立智能体（agent）。各个 agent 相互独立，具有自主决策和学习推理能力，可通过与其他 agent 间的通信协作完成任务。由于智能数控加工与 MAS 具有一定的相似性，将智能数控系统描述为由多个独立 agent 单元组成的 MAS 是可行的。基于这一思路，如果令每个 agent 单元代表一个加工过程，各

agent 间通过通信协调共同完成同一加工任务，就可将智能数控制造系统抽象为一个 MAS 体系。

早期 MAS 的理论研究工作主要围绕 agent 个体展开。agent 是能够对周围环境有所反应的物理或抽象实体，agent 个体具有知识、目标和能力三个属性。其中，知识包括领域知识、通信知识、控制知识等；目标主要通过方法编入、显式给定或通信等方式获得，并可分为静态目标和动态目标两类；能力主要通过显式给定、学习或通信等方式获得，常见个体能力包括推理、决策、规划和控制等。除上述三个属性外，agent 在其整个生命周期内还表现出自主性、交互性、反应性、主动性、理性等基本特性。其中，自主性指 agent 在其生命周期内具有自主决策、控制自身动作和状态的能力；交互性保证 agent 间可进行多种形式的交互，从而实现协同工作；反应性使 agent 能够感知环境，积极响应环境变化；主动性保证 agent 能够主动尝试完成目标；理性保证 agent 不受系统其他 agent 干预，而是通过推理决策决定是否采取行动。

近年来，MAS 的研究路线从微观层次的 agent 个体建模向 agent 群体属性延伸，主要研究工作围绕通信机制和协商机制的构建展开。MAS 通信机制方面的研究主要包括通信结构和通信语言两部分。在通信结构方面，常用的建模方法包括消息传递和黑板模式两种，其中，消息传递模式采用两个 agent 间直接传递消息的方法，而黑板模式通过设定黑板区域存放 agent 间共享数据实现消息的传输。agent 通信语言是 agent 间协作的基础，KQML 和 FIPA_ACL 是两种主流通信标准。采用 MAS 完成任务时不可避免会出现矛盾，如何通过合理的协调机制，使各个 agent 根据自身需要做出一定让步，从而达到最优状态，是任务协调部分需要解决的主要问题。在这一方面，合作网协商、对策论协商和基于事例辩论协商是比较有代表性的协商方法。

综上所述，鉴于智能数控加工与 MAS 间的相似性，将 MAS 领域丰富的理论研究成果应用于智能数控加工，符合智能数控系统结构要求，具有理论可行性，是实现数控系统智能化设计的有效途径。

1.3 机床运动学分析

在多轴数控加工中，结合具体机床结构建立运动学模型是确定工件坐标系下刀具切触点和刀轴矢量与机床坐标系下各轴运动轨迹间关系的前提，也是分析刀具运动与加工平稳性、加工效率、加工误差间关系的理论基础。基于此，近年来机床运动学分析方面的研究工作主要集中于多轴数控机床运动学转化和机床轴运动引起的误差分析两方面。

1.3.1 多轴数控机床运动学转化

多轴数控机床运动学转化方面的研究工作起步较早，主要包括机床分类、后置处理、机床通用运动学模型建立等。在机床分类方面，研究者针对不同机床轴配置关系，提出多种分类方法，其中较为典型的方法是根据旋转轴所在位置，将数控机床分为刀具旋转型、工作台旋转型和混合型[11]。刀具旋转型机床的两个旋转轴均位于刀具上，工作台旋转型机床的两个旋转轴均位于工作台上，而混合型机床的两个旋转轴分别位于刀具和工作台上。在后置处理方面，现有研究多采用主轴法、齐次坐标变换、D-H 法对混合型、工作台旋转型和刀具旋转型机床进行运动学建模与分析[12]，此外，雅可比矩阵及广义雅可比逆矩阵也常用于机床运动学分析。在机床通用运动学模型建立方面，针对具有正交旋转轴的多轴数控机床，已能够建立同时适用于混合型、工作台旋转型和刀具旋转型机床坐标系转换的运动学模型[13]。此外，研究者在非正交旋转轴的多轴数控机床运动学分析方面也取得了一定的研究成果[14-16]。

1.3.2 机床轴运动引起的误差分析

在机床机械结构与加工误差关系方面，研究者以三轴数控机床和五轴数控机床为对象开展了多年研究工作。Hwang 等[17]最早提出不同配置结构的五轴数控机床在加工精度方面存在差异。Sencer 等[18]建立了运动学模型，用以估算五轴运动产生的误差。Tutunea-Fatan 等[19]研究了双摆头型五轴数控机床加工时刀轴矢量变化引起的刀具姿态误差。杨旭静等[20]以刀具初始位置与 Z 轴平行，刀具可绕 Z 轴和 Y 轴旋转的情况为例，对刀具姿态误差与旋转轴位置坐标间的关系进行了讨论。Geng 等[21]分析了 AB 双摆头型五轴数控机床刀具姿态误差表达式，发现通过调整误差过大区域的刀轴矢量，能够将非线性误差控制在允许精度范围内。Srijuntongsiri 等[22]指出当五轴数控加工运动轨迹固定时，加工轨迹与理论轨迹间的差异主要由机床结构决定。况康等[23]针对三轴数控机床，按照由刀具到机床和由工件到机床两种不同运动顺序，建立了与具体机床结构无关的加工误差计算模型。Wang 等[24]分析了 AC 双转台型机床刀具姿态误差表达式，进一步证实了五轴数控机床加工误差与机床轴运动相关。与之相似，Yan 等[25]探讨了五轴数控机床加工误差与刀轴矢量间的关系。

现有机床运动学分析方面的研究工作主要围绕机床运动学转化和机床轴运动误差分析两方面展开。然而，多轴数控机床运动轴配置情况复杂，不同配置结构机床对应的运动学转换关系不同，现有研究忽视了不同机床旋转轴配置结构对加工误差的影响，存在一定的局限性。因此，对机床配置结构与运动误差的关系进行深入研究，确定各配置结构机床因旋转轴运动引起的误差，总结误差计算通式，使数控系统能够根据加工精度和效率需要选择适合的配置结构机床，对提升数控加工任务分配的智能性、最大限度发挥多轴数控系统加工潜力具有重要意义。

1.4　刀具运动轨迹控制

大多数石材制品具有多变的曲面造型，由平面、圆柱面、圆锥面、自由曲面等组合而成，为满足石材制品高速高精加工需要，除常见的铣刀、车刀外，一些特殊形状刀具(如圆锯片等)也用于加工。石材制品加工刀具的形状和加工需求的多样性增加了运动轨迹控制的复杂性。在智能制造背景下，根据石材制品曲面几何形状选择满足高速高精加工需求的指令点插补方法，结合刀具几何特征自主完成指令点平滑过渡，是硬脆石材加工刀具轨迹控制领域亟须解决的关键技术问题，也是推动多轴高速高精数控加工技术在石材加工行业广泛、高效应用的核心技术问题。

1.4.1　指令点插补

指令点插补是数控系统根据待加工轨迹的描述信息确定各运动轴位置增量、密化位置点坐标的过程，指令点插补方法的优劣直接影响加工精度和效率。近年来，研究者在线性插补、圆弧插补、B 样条曲线插补、非均匀有理 B 样条(non-uniform rational B-splines, NURBS)曲线插补等方面开展工作，提出了多种适用于特殊曲线、曲面的指令点插补方法。例如，陈明君等[26]对光学非球曲面器件的几何特征进行分析，提出了一种基于双圆弧步长伸缩的数控插补方法；陈鼎宁等[27]为满足汽车玻璃钢化风栅成型器的加工要求，提出了一种适用于该类零件加工的指令点插补方法；吕孝敏[28]针对抛物线等规律曲线的数控加工开发了相应的插补功能。

线性插补是数控系统最常用、最基本的一种加工方式。该方法采用大量微小直线段逼近待加工轨迹，并通过机床后置处理功能将待加工轨迹各直线段首末端点处刀位数据转换为机床各轴运动坐标。在五轴数控加工中，采用对直线轴位置坐标进行插值计算、旋转轴位置坐标随动变化的线性插值方式，实现刀具位置和刀轴矢量的控制。这种控制方式实现简单，但随着待加工轨迹复杂度和加工精度要求的不断提高，在加工中会产生下述问题。

(1)采用线性插补方式进行加工时，所需要的 NC 代码段数目会随着加工精度要求的提高而成倍增加[29]。这不仅增加了 CAD/CAM 系统和 CNC 系统间代码传输负担，也意味着数控系统需要提供更多的存储空间。此外，成倍增加的代码段会带来系统频繁加减速和加工时间不断延长等问题，限制了数控系统高速加工潜力的进一步发挥[30]。

(2) 采用五轴数控机床进行线性插补时，需要通过后置处理程序完成刀具位置和刀轴矢量向机床各轴位置坐标的转换。后置处理程序的引入会带来下述问题[31,32]。①数控系统既无法获得 CAD/CAM 系统的设计信息，也无法获得其所控制的具体机床结构运动特征信息，造成数控系统与具体机床和 CAD/CAM 系统间信息的分离。②这种数据的单向传输方式无法对机床各轴运动进行优化控制，加工误差和速度控制缺乏扩展性。③由于五轴数控机床旋转轴构成形式多样，适用于某一种机床的 NC 代码不能应用于所有类型的五轴机床，在加工中需要针对不同类型的机床和刀具设计不同的加工程序，导致代码的可操作性和通用性差，严重限制了五轴数控机床加工的灵活性。

(3) 由于机床旋转轴的存在，采用线性插补方法进行五轴数控加工时，无法控制刀轴矢量始终在所需要的平面内运动，易带来非线性误差问题。为避免这一问题，一部分研究者采用“修正”的思路，缩小非线性误差对加工精度的影响。例如，袁哲俊等[33]提出了刀具切触点偏置法，该方法虽然可以缩小非线性误差，但无法精确控制误差；周艳红等[34]根据非线性误差与走刀步长的关系确定各插补周期走刀步长，从而保证加工产生的非线性误差在设定的误差范围内。Takeuchi 等[35]和 Cho 等[36]分别提出对待插补轨迹进一步细化的思路，以缩短相邻指令点间的走刀步长，从而解决刀具姿态误差较大的问题。上述研究思路虽然能够缩小误差，但轨迹的细化也增大了数据量，无法保证节点处各轴速度与加速度的连续，降低数控机床的高速平滑加工能力。另一部分研究者从刀具姿态控制的角度开展研究，以期从根本上避免非线性误差的产生。Lo[37]采用欧拉角对刀具姿态进行描述，并通过欧拉角插值方法实现刀具姿态的控制，但该方法无法避免“万向节死锁”现象的产生，在对刚体姿态进行控制时易出现奇异性问题。Ho 等[38]采用四元数的形式表示刀具的刀轴矢量，提供了一种球面四元数插值方法。Langeron 等[39]提出采用双 B 样条曲线插补方法实现对刀具姿态的控制。在此基础上，Sun 等[40]提出了双 NURBS 曲线插值方法。然而，以上方法计算量较大，不能满足数控加工实时性的要求，在实际应用中往往不可行。此外，上述方法单纯从理论计算角度考虑刀具姿态的控制，不能满足五轴数控加工多样性的需求。

在技术上，国外五轴数控系统已能够提供相应指令，实现与具体机床结构无关的刀具姿态控制，如西门子提供的刀轴矢量编程、发那科提出的刀具姿态控制等功能。这些功能使系统在实际数控加工中能够依据具体加工工艺需求选择适合的刀具姿态控制方法，从而保证加工中刀轴矢量始终在所要求轨迹面上连续平滑运动。国产五轴数控系统多数仍采用线性插补方式实现加工中刀具姿态的控制，还未能实现依据具体加工工艺需求灵活控制刀具姿态。

因此，如何从加工需求角度出发，实现基于刀具姿态控制的指令点插补方法，从而保证加工中刀轴矢量始终在所要求的平面上运动，避免非线性误差的产生，是多轴数控加工指令点插补方面需要解决的关键技术问题。

1.4.2 指令点平滑过渡

在依据 CAM 系统得到的微小多面体创建 CNC 程序段的过程中，若忽略机床运动学和动力学特性以及曲面几何性质(如曲率)的影响，直接在相邻指令点构成的直线段上进行轨迹控制，会产生下述三方面问题[41-43]：①各段交点处旋转轴速度和加速度的不连续，引起机床部件的共振，影响加工中走刀的平稳性，带来工件表面棱角或波纹、机床加工误差大、加工效果粗糙等问题；②机床旋转轴的频繁加减速变化，严重影响了加工进给速度的提升，带来加工时间较长等问题；③旋转轴角度的大幅变化可能会超过机床旋转轴速度与加速度的限制，使生成的数据无法在实际生产中应用。因此，为提高五轴数控机床加工平稳性、加工效率和加工表面光洁度，必须对旋转轴指令点进行修正，实现指令点平滑过渡。考虑到五轴端铣、侧铣加工的不同特点，旋转轴指令点的修正度量可以采用机床坐标系中旋转轴的运动幅度和工件坐标系中刀轴矢量的变化幅度分别定义。

针对侧铣加工，Shoemark[44]将刀轴矢量表示为四元数的形式，并基于这一表现形式提出了基于球面 Bezier 曲线的刀轴矢量拟合方法。Park 等[45]对欧几里得空间中的 Bezier 曲面做了进一步研究。王宁等[46]对欧几里得空间中 B 样条曲线的构造方法进一步推广，得到了一种球面 NURBS 曲线拟合方法。Fleisig 等[47]首先以相邻两刀轴矢量间夹角为参数，将刀轴矢量表示为单位球面上的 Bezier 曲线，然后通过建立位置点曲线参数与球面 Bezier 曲线参数间的函数关系，得到两曲线上点的对应关系，进而协调刀具的转动和平动。然而，两曲线间函数关系的建立增加了运算负担。Lartigue 等[48]首次提出采用工件坐标系下刀轴矢量的变化幅度进行度量，研究了基于整体修正误差控制的旋转轴指令点修正问题。该方法通过调整轴迹面使得刀具包络面在最小二乘意义下逼近设计曲面，并在拟合后曲面上确定修正后的刀轴矢量。上述方法多采用样条曲线将离散刀轴矢量转换为连续刀具路径，根据所得到的连续刀具路径对旋转轴指令点进行修正，其计算过程复杂、计算量大，无法满足数控加工实时性的需求。

在端铣加工中，多以机床旋转轴的变化为度量进行旋转轴指令点修正。Balasubramaniam 等[49]提出了在可行空间中沿刀具进给方向对旋转轴指令点进行修正的 C 空间法。Jun 等[50]定义了一条光滑的曲线来确定刀具的姿态并防止相邻旋转轴间角度变化过大。Makhanov 等[51]针对 AB 双转台型五轴联动数控机床展开研究，提出了针对 A、B 两旋转角的优化选择方法。Wang 等[52]通过计算每一切触点处在角速度限制条件下旋转轴可以达到的范围和该点无干涉范围之间的交集来确定加工中的旋转轴角度。Lavernhe 等[53]针对 AC 双转台型机床对上述方法进行了改进。武跃等[54]提出根据刀位文件中各程序段首末端点处刀轴矢量建立进给坐标系，在所建立的坐标系中对刀轴矢量进行调整，从而实现旋转轴指令点修正。Kersting 等[55]提出了机床坐标系下旋转轴修正方法。Zhao 等[56]提出了采用四元数等方式表示工件坐标系下刀轴矢量并进行旋转轴指令点修正的方法。

在技术上，发那科提出了光滑 TCP 功能，通过修正旋转轴指令点，将多段 G01 指令拟合成平滑的指令点曲线，进而实现高速高精度加工。此外，该系列产品将平滑插补和纳米平滑技术集成到系统中。西门子提出了压缩器的概念，目的是连接一系列刀轴矢量并对其压缩以形成平滑的样条曲线。基于此概念，该系列产品实现了压缩器功能。

综上所述，结合端铣、侧铣加工实际需求，在数控系统中实现基于旋转轴位置修正和基于刀轴矢量压缩的指令点平滑过渡方法，对提升多轴数控加工效果具有重要的实践意义。

1.5　本书研究内容

本书包含了作者对于异型石材复杂曲面五轴数控加工技术和方法的理解、体会以及新的认识。考虑到现有技术的局限性，作者结合已取得的研究成果对石材加工技术进行了改良和展望，希望能够提供一些具有借鉴意义的思路和方法。本书后续章节的主要内容如下：

第 2 章主要介绍基于 MAS 的智能数控系统体系结构建模方法。首先，分析 agent 和 MAS 的定义及主要特征，解释 agent 和 MAS 的相关概念及主要优势，阐述 MAS 常见组织结构，并对比总结各种结构的特征和优缺点；然后，分析智能数控系统的主要特点，阐述智能数控系统的整体工作流程；最后，在分析工作原理和数据流的基础上，建立基于 MAS 的智能数控系统整体结构模型。

第 3 章主要介绍适用于五轴数控机床的坐标系转换关系通式，分析工件坐标系下刀具切触点和刀轴矢量坐标与机床坐标系下各轴位置坐标间的转换关系。首先，将种类繁多的五轴数控机床划分为双转台型、双摆头型和混合型三种；然后，采用齐次坐标转换矩阵和逆向运动学方法，分别对 AC 双转台型机床、BA 双摆头型机床和 BA 混合型机床展开运动学分析，确定采用这三类机床进行加工时工件坐标系下刀轴矢量坐标与机床坐标系下旋转轴位置坐标间的关系；最后，对上述过程进行归纳，确定适用于所有五轴数控机床的坐标系转换关系通式，总结各类型结构机床所对应工件坐标系下刀轴矢量坐标与机床坐标系下旋转轴位置坐标间的关系。

第 4 章详细介绍五轴数控加工精度和效率模型，得到采用不同类型机床加工时加工误差和加工效率等方面的变化规律。首先，分析不同机床结构下旋转轴运动引起的刀具姿态误差；然后，对比平行类机床与非平行类机床的运动效率；最后，对刀轴矢量与旋转轴间速度的映射关系进行详细论述。

第 5 章主要分析指令点插补方法的局限性，详细介绍基于平面刀具姿态控制的指令点插补方法、基于平滑刀具姿态控制的指令点插补方法、基于圆锥直纹面刀具姿态控制的指令点插补方法以及一种基于刀具姿态控制的五轴数控加工指令点插补方法。

第 6 章详细论述五轴数控加工的指令点平滑过渡方法，分别介绍基于旋转轴位置修正的指令点平滑过渡方法和基于刀轴矢量定向压缩的指令点平滑过渡方法。

参 考 文 献

[1] 吴玉厚, 赵德宏, 闫广宇. 基于刀触点路径截面线法的不规则曲面锯切加工算法研究[J]. 大连理工大学学报, 2017, 57(4): 352-359.

[2] 吴玉厚, 赵德宏. 异型石材数控加工装备与技术[M]. 北京: 科学出版社, 2011.

[3] Lu Z H, Huo G Y, Jiang X. A novel method to minimize the five-axis CNC machining error around singular points based on closed-loop inverse kinematics[J]. The International Journal of Advanced Manufacturing Technology, 2023, 128(5): 2237-2249.

[4] Li J J, Lu L, Wang S C, et al. Axis path planning of five-axis surface machining by optimizing differential vector of the axis movement considering tool posture limits[J]. The International Journal of Advanced Manufacturing Technology, 2024, 132(9): 4841-4855.

[5] 王太勇, 乔志峰, 韩志国, 等. 高档数控装备的发展趋势[J]. 中国机械工程, 2011, 22(10): 1247-1252, 1259.

[6] 方晨曦, 叶佩青. 面向高速高精加工的高性能数控系统展望[J]. 航空制造技术, 2014, 57(3): 44-47.

[7] Nayak P K, Samuel G L, Shunmugam M S. Mathematical modeling and simulation of generation milling process to manufacture complex face gear surface through multi-axis machine kinematics[J]. Journal of Manufacturing Processes, 2024, 110(1): 361-375.

[8] 郎言书, 于东, 吴文江, 等. 面向航空领域 RTCP 功能的研究与应用[J]. 小型微型计算机系统, 2018, 39(9): 2124-2128.

[9] 熊有伦. 智能制造[J]. 科技导报, 2013, 31(10): 1-3.

[10] El Bourakadi D, Yahyaouy A, Boumhidi J. Multi-agent system based sequential energy management strategy for micro-grid using optimal weighted regularized extreme learning machine and decision tree[J]. Intelligent Decision Technologies, 2020, 13(4): 479-494.

[11] 朱泽润, 吴积荣, 李建刚, 等. 五轴机床运动学建模与几何误差补偿[J]. 武汉科技大学学报, 2024, 47(3): 182-189.

[12] Qiao H, Wei Z X, Deng R X, et al. Research and development of multi-axis CNC abrasive belt-grinding machine postprocessor[J]. The International Journal of Advanced Manufacturing

Technology, 2023, 126(7): 3109-3131.

[13] Sun P P, Liu Q, Wang J, et al. Rotation-angle solution and singularity handling of five-axis machine tools for dual NURBS interpolation[J]. Machines, 2023, 11(2): 1-6.

[14] Chen P, Wang S M, Li B, et al. A novel geometric error compensation method for improving machining accuracy of spiral bevel gear based on inverse kinematic model[J]. The International Journal of Advanced Manufacturing Technology, 2023, 127(9): 4339-4355.

[15] Chen S, Chen Z T, Cut C H, et al. Hierarchical design, dimensional synthesis, and prototype validation of a novel multi-spindle 5-axis machine tool for blisk machining[J]. The International Journal of Advanced Manufacturing Technology, 2023, 126(9): 4213-4224.

[16] Guo Q, Zhao G, Cheng X, et al. Research on volumetric error compensation of two turntable five-axis machine tools[J]. Journal of Mechanical Engineering, 2016, 52(13): 189-194.

[17] Hwang Y R, Liang C S. Cutting errors analysis for spindle-tilting type 5-axis NC machines[J]. The International Journal of Advanced Manufacturing Technology, 1998, 14(6): 399-405.

[18] Sencer B, Altintas Y, Croft E. Modeling and control of contouring errors for five-axis machine tools. Part Ⅰ: modeling[J]. Journal of Manufacturing Science and Engineering, 2009, 131(3): 337-346.

[19] Tutunea-Fatan O R, Bhuiya M S H. Comparing the kinematic efficiency of five-axis machine tool configurations through nonlinearity errors[J]. Computer-Aided Design, 2011, 43(9): 1163-1172.

[20] 杨旭静, 周元生, 陈泽忠, 等. 五轴数控加工中旋转轴运动引起的非线性误差分析及控制[J]. 机械工程学报, 2012, 48(3): 140-146.

[21] Geng C, Yu D, Zheng L M, et al. A tool path correction and compression algorithm for five-axis CNC machining[J]. Journal of Systems Science and Complexity, 2013, 26(5): 799-816.

[22] Srijuntongsiri G, Makhanov S S. Optimisation of five-axis machining G-codes in the angular space[J]. International Journal of Production Research, 2015, 53(11): 3207-3227.

[23] 况康, 郭婕, 马俊翰, 等. 数控机床基础部件几何精度实时监测技术研究[J]. 组合机床与自动化加工技术, 2020, (8): 5-7, 11.

[24] Wang Z W, Lin X J, Shi Y Y, et al. Reducing roughness of freeform surface through tool orientation optimization in multi-axis polishing of blisk[J]. The International Journal of Advanced Manufacturing Technology, 2020, 108(3): 917-929.

[25] Yan G W, Chen H J, Zhang X P, et al. A dimension-driven adaptive programming for tool-path planning and post-processing in 5-axis form milling of hyperboloidal-type normal circular-arc gears[J]. The International Journal of Advanced Manufacturing Technology, 2020, 106(7): 2735-2746.

[26] 陈明君, 赵清亮, 董申, 等. 基于双圆弧步长伸缩数控插补非圆曲线算法的研究[J]. 机械

工程学报, 2003, 39(1): 111-116.

[27] 陈鼎宁, 王乾廷, 陈文哲. 汽车玻璃钢化风栅成形器五轴加工刀轴矢量插值[J]. 中国机械工程, 2006, 17(20): 2113-2117.

[28] 吕孝敏. 抛物线插补指令的设计与应用[J]. 安徽农业大学学报, 2013, 40(2): 326-331.

[29] Sun S J, Zhao P, Zhang T, et al. Smoothing interpolation of five-axis tool path with less feedrate fluctuation and higher computation efficiency[J]. Journal of Manufacturing Processes, 2024, 109(1): 669-693.

[30] Lu Y L, Fan Y P, Zhao G, et al. Real-time arc length parameter-based integrated control strategy of contour error compensation for free-form curve CNC machining[J]. The International Journal of Advanced Manufacturing Technology, 2024, 131(3): 1769-1794.

[31] Lu Y L, Zhao J, Zhang Z, et al. Research on a novel integrated control strategy for contour error compensation of biaxial CNC machining[J]. The International Journal of Advanced Manufacturing Technology, 2024, 130(1): 385-402.

[32] Han X T, Zhu K F, Wang X E. A hash approach to refine CNC computation of arc length and parameter of NURBS with high efficiency and precision[J]. International Journal of Precision Engineering and Manufacturing, 2024, 25(6): 1243-1256.

[33] 袁哲俊, 刘雄伟. 五坐标端铣数控加工计算理论分析[J]. 机械工程学报, 1993, 29(1): 31-37.

[34] 周艳红, 周济, 周云飞, 等. 五坐标数控加工的理论误差分析与控制[J]. 机械工程学报, 1999, 35(5): 54-57.

[35] Takeuchi Y, Watanabe T. Generation of 5-axis control collision-free tool path and postprocessing for NC data[J]. CIRP Annals, 1992, 41(1): 539-542.

[36] Cho H D, Jun Y T, Yang M Y. Five-axis CNC milling for effective machining of sculptured surfaces[J]. International Journal of Production Research, 1993, 31(11): 2559-2573.

[37] Lo C C. Real-time generation and control of cutter path for 5-axis CNC machining[J]. International Journal of Machine Tools and Manufacture, 1999, 39(3): 471-488.

[38] Ho M C, Hwang Y R, Hu C H. Five-axis tool orientation smoothing using quaternion interpolation algorithm[J]. International Journal of Machine Tools and Manufacture, 2003, 43(12): 1259-1267.

[39] Langeron J M, Duc E, Lartigue C, et al. A new format for 5-axis tool path computation, using B spline curves[J]. Computer-Aided Design, 2004, 36(12): 1219-1229.

[40] Sun Y W, Bao Y R, Kang K X, et al. An adaptive feedrate scheduling method of dual NURBS curve interpolator for precision five-axis CNC machining[J]. The International Journal of Advanced Manufacturing Technology, 2013, 68(9): 1977-1987.

[41] Shen Z B, Wu Y J, Guo P, et al. Convolution synchronous smoothing for tool position and

posture of continuous line-segment path in 5-axis machining[J]. Journal of Manufacturing Processes, 2024, 112(2): 136-149.

[42] Zhou X. An Adapted NURBS interpolator with a switched optimized method of feed-rate scheduling[J]. Machines, 2024, 12(3): 1-4.

[43] Chen M, Wang C D, An Q L, et al. Tool path strategy and cutting process monitoring in intelligent machining[J]. Frontiers of Mechanical Engineering, 2018, 13(2): 232-242.

[44] Shoemare K. Animating rotation with quaternion curves[J]. ACM SIGGRAPH Computer Graphics, 1985, 19(3): 245-254.

[45] Park F C, Ravani B. Bézier curves on Riemannian manifolds and lie groups with kinematics applications[J]. Journal of Mechanical Design, 1995, 117(1): 36-40.

[46] 王宁, 唐月红. 球面 NURBS 曲线[J]. 南京航空航天大学学报, 2001, 33(6): 596-598.

[47] Fleisig R V, Spence A D. A constant feed and reduced angular acceleration interpolation algorithm for multi-axis machining[J]. Computer-Aided Design, 2001, 33(1): 1-15.

[48] Lartigue C, Duc E, Affouard A. Tool path deformation in 5-axis flank milling using envelope surface[J]. Computer- Aided Design, 2003, 35(4): 375-382.

[49] Balasubramaniam M, Laxmiprasad P, Sarma S, et al. Generating 5-axis NC roughing paths directly from a tessellated representation[J]. Computer-Aided Design, 2000, 32(4): 261-277.

[50] Jun C S, Cha K, Lee Y S. Optimizing tool orientations for 5-axis machining by configuration-space search method[J]. Computer-Aided Design, 2003, 35(6): 549-566.

[51] Makhanov S S, Munlin M. Optimal sequencing of rotation angles for five-axis machining[J]. The International Journal of Advanced Manufacturing Technology, 2007, 35(1): 41-54.

[52] Wang N, Tang K. Automatic generation of gouge-free and angular-velocity-compliant five-axis toolpath[J]. Computer-Aided Design, 2007, 39(10): 841-852.

[53] Lavernhe S, Tournier C, Lartigue C. Optimization of 5-axis high-speed machining using a surface based approach[J]. Computer-Aided Design, 2008, 40(10-11): 1015-1023.

[54] 武跃, 王宇晗, 毕庆贞. 五轴联动数控加工中旋转角的优化和选择[J]. 组合机床与自动化加工技术, 2009, 9(5): 1-4, 9.

[55] Kersting P, Zabel A. Optimizing NC-tool paths for simultaneous five-axis milling based on multi-population multi-objective evolutionary algorithms[J]. Advances in Engineering Software, 2009, 40(6): 452-463.

[56] Zhao X, Zhao H, Li X F, et al. Path smoothing for five-axis machine tools using dual quaternion approximation with dominant points[J]. International Journal of Precision Engineering and Manufacturing, 2017, 18(5): 711-720.

第 2 章　基于 MAS 的石材制品智能数控加工系统体系结构

2.1　MAS 相关理论

系统是数控加工装备的核心，体系结构是数控系统相关研究工作的基础。近年来，随着开放式数控系统与人工智能技术的深入融合，智能化逐渐成为数控系统发展的主流趋势。在智能数控加工中，控制系统需要运行不同平台的加工程序，实现应用程序间的互操作，通过各类传感器监视机床运行状态，建立规则和知识库以优化过程参数，实现刀具路径自主规划、情境感知、故障检测和自动诊断等功能，从而达到性能最优。与开放式数控加工相比，这一过程对系统的智能性和交互性有着更高要求。现有数控系统体系结构设计方面的研究主要面向开放式数控系统，以智能数控系统为对象的研究工作较少。因此，开展智能数控系统体系结构研究具有重要的理论意义。

为实现周边环境感知、异构操作系统间互动、刀具路径自主规划、任务协作交互等目标，石材制品智能数控系统需要具备自主性、协调性、知识学习和决策加工能力。MAS 由几个独立的 agent 组成，各 agent 间可以相互通信协作以获得问题的最优解决方案。因此，将 MAS 技术应用于石材制品智能数控系统体系结构设计，能够满足其在集成性、可移植性和智能性等方面的要求，有助于系统达到最佳工作状态。

本章梳理相关领域的主要研究工作，分析智能数控系统的主要特点，阐述智能数控加工的整体工作流程。最后，结合智能数控加工流程，介绍一种基于 MAS 的石材制品智能数控加工系统软件体系结构建模方法。

2.1.1　开放式数控系统

开放式数控系统的概念一经提出便引起了世界各国的广泛重视，各工业发达国家纷纷投入巨资开展相关研究工作，结合本国典型数控系统特点制定相应规范，如美国的 NGC 计划和 OMAC 计划、日本的 OSEC 计划、欧盟的 OSACA 计划。

1. NGC 计划

1981 年，为减少美国军备制造业对于日本控制系统的依赖，美国国防部成立了国家制造科学中心（National Center for Manufacturing Sciences），同时在“开放式结构控制器”概念的基础上提出并实施了下一代控制器（next generation controller, NGC）计划[1]。直至 1994 年 7 月，历时 13 年的 NGC 计划正式完成了原型研究并投入工业开发应用阶段。

NGC 计划的目的是为各类机床及周边装置的过程性控制，如切削加工、复合式加工及测量装配等提供功能性和服务性的定义。该计划形成了开放式体系结构标准规范（specification for an open system architecture standard, SOSAS），详细定义了开放式控制系统与子系统及系统各功能模块间的逻辑关系，给出了 SOSAS 下开放式控制系统需满足的八个功能特征，分别为可按系统结构和功能模块分解为分级式控制结构；分布式控制，满足单个工作站内的多级控制需求；构建管理系统信息和数据的信息库；设置用于功能模块间交互协调的虚拟机；定义传感器/操作部件的信息协议标准；定义用于系统通信的 NML 通信语言；按三级设计编写控制程序；通用的人机接口。

2. OMAC 计划

在 NGC 计划完成之后，以美国通用、克莱斯勒和福特三大汽车公司为首的多家汽车工业制造商联合提出了开放式模块化结构控制器（open modular architecture controller, OMAC）计划。OMAC 计划建立了用户、原材料供应商、控制器开发商及制造业厂商之间共享的开放式结构控制器经验知识库，提出了功能模块“即插即用”以及按需组合的开放式系统结构设计方法。

OMAC 计划将开放式控制系统分解为信息管理、任务调度、人机管理、运动控制和传感器等多个功能模块单元，通过设置标准的应用程序接口和通信协调机制将上述功能模块整合，给出可供技术人员参考的系统设计模型。该计划不仅大幅度缩减开发和维护成本，缩短系统开发周期，而且所建立的控制器重构机制可以提高系统集成能力，降低二次开发难度，使系统得以根据需求变化随时更新。

3. OSEC 计划

1994 年，在日本开放式数控委员会（Open NC Scope and Directions）的倡导下，由东芝、马扎克和丰田三大机床厂商联合 IBM、SML 信息公司以及三菱机电公司共同发起开放系统控制器（open system environment for controller, OSEC）计划。该计划的研究目标是通过开发基于 PC 平台的新一代开放式数控系统，提供通用性的控制设备结构，建立国际自动化控制设备标准，以适应日新月异的技术变革和市场需求。

OSEC 计划提出硬件系统采用 PC+NC 专用控制卡的结构。这种结构不仅能够满足系统对于模块化的设计需求，而且能够按需实现硬件功能模块的灵活配置，得到不同层次的系统功能组合。OSEC 计划的软件系统参考了日本国际机器人和工厂自动化研究中心的功能层(functional layer, FL)模型，通过对数控系统进行层次划分，得到包含应用层、控制层和驱动层的开放式数控系统体系结构模型。系统各层次间存在向下的依赖关系，即上层均建立在下层基础上，且得到下层提供的功能服务。OSEC 计划不仅提出了基于 PC 平台的数控系统开放式参考模型，而且开发了 OSEL-NC 语言、OSEL 语言处理器和相应的机床控制接口。

4. OSACA 计划

为提高欧洲机床行业的竞争力，欧盟国家的控制器制造商和科研机构联合提出了自动系统开放式控制结构(open system architecture of control within automation system, OSACA)计划，该计划的目标是建立一个与具体制造商无关的、通用的开放式控制器体系结构。

OSACA 计划采用分层系统平台与离散功能单元组合的设计理念，从提供服务不同的角度将开放式控制系统划分为一系列逻辑上离散的功能组件，如操作系统、通信系统、数据库和控制功能模块等，通过定义应用程序接口(application programming interface, API)将这些逻辑离散的功能组件集成于系统平台并完成组件间的通信和工作协调。组件间的逻辑无关性和良好的底层结构保证了系统的可扩展、可移植、可替代和可互操作性。

5. 我国研究现状

近二十年来，我国研究者也进行了大量的面向开放式数控系统体系结构建模方法的研究工作。李峰厚等[2]提出了基于动态可重构的 CNC 系统软件框架。李爱平等[3]在 NC 嵌入 PC 结构基础上提出可重构数控系统的设计理念，利用软件重用、软件模块化等方法构建开放式 CNC 系统。李伟光等[4]提出了基于实时 Linux 操作系统的开放式数控系统体系结构框架，并对数控系统中的功能模块进行了划分和研究，给出了 CNC 组件的工作流程。陈友东等[5]提出了基于 RT-Linux 的模块化 CNC 系统软件框架及开放式数控系统结构模型。朱利东等[6]设计了一种基于 Windows 操作系统的开放式数控系统原型结构，利用 Windows 操作系统在多任务操作和多线程处理等方面的特性进行实时多任务控制。上述研究成果所提出的开放式数控系统体系结构可总结为以下两类：①CNC+PC 主板，在 CNC 中插入 PC 主板进行非实时控制，而实时控制部分由 CNC 完成；②PC+NC 控制板，在 PC 中插入 NC 控制板进行实时控制，而非实时控制部分由 PC 完成。

上述两种结构均是在设计层进行面向特定应用的设计，缺乏体系结构的创新。为推动数控系统开放式体系结构的发展进程，我国颁布了《机械电气设备　开放式数控系统　第 2 部分：体系结构》(GB/T 18759.2—2006)[7]。该标准详细规定了开放式数控系统的体系结构，并对系统的主要功能模块进行了具体描述。

2.1.2　agent 个体研究

agent 是分布式人工智能领域的基本术语，被认为是一个能作用于自身和环境，且对环境做出反应的运行实体。agent 在其生命周期内表现出以下五种基本特性：①自主性，agent 在其生命周期内具有自主决策、控制自身动作和状态的能力；②交互性，agent 能与其他 agent 进行多种形式的交互，且能有效地实现与其他 agent 的协同工作；③反应性，agent 具有感知环境的能力，能够及时根据环境的变化做出响应；④主动性，agent 能够以承诺为行为准则，并主动做出以系统需求为目标的自主行为；⑤理性，agent 不依赖于系统内部的状态变化，也不受系统中其他 agent 的直接干预，而是依据自身知识进行推理决策来评估是否采取行动。

常见的 agent 个体模型按思维模式和个体结构不同，可划分为慎思型、反应型和混合型三类。

1. 慎思型 agent

慎思型 agent 对于环境和行为具有自我推理和决策的能力。该类 agent 模型能够模拟出 agent 所代表的现实个体自身的思维状态，采用“知识推理→行为决策”的行为模式表述符号知识模型。IRMA 模型和 GRATA 模型是慎思型 agent 的典型代表。

1) IRMA 模型

IRMA 模型借鉴哲学分析理论，采用信念(believe)、意图(intention)和愿望(desire)等概念描述 agent 的思维形态。图 2.1 为 IRMA 模型结构。

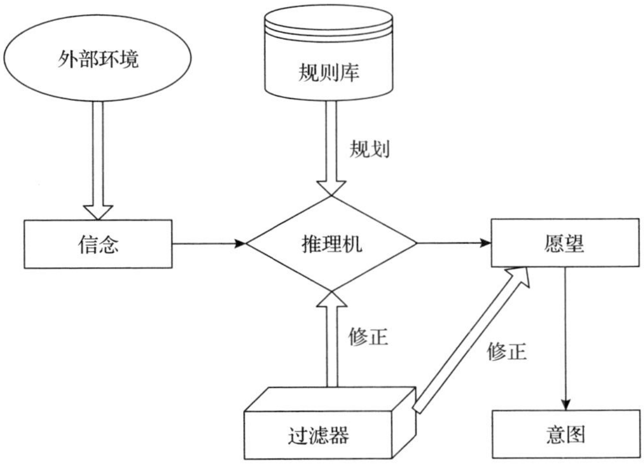

图 2.1　IRMA 模型结构

该模型采用信念、愿望、意图和规则库四个符号数据结构表示 agent 个体，个体通过环境变化感知及自身能力学习、推理和评估完成更新，利用推理机结合愿望集推导可能的意图集，同时完成环境监测、动作序列协调和意图冲突避免等任务。

2) GRATA 模型

GRATA 模型是以协作性特征为出发点设计的 agent 分层结构模型。在该模型中，协作层和控制层负责 agent 思维和行为的协调，领域层用于实现系统任务规划。图 2.2 为 GRATA 模型结构。

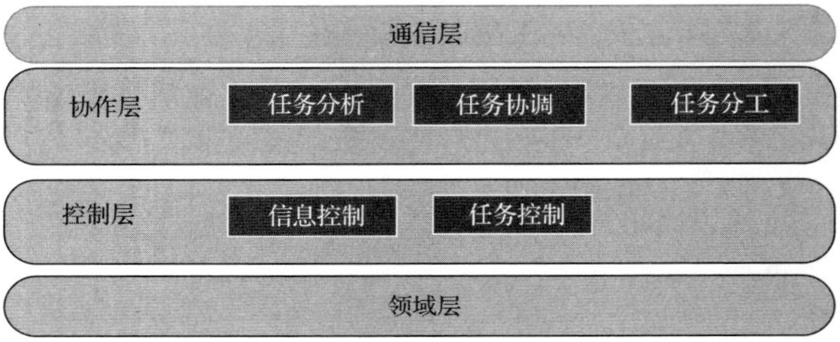

图 2.2 GRATA 模型结构

2. 反应型 agent

与慎思型 agent 不同，反应型 agent 无法进行知识推理，而是通过“环境刺激→行为响应”的行为模式，在与外界环境交互过程中不断进化。反应型 agent 的提出基于下述假设，即 agent 行为模式的复杂度由运行环境的复杂性决定，而与 agent 自身结构的复杂性无关[8]。与慎思型 agent 相比，反应型 agent 能够灵活、快速地响应外界环境变化，执行效率较高。

3. 混合型 agent

混合型 agent 是经典和非经典人工智能融合的产物。该模型采用双子系统的形式将慎思型 agent 和反应型 agent 结合，使二者的优势得到充分发挥。混合型 agent 不仅具有推理决策能力，而且能够积极响应外界环境变化。目前，具有代表性的混合型 agent 模型主要包括以下几种。

1) PRS 模型

PRS 模型以推理理论为基础，在意图分析基础上，结合信念集进行愿望匹配，而后执行规划行为，并在此过程中进一步更新信念集。上述工作流程在 agent 的整个生命周期内不断循环执行。

2) TARMA 模型

TARMA 模型包含感知和行动两个模块，并可划分为并行执行的三层控制结构，包括反应层、规划层和建模层。各层均有对应的抽象层次模型，彼此间能够完全独立地并行处理。

3) MAPE 模型

MAPE 模型能够针对不同的环境信息类型分别采取不同的处理方式。例如，对于简单、紧急信息，直接由反应模块进行响应，并将动作命令发送到行动模块；对于复杂信息，由分析模块进行预处理，再经由决策模块确定最终行动方案。

2.1.3　MAS 理论

通过研究人类智能行为发现，大多数人类活动都涉及由多个人构成的社会群体的协作问题，而大型复杂问题的求解也往往需要多个专业人员或组织合作完成。同理，工程问题的求解也需要多个独立 agent 相互沟通和协调以共同完成任务。研究和建立 MAS 的目的就是将多个 agent 有机组织起来，通过特定的通信方式和协商机制，协调它们之间的行为，使其共同协作，进而完成单个 agent 无法完成的任务。下面将简要介绍 MAS 的基本概念和优势，比较 MAS 与专家系统的异同，总结 MAS 常见的组织结构。

1. MAS 的概念和优势

MAS 由多个具有自主决策能力的独立 agent 组成。在该系统中，每个 agent 均是一个物理或抽象的实体，具备知识学习、推理的能力，并通过特定的通信机制与系统中其他 agent 及周围环境交互，协同完成单个 agent 无法解决的复杂任务。完整的 MAS 具备下述基本特性。

1) 分布性

MAS 采用分布式、模块化结构设计。系统由多个具有自主决策能力的逻辑独立的 agent 组成，其中每个独立 agent 均能根据自身知识来选择适当的策略以实现给定子问题的求解。良好的系统开放性和多元化的 agent 模块设计，不仅减少了复杂系统任务求解的代价，而且有效地降低了系统的设计难度。

2) 社会性

MAS 的本质是仿人类社会群体结构的复杂分布式系统，表现出很多仿人类社会的特性。例如，系统内每个 agent 均具有自身的社会角色，既享有社会群体提供的服务，也必须遵守相应的义务。此外，各个 agent 也具备人类特有的思维性质，如信念、意图、目标等。

3) 协作性

在 MAS 中，具有不同目标的各个 agent 间互相通信，通过特定的协调机制，异步求解系统子问题。这种处理机制能够有效降低问题求解难度，提高问题求解能力。

与人类社会群体协作求解问题的智能行为相似，MAS 由多个具有不同能力、特征和专长的 agent 彼此协作，共同完成大型复杂问题的求解，可以有效弥补个体能力的不足。MAS 的结构和行为特性通过 agent 间的通信、协调、调度和管理来表达。在解决实际应用问题时，这一表达方式不仅能够保证系统的可靠性和鲁棒性，而且具有较高的问题求解效率。MAS 的主要优势可以总结为以下几点：

(1) MAS 中的 agent 具有良好的独立自主性。这一特征使其能够对系统分配的子问题自主进行求解，完成从推理到策略选择的自主决策。

(2) MAS 中的 agent 具有良好的模块性特征。这一特征不仅对于分布式应用具有良好的支持性，极大地增加了设计的灵活性，而且降低了系统扩展的难度，有效压缩了设计成本。

(3) MAS 采用多层次的体系结构。多元的 agent 组合形式避免了庞大的系统体系，降低了系统的复杂度，提高了单个 agent 的问题处理效率。

(4) MAS 属于信息集成系统。MAS 通过 agent 间任务协调和信息共享将各子系统和独立 agent 集成为一个协调性的复杂系统。不同领域知识通过信息交互集成在 MAS 中，避免了专家系统领域知识的限制。

(5) 在问题求解过程中，MAS 中各 agent 间采用并行求解的方式。这一方式采用通信协商机制完成复杂任务的求解，显著提升了系统的整体处理能力。

(6) MAS 中 agent 的异质性和分布性极大地丰富了系统设计方法和计算能力，异步的处理方式也有助于系统处理能力的大幅提升。

2. MAS 与专家系统的异同

专家系统是人工智能领域的重要知识系统建模技术，也是目前应用最为广泛的系统建模方法。构建专家系统的核心是系统通过对存储的领域知识和经验进行推理和判断来模拟人类专家的决策过程[9,10]。图 2.3 为典型专家系统体系结构。

MAS 与专家系统有着许多共同点，也存在很大的差异，其共同点表现在以下几方面：

(1) MAS 与专家系统均以知识为系统运行的基础。

(2) MAS 与专家系统均以知识推理为系统整体决策的准则。

(3) MAS 与专家系统均需相应的知识学习方法以完善自身的知识库。

MAS 与专家系统的主要区别可归纳为以下几方面：

(1) MAS 是与周围环境密切相关、不可分离的，通过传感器获得周围环境信息的变化，用户被看成 MAS 的一部分，而不单纯作为系统和环境的中间人。专家系统不与环境进行任何交互，只负责向用户提供信息反馈和做出相应的建议。

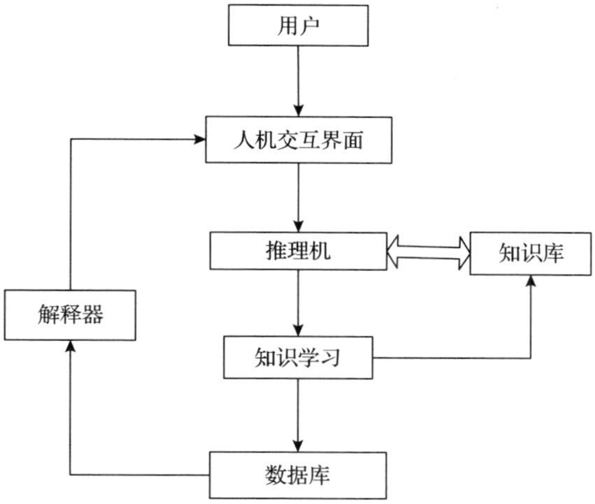

图 2.3　典型专家系统体系结构

(2) MAS 具有对周围环境变化快速响应和处理的能力，能够根据经验对未来可能发生或需要做出行动反应的事件做出预判。

(3) MAS 的社会属性使其具有社会行为能力，而专家系统不具备任何协商合作的能力。在问题求解过程中，MAS 采用与专家系统完全不同的群体合作模式。

3. MAS 的组织结构

MAS 中各 agent 间的逻辑关系、角色分工和协作求解的分布形式共同组成了 MAS 的组织结构。组织结构为 MAS 中各独立 agent 提供了一个交互的框架，不仅影响着单个 agent 的协作智能度，也影响着 MAS 整体的智能化程度和适应速度。

MAS 组织结构的划分方法有很多种，从运行模式的角度考虑，可划分为集中式、分布式和混合式三种[11-13]。

(1) 集中式结构。

MAS 将系统中的 agent 划分为若干组，每组包含一个具有全局知识的组内核心 agent 和多个与之结构分散、逻辑独立的 agent。组内核心 agent 能够完成组内 agent 间的任务动态分配和资源共享，整个 MAS 由组内核心 agent 完成对各个 agent 组的管理。集中式结构的优点在于能够保证 agent 间信息的一致性，易于实现系统的管理和调度；其缺点在于核心 agent 崩溃会引起系统级崩溃，无法满足大型 MAS 的复杂性和动态性需求。图 2.4 为 MAS 集中式组织结构。

(2) 分布式结构。

采用分布式结构的 MAS 中所有 agent 间彼此完全独立、地位完全平等、无逻辑上的主从关系，只根据系统环境和自身状态采取行动。采用这一组织结构模式的 MAS 中设置了若干中介服务机构，为需要服务的 agent 提供寻求伙伴的服务。

分布式结构的优点在于其强大的灵活性、开放性和可扩展性特征；其缺点在于不完整的局部信息会导致 agent 的行为出现偏差，进而制约 MAS 的全局一致性。图 2.5 为 MAS 分布式组织结构。

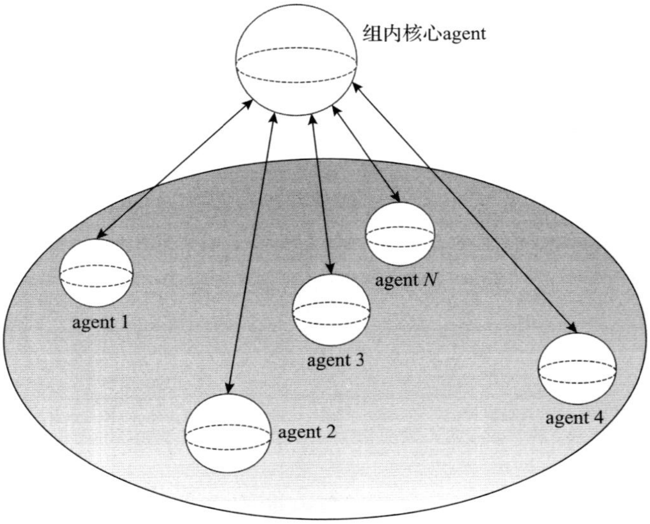

图 2.4　MAS 集中式组织结构

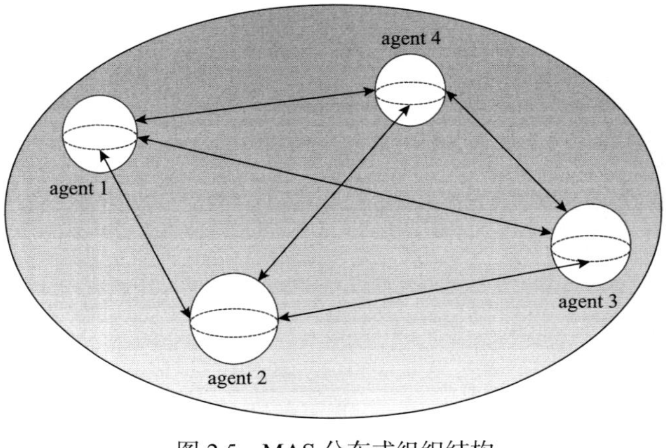

图 2.5　MAS 分布式组织结构

(3)混合式结构。

混合式结构是上述两种模式的组合。在混合式结构中既存在用于局部管理的集中式结构，也存在彼此独立、地位平等的分布式结构。混合式结构平衡了上述两种结构的优缺点，是目前普遍采用的 MAS 组织结构模式。混合式结构可进一步分为两类：一是局部集中、整体分布的形式；二是局部既有离散又有分布、全局分布的形式。图 2.6 为第一类混合式组织结构，图 2.7 为第二类混合式组织结构。

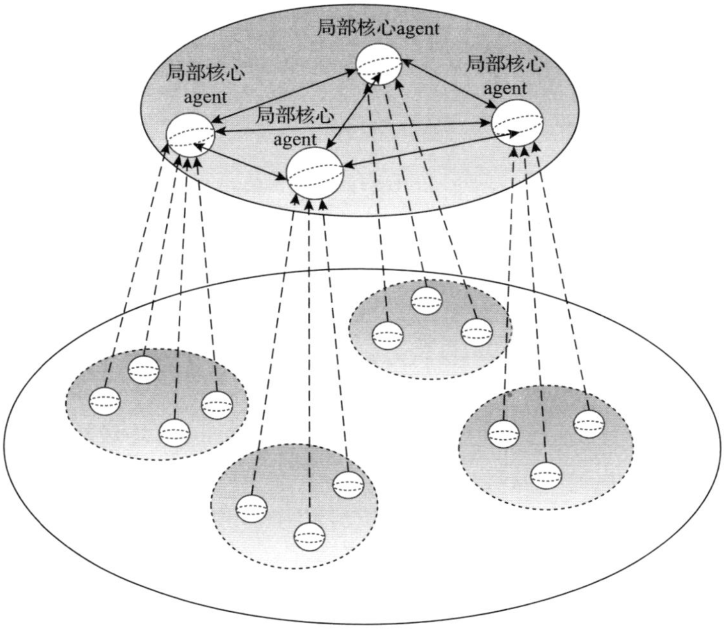

图 2.6　第一类混合式组织结构

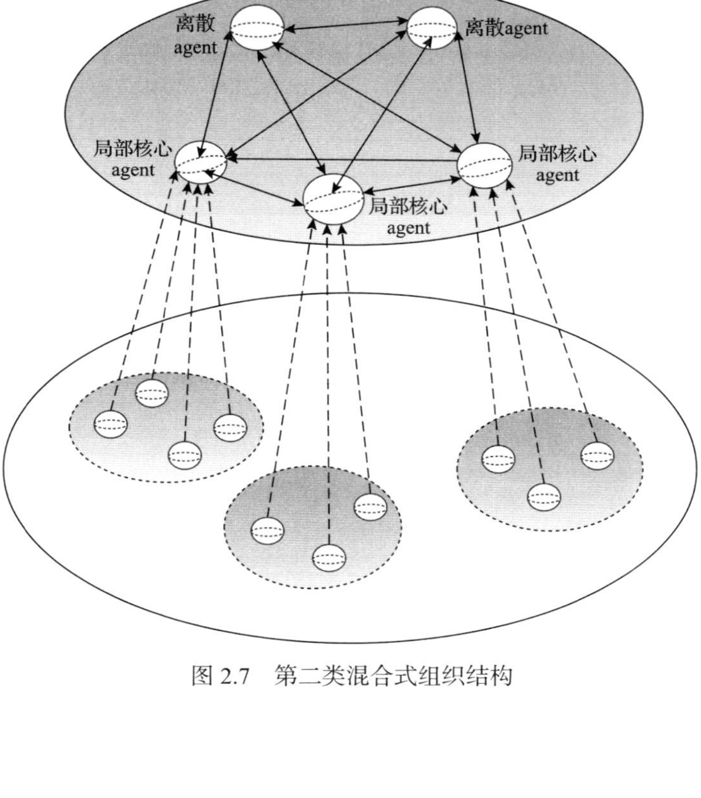

图 2.7　第二类混合式组织结构

另一种较为常见的组织结构划分方法是以agent在实际应用中的交互方式作为划分标准，将 MAS 组织结构划分为 agent 网格、agent 联盟和黑板结构三种[14,15]。

(1) agent 网络。

agent 网络采用纯分布式设计，网络中所有 agent 的通信、状态知识和能力都是固定的。网络中 agent 间采用直接通信方式进行信息交互，当需要合作时，只需在系统中找到具有合适功能和状态的 agent 并对其发送相关信息即可。采用该结构的 MAS 局部自治性较好，但当系统通信量过大时，很难保证通信质量，容易出现通信堵塞、资源抢占等不良现象。

(2) agent 联盟。

agent 联盟采用 Federated 结构设计，联盟中所有 agent 均可按意愿选择与其他 agent 结成联盟，而意愿的出发点是彼此合作产生的效益大于独自工作的效益。在联盟内，agent 只与群体内的仲裁 agent 进行交互，联盟间则通过各自的仲裁 agent 进行通信。agent 联盟结构使其可以在不需要了解其他 agent 详细信息的情况下获得需要的功能服务，灵活性较高。

(3) 黑板结构。

黑板结构通过设置公共数据存储区——黑板空间的形式进行 agent 间消息传递。MAS 在系统中设置若干由局部群体共享的黑板区域，并在局部群体中设置仲裁 agent。仲裁 agent 负责不同 agent 群体间的信息通信，当局部群体中的 agent 需要进行信息传递时，可将要传递的信息和数据写入黑板区域，从而实现局部的信息交互和数据共享。

2.1.4　MAS 研究现状

近年来，MAS 的理论研究思路从微观层次的 agent 个体建模向 agent 群体属性延伸，构建 MAS 特定的通信协调机制，以期从宏观角度完成 MAS 结构模型设计。在这一思路指导下，国内外研究者展开大量研究工作，目前已取得了一系列理论研究成果，接下来将分别梳理 MAS 知识建模、通信、任务协调等方向的研究进展，阐述 MAS 理论在先进制造领域的应用现状。

1. MAS 知识建模

MAS 属于复杂的模糊知识体系，在其开发过程中，知识表示和推理方法的选择至关重要。知识模型的优劣不仅决定了知识应用和可扩充域的大小，而且直接影响系统的问题处理速度，是制约系统整体服务质量的关键因素。目前，MAS 的主流知识建模方法主要包括产生式规则、语义网络、框架网络、粗糙集和面向对象的知识表示方法等[16]。上述知识建模方法因其各异的特征被应用于不同的领域，下面对其中具有代表性的几种知识建模方法进行详细阐述。

1) 产生式规则

产生式规则也称为前提-结论式规则，其基本形式是如果满足 x 条件则执行 y 语句(if x then y)，代表以 x 为前提、y 为结论或以 x 为条件、y 为行为的条件性知识规则。这种知识表示方式可以清晰地模仿人类的思维模式，形式简洁且易于理解。但是，采用该方法描述复杂知识结构关系时易出现知识组合爆炸的问题，严重影响了系统的求解效率。

2) 语义网络

语义网络采用带标示的有向图表示其知识结构。其中，有向图的节点表示概念，节点间的有向弧表示概念间的逻辑语义关系，图 2.8 为典型的语义网络结构。采用语义网络表示知识时，其良好的结构性特征不仅降低了知识结构修改的难度，而且能够通过层次性结构和节点间的有向弧清晰标明知识间的继承关系。然而，由于语义网络节点间的弧关系定义由设计人员主观决定，不同的定义方法可能产生截然不同的推理结果，推理的准确性无法保证。

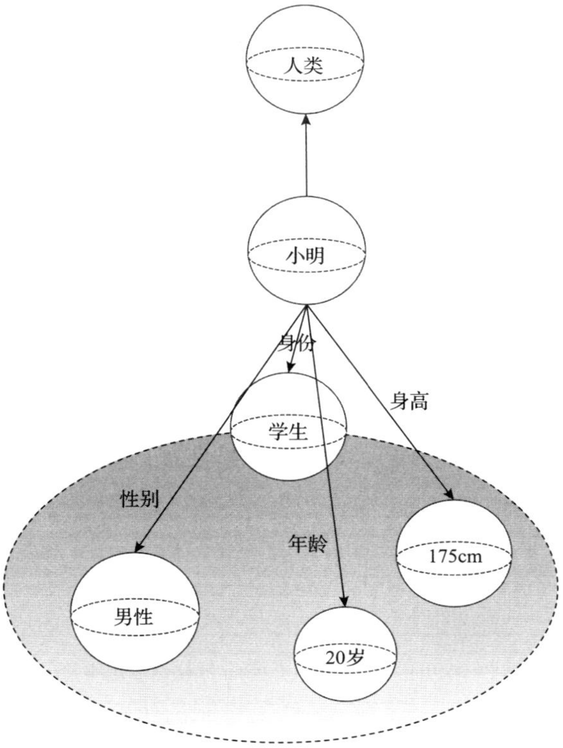

图 2.8　典型的语义网络结构

3) 框架网络

框架网络是一种采用链表结构表示各实体间逻辑关系的知识建模方法。在框架网络中，待描述的实体被划分为不同的类别，由表示实体属性的指针和对应操作的指针将各类实体按其逻辑关联组合成完整的框架网络结构。框架网络所采用的链表结构不仅能够简化知识的增减操作，而且能够利用哈希表(hash table)索引方法实现信息快速查询，有利于知识数据的动态管理。

4) 粗糙集

粗糙集知识模型可用三元组结构表示，即 $S=\{U, A, V\}$。其中，U 是对象集合，A 是属性集合，V 代表值域。粗糙集的概念起源于经典集合论，是一种处理模糊数据的有效手段。该方法是利用知识库中的已有知识来描述未知的模糊知识，利用分类理论将知识划分为不同集合类别。图 2.9 为粗糙集规则自动生成流程。

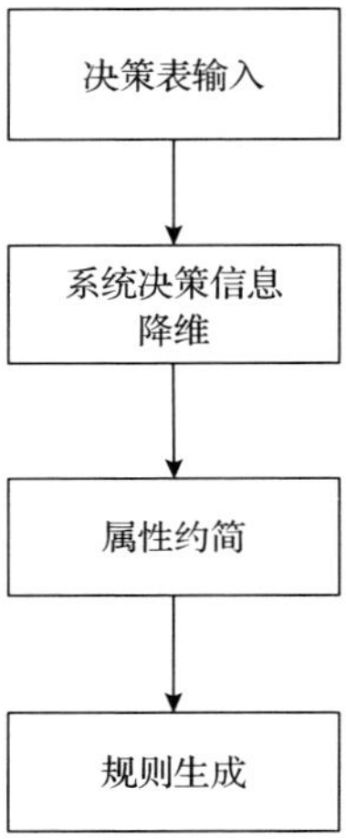

图 2.9 粗糙集规则自动生成流程

将粗糙集理论引入知识建模可以充分发挥其在处理模糊和非确定性知识方面的优势，不仅能够发现数据处理的简便操作方式，而且能够精确验证规则的正确性，适用于规则的自动生成。但是，在这一过程中极易出现属性爆炸的情况，甚至产生 NP 难问题，限制了粗糙集在大型复杂知识系统中的应用效率。

5) 面向对象的知识表示方法

面向对象的知识表示方法将面向对象应用于知识系统的设计和架构，通过类和对象等面向对象概念来描述和解决复杂知识建模问题，统一化不同类型的知识结构，并利用对象的封装、继承和多态等机制来保证知识数据的重用性和维护性。该知识模型采用四元结构表示，即 $S=\{T, D, M, I\}$。其中，T 为标示，D 为数据结构，M 为处理方法，I 为信息接口。面向对象的知识表示方法以对象为中心，用属性和方法来表示知识模型和推理方法，动态建立对象间的逻辑关系。这一方法不仅能够准确地表达复杂知识的属性特征和知识间的逻辑关系，而且具有良好的仿人类思维特征，降低了认识和分析问题的难度，被广泛应用于大型知识系统建模。

2. MAS 通信方法

协同是 MAS 的核心，通信是协同的基础，MAS 通信机制的设计一直是领域内的热点研究问题。目前，关于 MAS 通信机制的研究工作主要围绕通信结构建模、通信语言设计和通信质量评估三方面展开，下面分别对各方向已取得的研究成果进行阐述。

1) 通信结构建模

目前主流的 MAS 通信结构建模方法包括消息传递、黑板、基于公共对象请求代理结构(common object request broker architecture, CORBA)的远程调用、移动 agent 四种。

(1) 消息传递模式。

消息传递模式的工作原理是由信息发送 agent 将特定的消息封装并直接传送给具有特定标示的信息接收 agent，消息只在两个通信 agent 间直接传递。该模式的优势在于其灵活的通信能力以及各 agent 间资源高效安全的直接共享。采用该通信结构进行消息传递时，MAS 中各 agent 为了彼此间的准确通信，必须保存系统中全部 agent 的名称、地址、能力等相关辅助信息。当系统中 agent 数目较多时，这一模式会占用过多的存储资源和通信带宽。

(2) 黑板模式。

黑板模式的工作原理是通过设置特定的黑板区域来提供公共数据存储空间，用于 agent 间信息、数据和知识的共享。黑板模式的优势在于通过黑板区域进行 agent 间的数据共享，在通信过程中，agent 只需访问黑板区域即可得到需要的通信数据。这一方式不仅降低了 agent 自身的信息存储负担，也避免了异构系统间消息解析的开销。但是，黑板模式的数据共享安全性较低，对共享存储器的信息处理能力要求很高。此外，黑板区域信息的微小错误往往会引起 MAS 的全局崩溃。因此，该模式下系统容错能力决定了 MAS 整体通信效率。

(3) 基于 CORBA 的远程调用模式。

基于 CORBA 的远程调用模式将 agent 作为 CORBA 对象，利用接口定义语言(interface definition language, IDL)描述 MAS 中各 agent 的对象接口，向对象请求代理(object request broker, ORB)发送包括对象定位、对象激活和对象通信等服务请求。基于 CORBA 的远程调用模式利用 ORB 屏蔽地址信息的特征，消除了本地 agent 和远程 agent 间的差别，能够实现不同 agent 间的自由通信。该通信模式具有简单易用、通信稳定和通信效率较高等优势，但同时也存在通信限制多和对频繁通信响应速度较慢等问题。

(4) 移动 agent 模式。

移动 agent 模式可以在不同的 MAS 内自由迁移，实现不同 agent 间的通信和资源交互。这一模式动态地将服务请求发送至服务器端，不依赖于网络传输，表现出动态自适应性高、反应速度快和容错性强等优势。目前主流的移动 agent 通信实现技术包括广播机制、消息转发机制、路径转发机制、层次式通信机制、基于邮箱的通信机制等。

2）通信语言设计

agent 通信语言（agent communication language, ACL）是实现 agent 间互操作的基础和关键。KQML 和 FIPA_ACL 是目前较为通用的两种 ACL 标准[17,18]，下面分别进行介绍。

（1）KQML。

作为最早的 agent 通信语言标准，KQML 基于协议栈的思想形成，以言语行为理论（speech act theory）为基础。该标准将通信语言看成一种动作，用于指导、控制相关 agent 的感知状态。

（2）FIPA_ACL。

FIPA_ACL 综合了 ARCOL 和 KQML 两种标准的优势，将 ARCOL 的规范性特征和 KQML 的用户友好性特征用于标准的设计。该标准基于言语行为理论，将交互的消息表示为通信动作，使用标准扩展的巴科斯范式（extended Backus-Naur form, EBNF）格式给出了动作的语法和语义描述，通过消息交互完成通信动作。FIPA_ACL 定义了 20 条由名称和参数构成的表示通信动作的外层语言，分别给出了动作的语法和语义描述，并采用标准 EBNF 的格式定义。

3）通信质量评估

通信质量评估和改进策略的研究一直以来都是 MAS 通信研究领域的一大热点和难点。Cowie[19]对 MAS 通信负载平衡条件下的 agent 强化学习过程进行了深入研究。他认为当 agent 进行资源选择时，必须保证系统资源使用的优化及本地资源平衡。Lee 等[20]采用一些经典的分类和度量方法对点、群组协调和分类树等 MAS 主流通信结构进行了评估。

3. MAS 任务协调机制

MAS 在进行复杂问题求解时，需要多个 agent 交互合作共同完成系统目标。由于各 agent 自身的目的、知识和能力不同，协作中不可避免出现矛盾和冲突。当矛盾和冲突出现时，如何采取适当的协调手段，使 agent 间能够就共同关心的问题达成一致，这种 agent 之间的交互技术定义为 agent 协商。协商是 MAS 实现协作、冲突消解和矛盾处理的关键环节，也是影响 MAS 整体效率的关键因素[21,22]。

围绕 MAS 协商问题，国内外研究者分别从经济学、社会学、心理学和管理学等方面开展了大量研究，合作网协商、基于对策论的协商和劝说性辩论协商是其中比较有代表性的几种协商方法。

1）合作网协商

合作网协商引入了招标-投标-中标机制，对系统任务进行委托分配，可用于解决资源、知识的冲突等问题。

2) 基于对策论的协商

基于对策论的协商采用对策论的方式，提出面向任务领域和面向价值领域的两种协商方法。该方法对于 agent 协商模型的前提条件有特殊需求，因此只适用于特定条件下的 agent 协商建模，无法建立一般模型。

3) 劝说性辩论协商

为克服基于对策论的协商方法的缺陷，研究者在基于事例推理和多属性效用优化理论的劝说性辩论协商模型的建立方面进行了一系列研究，但该模型并没有涉及 MAS 的概念。

2.1.5　MAS 理论与先进制造技术的结合

若将先进制造系统中的各加工单元描述为独立的 agent 单元，则可将整个制造系统抽象为一个 MAS 体系，系统的加工过程可描述为多个 agent 单元通过通信协调机制协作完成加工任务。研究者针对 MAS 在制造系统领域中应用涉及的关键技术问题投入了大量精力，取得了丰富的研究成果。例如，de Paula 等[23]提出了面向制造系统加工过程的动态调度协议，分别设计了两类 agent 进行加工任务安排和制造资源管理工作，通过 agent 间交互协商解决加工过程中的生产任务调度问题。这一方法不仅提高了系统的灵活性，而且避免了因系统不确定性产生的实时性调度问题。此外，Veremme 等[24]设计了基于 MAS 理论的任务分配系统，该系统按活动复杂度进行划分，并为元组级活动分配对应的执行 agent。

近年来，我国也大力开展 MAS 与先进制造技术相结合的理论研究，虽然产生了大量的理论研究成果，但多数仅局限于实验室研究。如何将 MAS 理论应用于生产实际，已成为当前最为迫切的任务之一。

2.2　开放式数控系统结构框架研究

数控系统集计算机、电子、自动控制等先进技术于一体，以高精度、高效率和柔性自动化等特征著称。数控系统不仅是先进制造理论的技术基础，而且是各种柔性制造系统的核心控制单元。近年来，随着计算机、电子和自动控制等相关领域技术的不断进步，局部领域内的技术制约已不再是限制数控系统发展的主要瓶颈。传统数控系统采用的封闭式体系结构逐渐成为限制其前进的最大阻力。究其原因在于，封闭式体系结构不易于系统改进和扩展，很难与领域最新研究成果相结合。为适应不断提高的智能加工需求，通用型开放式体系结构必将取代专用型封闭式体系结构，成为智能数控系统体系结构领域的必然发展趋势[25]。

2.2.1　数控系统的广义模型

图 2.10 为数控系统广义模型。可以看出，广义模型由控制结构、伺服单元和机械结构三部分组成。

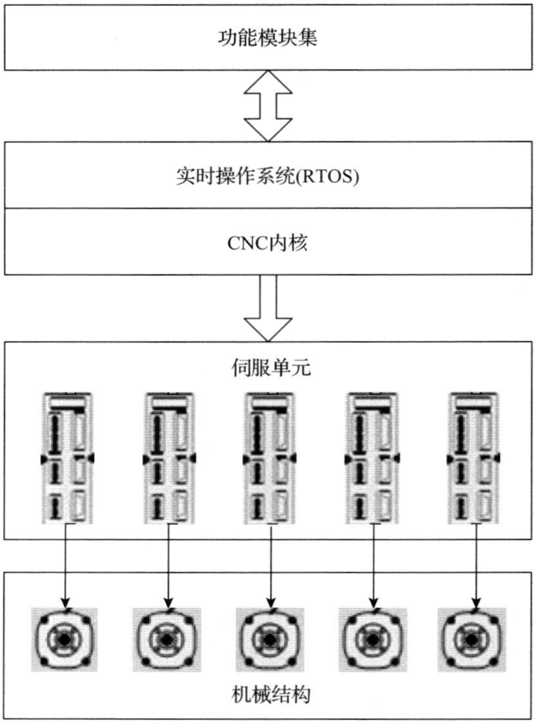

图 2.10　数控系统广义模型

1) 控制结构

控制结构的好坏是影响数控设备整体服务质量的关键要素。控制结构由 CNC 内核、操作系统和应用软件组成，主要实现数控系统的人机交互、运动控制、数据管理、通信支持和其他辅助功能。

2) 伺服单元

伺服单元是系统进行机械设备控制的基础，是控制结构和机械结构间控制信息传输的媒介。伺服单元负责将控制单元的数字量指令输出转换为电机运动指令，为系统的硬件设备提供运动位置控制和速度控制等功能。

3) 机械结构

机械机构是控制结构和伺服单元的执行机械平台，任何形态的机械结构都可以用运动学方法简化为运动机构的组合形式。

2.2.2　开放式数控系统的特征

所谓开放式系统，即不同应用程序能够在不同厂商的不同平台上自由运行，不同平台应用程序间可通过特定的通信机制实现互操作，且系统可以为用户提供一致的人机交互风格。作为开放式系统的典型实例之一，开放式数控系统表现出互操作性、可移植性、可扩展性、互替代性和可伸缩性等特征。

1）互操作性

通过标准化接口、通信和交互机制，不同功能模块能以标准的应用程序接口运行于系统平台之上，获得平等的相互操作能力，实现各模块间的工作协调。这一特征主要表现为系统内部间的互操作性、不同系统间的互操作性及系统和外部应用间的互操作性等。

2）可移植性

系统的功能软件与运载设备无关，各功能模块可运行于不同控制系统内，即能运行于不同供应商的硬件平台上，实现运载平台的无关性。

3）可扩展性

用户或二次开发者能有效地将所需软件集成到NC系统中，形成专用系统，功能的增减只需通过功能模块的装卸实现。

4）互替代性

系统高度模块化，且功能模块具有完全开放的标准接口。这一特征使系统各硬件模块、功能软件的选用不受单一供应商的控制，可根据功能、可靠性、性能要求相互替换，不影响系统整体的协调运行。

5）可伸缩性

系统可运行在不同规模的计算机平台上，且数控系统的功能、规模可根据具体应用灵活设置，方便修改。

开放式数控系统的上述特征决定其在实际应用中具有如下优势：

（1）针对不同的加工需求和加工环境，能够按需为用户提供系统软硬件和功能模块的自由选择及配置。

（2）功能模块间可通过特定的通信机制完成信息交互和协作加工。

（3）系统具备可移植性、可扩展性和可替代性，且能保证人机界面的风格一致。

2.2.3　开放式数控系统体系结构设计指导原则

结合开放式数控系统特征可知，其设计目标是能够为用户最大限度地提供系统功能的自由选择、更新和重构，使之集成先进的数控加工技术并适应用户不断变化的个性化加工需求。为支持该理念，开放式数控系统在设计过程中应遵循如下原则。

1）模块化设计

开放式数控系统应由逻辑关系相互独立并能够完成系统功能的元级功能模块组成。功能模块均采用黑盒结构进行设计，且模块间通过统一的标准接口互相连接，具有即插即用的特性，易于系统功能的快速集成。模块化设计能够根据用户的个性化加工需求选择适合的功能模块组合，不仅保证了功能模块的开放性，而且可以使系统结构和系统控制功能分离。

2）分层结构设计

开放式数控系统应采用分层结构设计原则，系统按自顶向下的顺序可划分为系统层、子系统层和功能模块层。不同层次的模块间通过特定的通信机制进行交互，协同完成系统的整体控制功能。分层设计原则能够将系统的功能实现和通信过程分离，不仅降低了模块间的耦合度，而且提高了系统控制流和数据流的独立性，增加了功能模块的可复用性。

3）系统参数化动态配置

在开放式数控系统运行过程中，应该能够实现系统各功能要素的参数化，并根据功能要素间的控制和信息流动态生成系统拓扑结构。系统参数化动态配置不仅能够为用户提供更加方便、灵活的功能配置，还可以满足用户个性化的加工需求。

4）设计的可移植性

开放式数控系统中所定义的数据结构、用户接口等规范应具有通用性和可移植性，能够在不同的系统平台上实现。这一特性能够实现系统功能模块在不加修改或经过较少修改的情况下，在不同系统运行环境间自由转移和运行，不依赖于特定的软硬件平台和操作系统。

5）设计的可扩展性

开放式数控系统应具有根据加工环境、加工需求和系统目标变化来分析自身功能的不足，并能够动态增加相应的功能模块，完成系统控制功能的扩展。

开放式数控系统不仅要求系统平台满足模块化设计要求，而且采用通用、统一、可相互兼容的接口和格式实现软、硬件系统数据交换，从而实现人性化的系统设计和个性化的加工服务，这与智能数控系统的开发要求吻合。在智能数控系统开发中选用开放式体系结构，不仅能为用户提供高度智能化的人机交互模式和远程接入服务，而且能够不断将各领域的先进技术和知识集成在系统中，实现智能数控系统功能的不断扩充与完善。

2.3　智能数控系统功能介绍

2.3.1　智能数控系统的主要特性

与传统数控系统相比，智能数控系统具备知识学习和推理、动态感知、自主决策和精确控制等能力，能够将先进的技术和知识融入生产加工的各个领域，根据加工需要为用户提供高度智能化的解决方案，其主要特性表现如下。

1）模块化

智能数控系统根据具体功能可分解为几个逻辑独立的模块，并提供了标准接口使各功能模块能够自由组合并添加到数控系统中，满足日益多样化的生产需求。

2）可移植性

在智能数控系统中，系统输入输出数据格式、行为模式以及通信和交互机制的标准化，使得用户可以根据生产加工的实际需求选择相对应的功能模块，无须考虑数据的兼容性。可移植性的特点不仅便于系统功能扩展，而且增加了系统的适用性和可操作性。

3）可扩展性

可扩展性使智能数控系统可以根据实际的加工需求裁减或扩展硬件配置和软件模块，以适应高低端系统，满足多样化生产的灵活需要。

4）智能化

智能化使得智能数控系统具有与外界互动、自主规划以及感知周围环境的能力。系统能够接收外部或内部命令实现与其他系统和模块的交互，通过预先建立的知识库处理任务，实现生产过程的自主规划。感知能力使系统能够完成传感和诊断任务，从而在复杂的加工环境中实现自我优化。

2.3.2　智能数控系统的工作过程

图 2.11 为智能数控系统的工作过程。智能数控系统的加工过程可分为几何设计、工艺规划、运动控制和伺服驱动等步骤。其中，几何设计是智能数控系统加工的起始步骤，通过分析从用户和设计者处收集的海量异构数据，总结设计要求，而后采用智能计算方法生成几何模型，使用可视化仿真技术对工件的可制造性进行分析。

完成几何设计后，模型进入工艺规划阶段。工艺数据库中存储着与原材料、工件形状、夹具和机床等相关的生产数据。通过智能推断并从工艺数据库中检索

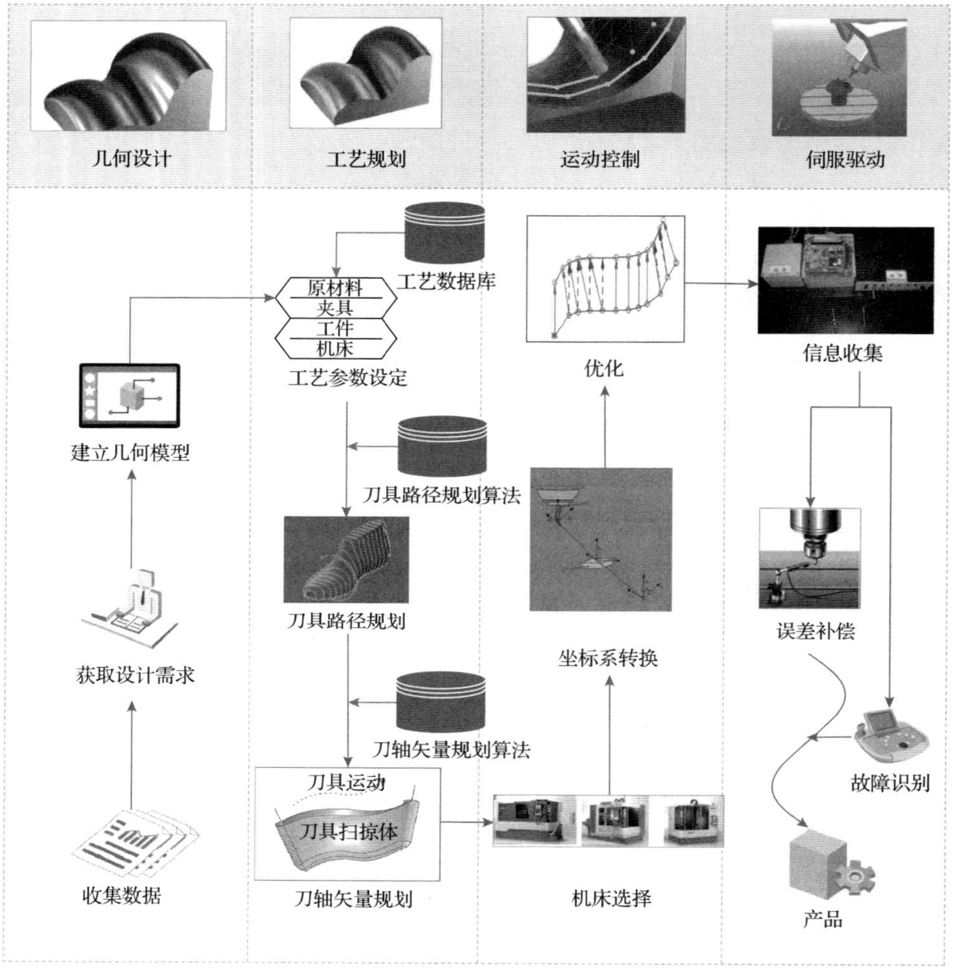

图 2.11　智能数控系统的工作过程

获得相应参数后，采用刀具路径规划算法将几何设计阶段获得的模型离散为刀具接触路径，然后根据接触点处的曲面主曲率确定相应的刀轴矢量变化曲线。

完成工艺规划阶段后，运动控制部分确定制造过程中的制造信息。根据各机床执行同一加工任务时在加工效率及交工精度等方面的性能差异选择用于加工的机床类型。然后，将在工艺规划阶段生成的工件坐标系下的刀具切触点坐标和相应的刀轴矢量转换为机床坐标系中与具体机床结构相关的各轴点坐标。最后，建立智能优化模型确定合适的插补方法，进一步优化整个加工过程。

在伺服驱动阶段，通过无线射频识别(radio frequency identification, RFID)和智能传感器监控整个加工过程，并根据 RFID 和传感器采集得到的切削力、振动、噪声和温度等信息评估机床当前状态。最后，根据评估结果对切削参数进行优化和误差补偿，当产生故障时及时诊断以减少停机时间。

2.3.3　智能数控系统数据流模型

智能数控系统的数据流采用自顶向下逐层处理的数据传递方式，上层任务的输出是下层任务的输入，各功能层间通过设置相应的数据共享缓存区实现数据的交互，有效降低任务层间的耦合程度。图 2.12 为智能数控系统数据流模型。

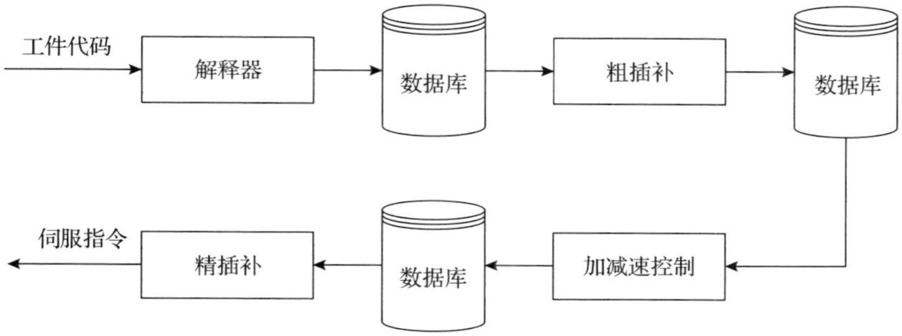

图 2.12　智能数控系统数据流模型

不同的智能数控系统会有不同的功能划分，但数据流结构基本类似，可概括为下述过程：系统首先将输入的工件代码通过解释器转换为能被系统识别的微代码，然后利用粗插补功能计算当前插补周期内各运动轴的运动轨迹，接着使用加减速控制功能来平滑机床运动，最后由精插补与位置控制功能完成系统运动控制，并将得到的运动指令传递给伺服电机。

2.3.4　智能数控系统功能需求分析

功能需求分析是智能数控系统开发的基础，也是决定后续工作能否成功开展的关键因素。智能数控系统功能可分为基本功能和扩展功能两大类，其中基本功能是智能数控系统实现加工所必须具备的人机交互控制、NC 核心控制和逻辑控制等系统功能，扩展功能是可根据实际需要进行增减的系统功能。

1）人机交互控制功能

人机交互控制功能主要完成用户与系统之间的交互工作，包括图形界面显示与管理、用户操作信息管理、操作模式选择、输入输出设备的操作与管理等子功能。

2）NC 核心控制功能

NC 核心控制功能由运动规划、运动控制和运动轴控制等子功能组成。其中，运动规划功能主要完成对加工信息和运动信息的处理，包括通道控制、代码相关处理、刀具补偿等；运动控制功能包括轨迹规划、插补、加减速控制等；运动轴控制功能主要完成对物理轴位置的控制和任务参数的管理。

3）逻辑控制功能

逻辑控制功能包括运动控制逻辑、机床控制逻辑等子功能，主要负责数控系统对机床传感器、执行元件对应的开关量信号处理功能。

4）扩展功能

系统常见的扩展功能包括故障诊断、刀具管理、加工协调、加工仿真、自动编程等。扩展功能不仅是基本数控系统在功能上的扩展和性能上的提高，而且是系统实现结构可伸缩性的主要途径。

2.3.5 智能数控系统功能模块划分

智能数控系统是一种典型的实时控制系统，不仅需要完成指定的控制操作，而且必须在指定的时间内返回操作结果，在实时性、可预测性等方面要求较高。根据智能数控系统的主要控制操作，可以将核心功能划分为以下功能单元模块。

1）人机交互模块

人机交互模块主要负责完成系统初始化、维护系统运行主环境、显示系统运行中机床状态、输入输出设备响应、系统功能选择和加工控制程序选择等人机交互功能。

2）任务控制器模块

任务控制器模块主要负责系统的功能配置和核心控制两部分任务。其中，功能配置是针对特定的加工环境实现系统功能的适应性配置，建立符合用户个性化加工需求的功能模块组合序列。核心控制任务包括各功能模块调用和控制信息、数据信息和逻辑操作的传递等。

3）CAD/CAM 模块

CAD/CAM 模块根据实际数控加工需要，实现工件几何造型识别、工艺规划、轨迹优化、程序自动生成与加工控制的一体化。该模块使得加工现场能保留最初加工需求信息，在后续生产中能根据实际情况及时调整加工策略，简化信息交换流程。

4）管理模块

管理模块主要负责完成刀具管理和程序管理等管理任务。其中，刀具管理主要完成对刀具相关特征参数、刀具数据库及刀具补偿值的管理、维护和参数设定等功能；程序管理主要负责数控程序文件的编辑、管理、检验和翻译等任务。

5）解释器模块

解释器模块主要负责将接收的控制程序指令通过语法分析和语义解释两个主要步骤转化为能被数控系统用于机床加工的控制信息，并将得到的控制信息输入命令队列，由任务控制器模块进行控制信息的调度和管理。

6) 插补器模块

插补器模块主要负责完成数控系统的运动轨迹规划，包括加工过程中的加减速控制、插补计算和误差补偿等功能。插补器模块是实现数控系统高速、高精加工的关键性功能模块，而插补方法的优劣也是该模块功能强弱的决定性因素，目前主要的插补方法包括直线插补、圆弧插补、样条曲线插补、NURBS 曲线插补等。误差补偿功能负责减少或消除加工过程中产生的误差，常用的误差补偿方法包括几何误差补偿、热误差补偿和动态误差补偿等。

7) 轴控制模块

轴控制模块主要负责数控机床各轴的运动控制功能。数控轴包括主轴和进给轴两类，进给轴可以进一步划分为刀轨轴、同步轴和定位轴。主轴的控制主要包括根据 S 指令值计算出相应的速度控制量和提供多主轴同步控制策略两部分，进给轴的控制主要围绕建立运动位置控制策略展开。此外，该模块还需根据插补值更新控制指令。

8) 逻辑控制器模块

逻辑控制器模块主要负责将加工程序、用户输入以及机床系统的开关量信息转化为输出信息，并通过现场总线传递给底层的输入输出(input/output, I/O)控制单元。输出信息中的控制指令会通过 I/O 控制单元对数控机床的继电器、极限开关和传感器等部件进行相关的功能控制，如主轴起停、工件卡盘、换刀等。

上述八个功能模块共同作用，能够完成数控系统的核心功能。随着加工技术的不断进步，仅具备上述基本功能的数控系统无法满足日益增长的个性化加工需求。因此，开放式数控系统还应具备丰富的扩展功能，下面选取具有代表性的扩展功能模块进行详细阐述。

(1) 状态监测模块。该模块主要负责实时监测和感知数控系统的运行状态，对系统中出现的异常情况做出快速响应，同时为系统的智能控制提供数据信息。

(2) 参数优化模块。该模块主要负责根据系统运行环境、系统状态信息和具体的加工条件进行加工参数在线或离线优化，从而使系统始终保持较好的工作状态。

(3) 故障诊断模块。该模块融合状态监测模块提供的异常状态信息，利用推理方法进行分析，对故障类型进行识别，对故障部位进行判断，同时对故障诊断信息和相应的解决方法进行记录。

(4) 系统仿真模块。该模块根据加工程序和加工工艺信息，结合机床特征和加工环境因素，利用计算机仿真技术进行模拟加工，以达到预测加工结果和有效避免加工偏差的目的。

2.4　基于 MAS 的异型石材制品智能数控系统整体结构模型设计

在异型石材制品智能数控加工中，若将承担不同任务的各个生产阶段视为独立单元，各阶段间信息交互较为紧密，这一特性使 MAS 成为异型石材制品智能数控系统整体结构设计中的一种优质解决方案[26]。在该系统的整体结构设计中，系统按功能划分为七部分，包括人机交互、几何设计、管理、工艺规划、运动控制、逻辑控制和故障诊断，每个部分由一个本地核心 agent 和几个子功能 agent 组成。图 2.13 为基于 MAS 的异型石材制品智能数控系统结构总体框图。

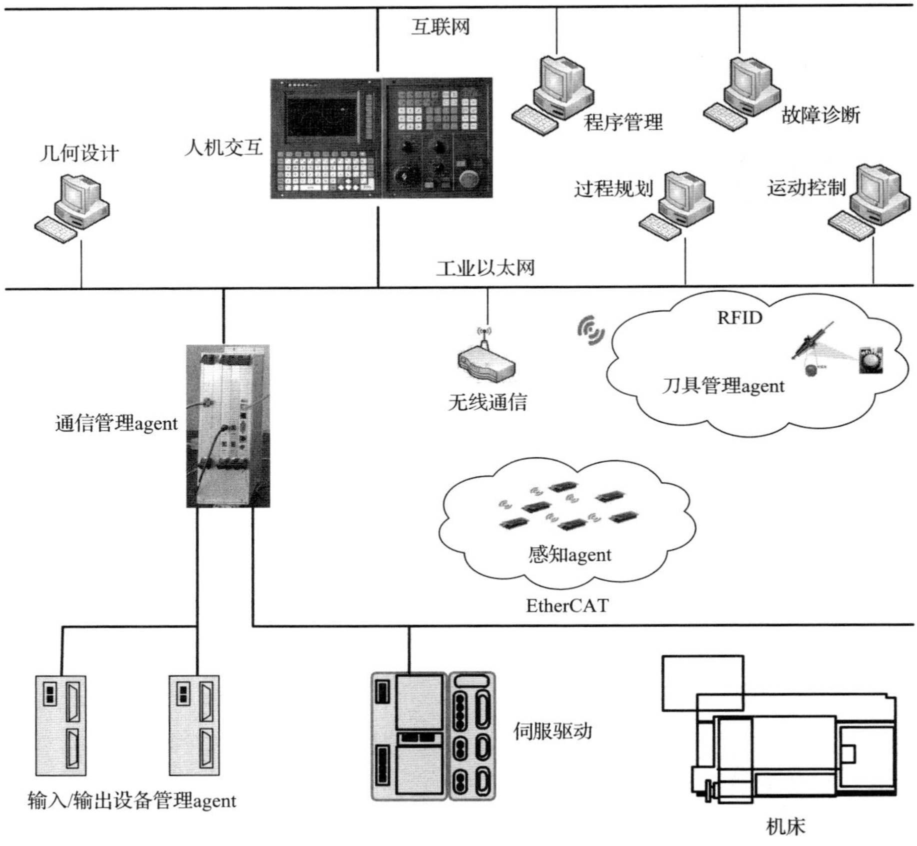

图 2.13　基于 MAS 的异型石材制品智能数控系统结构总体框图

1) 人机交互

人机交互部分完成用户与数控系统之间的信息交互，包括人机交互核心

agent、系统初始化 agent、机器状态显示 agent、图形界面管理 agent、用户操作信息管理 agent、输入/输出设备管理 agent 和其他相关 agent。

2) 几何设计

几何设计部分基于设计要求进行几何建模，包括几何设计核心 agent、数据分析 agent、智能计算 agent 和可视化模拟 agent。其中，数据分析 agent 采用聚类、神经网络和机器学习等技术发现几何设计中的隐含需求；智能计算 agent 采用适合的自由曲线表达式将设计需求转化为几何模型；可视化模拟 agent 将建立的几何模型显示到屏幕上。

3) 管理

管理部分包括管理核心 agent、刀具管理 agent、程序管理 agent 和通信管理 agent。其中，刀具管理 agent 记录刀具长度、刀具半径、刀具类型等信息，并将其存储到刀具数据库中；程序管理 agent 根据 CNC 系统的指定功能代码和程序格式编辑生成 CNC 程序文件；通信管理 agent 负责不同 agent 之间的协调和沟通。

4) 工艺规划

工艺规划部分包括工艺规划核心 agent、参数优化 agent、刀具路径规划 agent 和刀轴矢量规划 agent。其中，参数优化 agent 使用数据挖掘技术确定满足加工需要的主轴转速、切削深度等过程参数；刀具路径规划 agent 将模拟加工中的刀具运动轨迹，包括加减速控制和刀具接触路径的生成；刀轴矢量规划 agent 确定机床旋转轴的位置坐标。

5) 运动控制

运动控制部分主要完成数控机床主轴和进给轴的控制，包括运动控制核心 agent、性能预测 agent、运动转换 agent 和实时插补 agent。其中，性能预测 agent 用于比较完成特定加工任务时不同配置结构机床的运动效率和精度；运动转换 agent 将刀具中心点坐标和相应的刀轴矢量转换为机床坐标系下各轴的运动点坐标；实时插补 agent 选择合适的插补方法并将控制信号发送给每个运动轴。

6) 逻辑控制

在逻辑控制部分中，系统的加工程序、用户输入信息被转换成输入输出信息，并通过现场总线传送给底层的 I/O 控制器单元，进而控制继电器、限位开关和传感器实现换刀、夹持、主轴同步控制等功能。这部分包括逻辑控制核心 agent、传感器 agent、冷却控制 agent 和换刀 agent 等。

7) 故障诊断

为实现智能数控系统的故障检测和诊断需求，故障诊断部分作为重要的扩展功能提供给用户一种新颖的故障检测排除方式，该部分包括故障诊断核心 agent、自我感知 agent、自我诊断 agent 和性能模拟 agent。其中，自我感知 agent 监控数控系统并感知系统运行状态，为后续智能控制提供相关信息；自我诊断 agent 分析自我感知 agent 提供的数据，识别故障类型并定位故障区域，为系统提供相应的解决方案；性能模拟 agent 在给出加工程序和过程信息的条件下，通过模拟加工过程预测整体加工性能。

参 考 文 献

[1] 张函, 郭锐锋, 耿聪, 等. 基于MAS技术的开放式数控系统软件体系结构的研究[J]. 组合机床与自动化加工技术, 2011, (6): 52-56, 60.

[2] 李峰厚, 叶佩青, 游华云, 等. 基于 RTLinux 的开放式数控系统研究[J]. 组合机床与自动化加工技术, 2001, (7): 1-3.

[3] 李爱平, 张建国. NC 嵌入 PC 型开放式数控系统的研究[J]. 组合机床与自动化加工技术, 2001, (12): 31-33, 37.

[4] 李伟光, 赵博, 周建辉, 等. 基于实时 Linux 的开放式数控系统框架[J]. 华南理工大学学报(自然科学版), 2003, 31(10): 28-31.

[5] 陈友东, 樊锐, 陈五一, 等. 基于 RT-Linux 的开放式数控系统研究[J]. 中国机械工程, 2003, 14(16): 1419-1422.

[6] 朱利东, 殷苏民. 基于嵌入式实时操作系统的开放式数控系统的研究[J]. 机床与液压, 2004, 32(1): 92-94.

[7] 中华人民共和国国家质量监督检验检疫总局, 国家标准化管理委员会. 机械电气设备 开放式数控系统 第 2 部分: 体系结构(GB/T 18759.2—2006)[S]. 北京: 中国标准出版社, 2007.

[8] Lan X J, Yan J P, He S D, et al. Distributed cooperative reinforcement learning for multi-agent system with collision avoidance[J]. International Journal of Robust and Nonlinear Control, 2024, 34(1): 567-585.

[9] Tang K E, Huang Y C, Liu C W. Development of multi-sensor data fusion and in-process expert system for monitoring precision in thin wall lens barrel turning[J]. Mechanical Systems and Signal Processing, 2024, 210(3): 111195.1-111195.18.

[10] Wordofa T N, Perumalla J R, Sharma A. An artificial intelligence system for quality level-based prediction of welding parameters for robotic gas metal arc welding[J]. The International Journal of Advanced Manufacturing Technology, 2024, 132(7): 3193-3212.

[11] Tyass I, Bellat A, Raihani A, et al. Multi-objective algorithm for hybrid microgrid energy management based on multi-agent system[J]. International Journal of Power Electronics and Drive Systems, 2024, 15(2): 1235-1246.

[12] Montoya-Zapata S, Klement N, Silva C, et al. Multi-agent system for perturbations in the kitting process of an automotive assembly line[J]. Engineering Applications of Artificial Intelligence, 2024, 135(9): 108679.

[13] Gui Y, Zhang Z Q, Tang D B, et al. Collaborative dynamic scheduling in a self-organizing

manufacturing system using multi-agent reinforcement learning[J]. Advanced Engineering Informatics, 2024, 62(10): 102646.

[14] 彭志平, 李绍平. 一种基于 Aalaadin 元模型与 AUML 融合的 MAS 建模方法[J]. 电子与信息学报, 2004, 26(7): 1150-1156.

[15] Ricardo A R, Benítez I F, González G. Multi-agent system for steel manufacturing process[J]. International Journal of Electrical and Computer Engineering, 2022, 12(3): 2441-2453.

[16] Kato D, Yada S, Kurahashi S. Analysis of factory automated guided vehicles systems by using multi-agent system[J]. Proceedings of the Annual Conference of JSAI, 2022, (9): 304-310.

[17] Li Y H, Zhang H, Ye X J. Event-based consensus of double-integral heterogeneous hybrid multi-agent systems with communication delays[J]. International Journal of Control, Automation and Systems, 2024, 22(5): 1499-1510.

[18] 袁爱进, 曹立明, 王小平. 一种基于 FIPA ACL 和 XML 的 Agent 通信语言[J]. 微型电脑应用, 2003, 19(7): 46-47, 61.

[19] Cowie N R S. Measuring workplace bullying[J]. Aggression and Violent Behavior, 2002, 7(1): 33-51.

[20] Lee S K, Hwang C S. Architecture modeling and evaluation for design of agent-based system[J]. Journal of Systems and Software, 2004, 72 (2): 195-208.

[21] Mezgebe T T, Bril H, Demesure G, et al. Multi-agent systems negotiation to deal with dynamic scheduling in disturbed industrial context[J]. Journal of Intelligent Manufacturing, 2020, 31(6): 1367-1382.

[22] Villavicencio C, Schiaffino S, Díaz-Pace J, et al. An approach for explaining group recommendations based on negotiation information[J]. IAES International Journal of Artificial Intelligence, 2024, 13(1): 162-173.

[23] de Paula G E, Ramos F S, Ramalho G L. Bilateral negotiation model for agent-mediated electronic commerce[C]//Agent-mediated Electronic Commerce Current Issues in Agent-based Electronic Commerce Systems, Barcelona, 2000: 1-14.

[24] Veremme A, Lefevre E, Morvan G, et al. Evidential calibration process of multi-agent based system: an application to forensic entomology[J]. Expert Systems with Applications, 2012, 39(3): 2361-2374.

[25] Latif K, Yusof Y, Latif Q, et al. New open CNC machine motion control system for ISO 14649 and ISO 6983[J]. Advanced Science Letters, 2017, 23(6): 5024-5028.

[26] 耿聪, 吴玉厚, 韩旭. 基于 MAS 的智能数控系统体系结构研究[J]. 机床与液压, 2019, 47(12): 58-64.

第 3 章　五轴数控机床运动学分析

在石材制品五轴数控加工中，系统通过改变机床各轴位置驱动刀具完成相对工件的运动。由于适用于石材制品五轴数控加工的机床种类繁多、结构构成差异较大，采用不同结构机床进行加工时，工件坐标系下刀具切触点和刀轴矢量坐标与机床坐标系下各轴位置坐标间的转换关系也各不相同[1-3]。本章将针对不同结构机床进行运动学分析，以获得工件坐标系下刀具切触点和刀轴矢量坐标与机床坐标系下各轴位置坐标间的映射关系，为后续对机床旋转轴运动引起的加工误差、加工效率变化规律的分析奠定理论基础。

本章首先概述五轴数控机床的三种常见结构，并运用机构学理论建立五轴数控机床运动学模型；然后采用齐次坐标转换矩阵和逆向运动学方法，分别对 *AC* 双转台型机床、*BA* 双摆头型机床和 *BA* 混合型机床进行运动学分析，从而确定三类机床的坐标系转换关系；最后对三类机床运动学转换关系求解过程进行总结，得到适用于五轴数控机床的坐标系转换关系通式，确定不同旋转轴配置结构机床刀轴矢量运动与机床旋转轴位置坐标间的关系。

3.1　五轴数控加工运动学模型

五轴数控机床由三个平动轴 *X*、*Y*、*Z* 和绕平动轴旋转的 *A*、*B*、*C* 三轴中的任意两个旋转轴构成。根据两旋转轴的配置不同，可将种类繁多的五轴数控机床分为三种结构形式[4-6]。

1) 双转台型

采用双转台型机床进行加工时，工件放置于工作台面上，两旋转轴运动均由工作台绕平动轴转动实现。双转台型机床多用于体积小、重量轻工件的加工。此外，由于加工过程中刀具主轴始终位于竖直方向，该类型机床刚性较好，也适合于切削量较大的加工。

2) 双摆头型

采用双摆头型机床进行加工时，工件放置在固定的工作台面上，加工中始终保持静止。双摆头型机床的刀具可绕两平动轴转动，实现两个方向旋转，这一结构特点决定了双摆头型机床可用于加工体积大、重量重的工件。由于加工过程中刀具主轴不可避免地随加工工艺要求摆动，该类型机床加工刚性差，适合于切削量较小的加工。

3）混合型

混合型机床的两旋转轴分别位于工作台和刀具上，加工过程中工作台和刀具均可绕一个平动轴旋转。该类型机床的加工能力介于双摆头型和双转台型之间。

由于 CAD/CAM 系统采用工件坐标系下刀尖点坐标和对应刀轴矢量值表示待加工曲面上的刀具路径，当采用上述三类机床进行加工时，如何根据具体的机床结构，将工件坐标系下刀尖点坐标和对应刀轴矢量值转化为机床坐标系下五轴位置坐标成为需解决的首要问题。

上述三种类型结构机床可简化为由运动副（也称运动轴）和关节组成的运动链。图 3.1 为五轴数控机床运动链示意图。其中，L_i 代表机床运动副，又可进一步分成移动副和转动副两类，分别通过移动和转动的方式确定刀具与机床的相对位置和相对姿态[7]，L_0 和 L_5 分别与工件所在机床工作台和刀具相连。J_i 代表连接 L_{i-1} 与 L_i 的关节，可分为移动关节和转动关节两种类型。通过确定运动链中各关节运动类型和原点距离矢量，就可确定机床运动学转换关系。为更为形象地描述工件坐标系与机床坐标系间的运动学转换关系，以 *AC* 双转台型、*BA* 双摆头型和 *BA* 混合型机床为例进行说明。

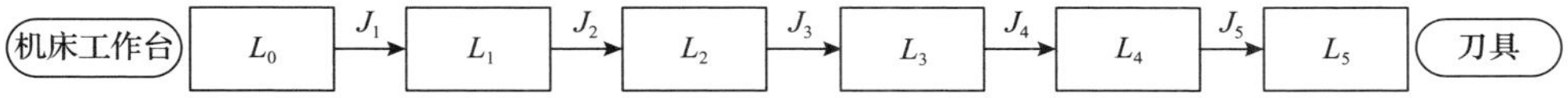

图 3.1　五轴数控机床运动链示意图

3.2　*AC* 双转台型机床运动学分析

对于 *AC* 双转台型机床，按照从工件依次传递到 *C* 旋转工作台、*A* 旋转工作台、*X* 平移工作台、*Z* 平移工作台、床身、*Y* 平移工作台，最后到达刀具的次序建立工件坐标系与机床坐标系间的连接关系[8]。图 3.2 为 *AC* 双转台型机床各运动坐标系的建立，s_i 表示第 i 个关节处的固结坐标系，wcs 为工件坐标系，tcs 为刀具坐标系，mcs 为机床坐标系。通过确定由前一个固结坐标系到后一个固结坐标系的坐标转换矩阵，并将这些变换矩阵依次右乘即可得到由工件坐标系到机床坐标系的坐标转换矩阵。坐标转换矩阵的确立可实现由工件坐标系下刀位点坐标到机床坐标系下各轴运动坐标的转换。本节将对 *AC* 双转台型机床坐标系坐标转换矩阵的确立过程进行说明，从而获得该类型机床加工时，工件坐标系下刀位点坐标与机床坐标系下各轴运动坐标间的关系，实现该类型机床的运动学求解。

采用 AC 双转台型机床进行加工时，工件坐标系下刀位点坐标 $\boldsymbol{P}^{\mathrm{w}}$ 与刀具坐标系下刀具位置坐标 $\boldsymbol{P}^{\mathrm{t}}$ 间的关系满足

$$\boldsymbol{P}^{\mathrm{w}} = \boldsymbol{TR}_{\mathrm{t}}^{\mathrm{w}} \boldsymbol{P}^{\mathrm{t}} \tag{3.1}$$

式中，$\boldsymbol{TR}_{\mathrm{t}}^{\mathrm{w}}$ 为坐标转换矩阵；上角标 t 和 w 分别代表刀具坐标系和工件坐标系。

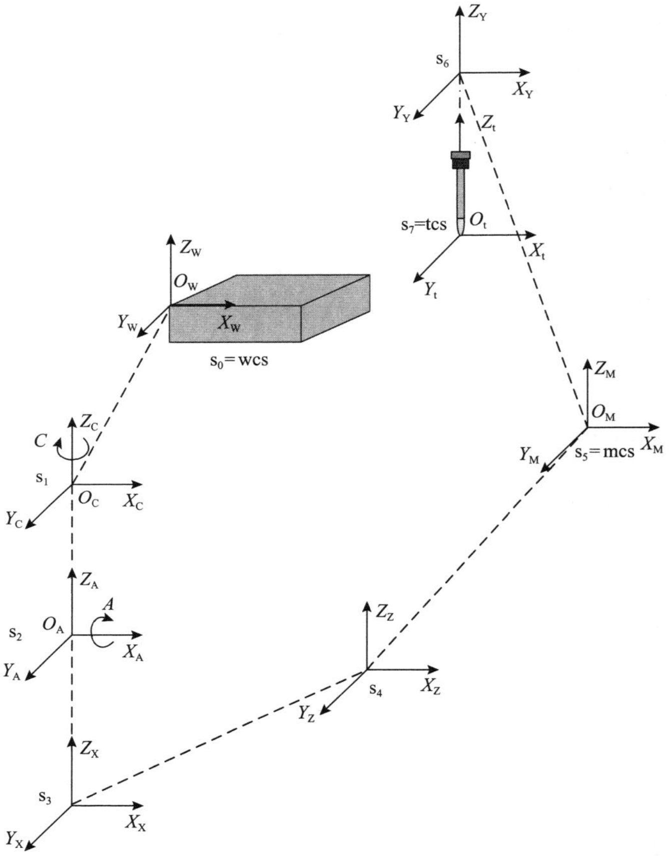

图 3.2　*AC* 双转台型机床各运动坐标系的建立

工件坐标系下刀位点坐标 $\boldsymbol{P}^{\mathrm{w}}$ 为

$$\boldsymbol{P}^{\mathrm{w}} = \begin{bmatrix} \boldsymbol{V} & \boldsymbol{P} \\ 0 & 1 \end{bmatrix} \tag{3.2}$$

式中，$\boldsymbol{P}$、$\boldsymbol{V}$ 分别为工件坐标系下刀尖点坐标和刀轴矢量。

刀具坐标系到工件坐标系的坐标转换矩阵 $\boldsymbol{TR}_{\mathrm{t}}^{\mathrm{w}}$ 可表示为由上述固结坐标系对应的坐标转换矩阵依次连乘的形式：

$$\boldsymbol{TR}_{\mathrm{t}}^{\mathrm{w}} = \prod_{i=0}^{6} \boldsymbol{T}_{i+1}^{i} \tag{3.3}$$

式中，$\boldsymbol{T}_{i+1}^{i}$ 为由固结坐标系 s_{i+1} 到 s_i 对应的 4×4 齐次坐标转换矩阵。

$$\boldsymbol{T}_{i+1}^{i}=\begin{bmatrix}\boldsymbol{R}_{i+1}^{i} & \boldsymbol{b}_i \\ 0 & 1\end{bmatrix} \tag{3.4}$$

对于移动关节，其坐标转换矩阵 $\boldsymbol{T}_{i+1}^{i}$ 中 $\boldsymbol{R}_{i+1}^{i}$ 为单位矩阵；对于转动关节，其坐标转换矩阵 $\boldsymbol{T}_{i+1}^{i}$ 中 $\boldsymbol{R}_{i+1}^{i}$ 可用该转动关节所对应的转动矩阵表示。此外，各关节所对应的坐标转换矩阵 $\boldsymbol{T}_{i+1}^{i}$ 中 $\boldsymbol{b}_i$ 由两相邻固结坐标系 s_{i+1} 与 s_i 间原点偏移量决定。因此，式(3.1)中坐标转换矩阵 $\boldsymbol{TR}_{\mathrm{t}}^{\mathrm{w}}$ 的表达式可进一步简化为

$$\boldsymbol{TR}_{\mathrm{t}}^{\mathrm{w}}=\begin{bmatrix}\boldsymbol{R}_{\mathrm{t},z}(\theta_z)\boldsymbol{R}_{\mathrm{t},x}(\theta_x) & \boldsymbol{B} \\ 0 & 1\end{bmatrix} \tag{3.5}$$

式中，$\boldsymbol{R}_{\mathrm{t},x}(\theta_x)$ 为双转台型机床绕 X 轴旋转 θ_x 的旋转矩阵；$\boldsymbol{R}_{\mathrm{t},z}(\theta_z)$ 为双转台型机床绕 Z 轴旋转 θ_z 的旋转矩阵。

$$\boldsymbol{R}_{\mathrm{t},x}(\theta_x)=\begin{bmatrix}1 & 0 & 0 & 0 \\ 0 & \cos\theta_x & -\sin\theta_x & 0 \\ 0 & \sin\theta_x & \cos\theta_x & 0 \\ 0 & 0 & 0 & 1\end{bmatrix} \tag{3.6}$$

$$\boldsymbol{R}_{\mathrm{t},z}(\theta_z)=\begin{bmatrix}\cos\theta_z & -\sin\theta_z & 0 & 0 \\ \sin\theta_z & \cos\theta_z & 0 & 0 \\ 0 & 0 & 1 & 0 \\ 0 & 0 & 0 & 1\end{bmatrix} \tag{3.7}$$

由于两转动关节处的旋转对其前关节已完成的坐标转换无影响，即转动关节处的旋转只对其后的坐标转换产生影响，可引入单位阶跃序列 $\varPhi(x)$ 表示式(3.5)中的 $\boldsymbol{B}$ 值：

$$\varPhi(x)=\begin{cases}0, & x<0 \\ 1, & x\geqslant 0\end{cases} \tag{3.8}$$

$$\boldsymbol{B}=\sum_{i=0}^{6}\boldsymbol{R}_{\mathrm{t},z}(\theta_z)^{\varPhi(i-\eta_C)}\boldsymbol{R}_{\mathrm{t},x}(\theta_x)^{\varPhi(i-\eta_A)}\boldsymbol{b}_i \tag{3.9}$$

式中，η_A 为在绕 X 轴转动的关节处建立的固结坐标系序数；η_C 为在绕 Z 轴转动的关节处建立的固结坐标系序数。

3.3　*BA* 双摆头型机床运动学分析

对于 *BA* 双摆头型机床，按照从工件依次传递到 *X* 平移工作台、*Z* 平移工作台、床身、*Y* 平移工作台、*B* 旋转工件台、*A* 旋转工作台，最后到达刀具的次序建立工件坐标系与机床坐标系间的连接关系[9,10]。图 3.3 为 *BA* 双摆头型机床各运动坐标系的建立，s_i 表示第 i 个关节处的固结坐标系，wcs 为工件坐标系，tcs 为刀具坐标系，mcs 为机床坐标系。

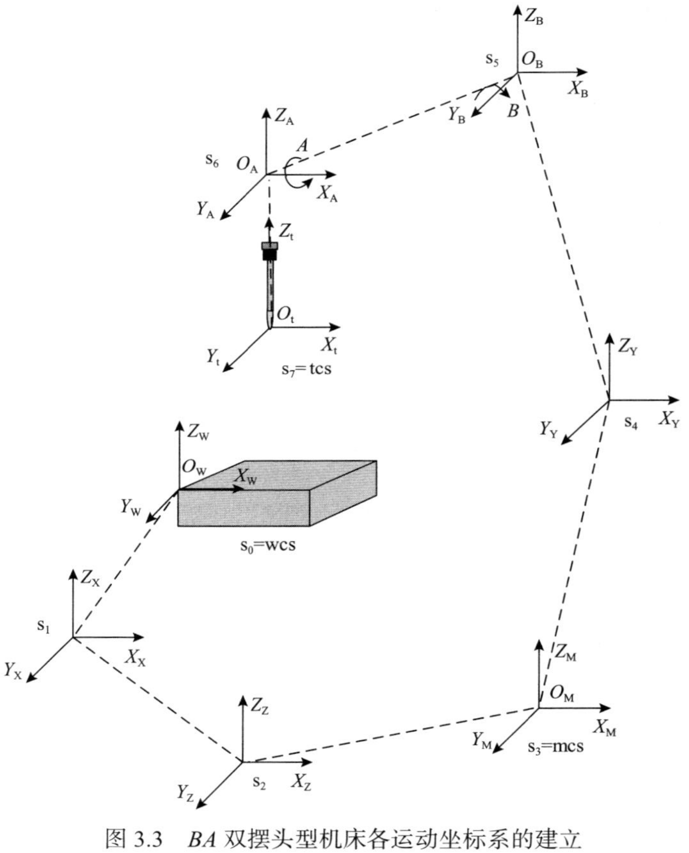

图 3.3　*BA* 双摆头型机床各运动坐标系的建立

采用 *BA* 双摆头型机床进行加工时，工件坐标系下刀位点坐标 $\boldsymbol{P}^{\mathrm{w}}$ 与刀具坐标系下刀具位置坐标 $\boldsymbol{P}^{\mathrm{t}}$ 间的关系满足

$$\boldsymbol{P}^{\mathrm{w}} = \boldsymbol{TR}_{\mathrm{t}}^{\mathrm{w}} \boldsymbol{P}^{\mathrm{t}} \tag{3.10}$$

式中，$\boldsymbol{TR}_{\mathrm{t}}^{\mathrm{w}}$ 为坐标转换矩阵。

工件坐标系下刀位点坐标 $\boldsymbol{P}^{\mathrm{w}}$ 为

$$\boldsymbol{P}^{\mathrm{w}}=\begin{bmatrix}\boldsymbol{V} & \boldsymbol{P}\\ 0 & 1\end{bmatrix} \tag{3.11}$$

式中，$\boldsymbol{P}$、$\boldsymbol{V}$ 分别为工件坐标系下刀尖点坐标和刀轴矢量。

刀位点坐标与刀具位置坐标的关系通过固结坐标系 s_7 到 s_0 的转换实现，对应的坐标转换矩阵 $\boldsymbol{TR}_{\mathrm{t}}^{\mathrm{w}}$ 可表示为

$$\boldsymbol{TR}_{\mathrm{t}}^{\mathrm{w}}=\prod_{i=0}^{6}\boldsymbol{T}_{i+1}^{i} \tag{3.12}$$

式中，$\boldsymbol{T}_{i+1}^{i}$ 为由固结坐标系 s_{i+1} 到 s_i 对应的 4×4 齐次坐标转换矩阵。

$$\boldsymbol{T}_{i+1}^{i}=\begin{bmatrix}\boldsymbol{R}_{i+1}^{i} & \boldsymbol{b}_i\\ 0 & 1\end{bmatrix} \tag{3.13}$$

对于移动关节，其坐标转换矩阵 $\boldsymbol{T}_{i+1}^{i}$ 中 $\boldsymbol{R}_{i+1}^{i}$ 为单位矩阵；对于转动关节，其坐标转换矩阵 $\boldsymbol{T}_{i+1}^{i}$ 中 $\boldsymbol{R}_{i+1}^{i}$ 可用该转动关节所对应的转动矩阵表示。此外，各关节所对应的坐标转换矩阵 $\boldsymbol{T}_{i+1}^{i}$ 中 $\boldsymbol{b}_i$ 由两相邻固结坐标系 s_{i+1} 与 s_i 间原点偏移量决定。因此，式(3.10)中坐标转换矩阵 $\boldsymbol{TR}_{\mathrm{t}}^{\mathrm{w}}$ 的表达式可进一步简化为

$$\boldsymbol{TR}_{\mathrm{t}}^{\mathrm{w}}=\begin{bmatrix}\boldsymbol{R}_{\mathrm{s},y}\left(\theta_y\right)\boldsymbol{R}_{\mathrm{s},x}\left(\theta_x\right) & \boldsymbol{B}\\ 0 & 1\end{bmatrix} \tag{3.14}$$

式中，$\boldsymbol{R}_{\mathrm{s},x}\left(\theta_x\right)$ 为双摆头型机床绕 X 轴旋转 θ_x 的旋转矩阵；$\boldsymbol{R}_{\mathrm{s},y}\left(\theta_y\right)$ 为双摆头型机床绕 Y 轴旋转 θ_y 的旋转矩阵。

$$\boldsymbol{R}_{\mathrm{s},x}\left(\theta_x\right)=\begin{bmatrix}1 & 0 & 0 & 0\\ 0 & \cos\theta_x & -\sin\theta_x & 0\\ 0 & \sin\theta_x & \cos\theta_x & 0\\ 0 & 0 & 0 & 1\end{bmatrix} \tag{3.15}$$

$$\boldsymbol{R}_{\mathrm{s},y}\left(\theta_y\right)=\begin{bmatrix}\cos\theta_y & 0 & \sin\theta_y & 0\\ 0 & 1 & 0 & 0\\ -\sin\theta_y & 0 & \cos\theta_y & 0\\ 0 & 0 & 0 & 1\end{bmatrix} \tag{3.16}$$

$$\boldsymbol{B}=\sum_{i=0}^{6}\boldsymbol{R}_{s,y}\left(\theta_y\right)^{\Phi(i-\eta_B)}\boldsymbol{R}_{s,x}\left(\theta_x\right)^{\Phi(i-\eta_A)}\boldsymbol{b}_i \tag{3.17}$$

式中，η_B为在绕 Y 轴转动的关节处建立的固结坐标系序数；η_A为在绕 X 轴转动的关节处建立的固结坐标系序数。

3.4　*BA* 混合型机床运动学分析

对于 *BA* 混合型机床，按照从工件依次传递到 *A* 旋转工作台、*X* 平移工作台、*Z* 平移工作台、床身、*Y* 平移工作台、*B* 旋转工件台，最后到达刀具的次序建立工件坐标系与机床坐标系间的连接关系[11]。图 3.4 为 *BA* 混合型机床各运动坐标系的建立。

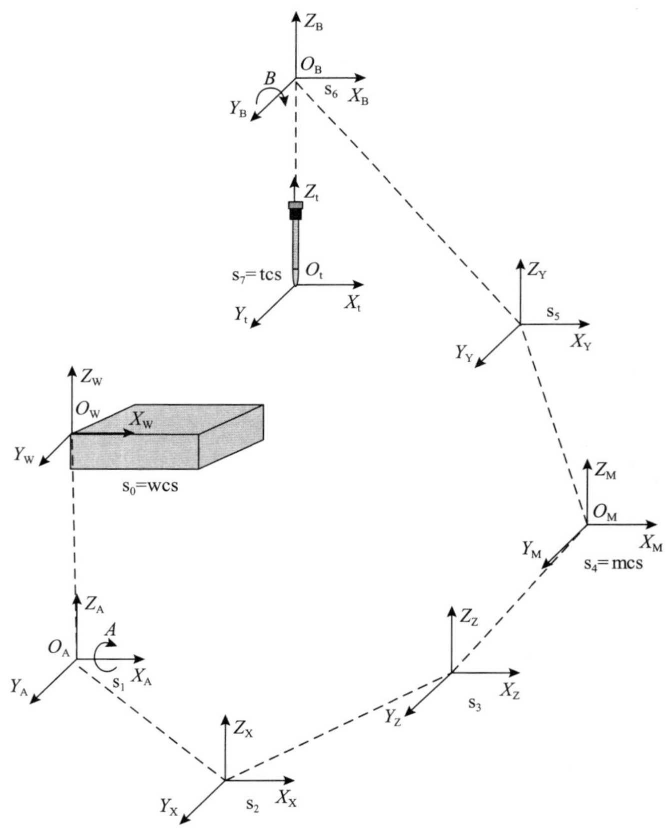

图 3.4　*BA* 混合型机床各运动坐标系的建立

采用 *BA* 混合型机床进行加工时，工件坐标系下刀位点坐标 $\boldsymbol{P}^{W}$ 与刀具坐标系

下刀具位置坐标 $\boldsymbol{P}^{\mathrm{t}}$ 间的关系满足

$$\boldsymbol{P}^{\mathrm{w}} = \boldsymbol{TR}_{\mathrm{t}}^{\mathrm{w}} \boldsymbol{P}^{\mathrm{t}} \tag{3.18}$$

式中，$\boldsymbol{TR}_{\mathrm{t}}^{\mathrm{w}}$ 为坐标转换矩阵。

工件坐标系下刀位点坐标 $\boldsymbol{P}^{\mathrm{w}}$ 为

$$\boldsymbol{P}^{\mathrm{w}} = \begin{bmatrix} \boldsymbol{V} & \boldsymbol{P} \\ 0 & 1 \end{bmatrix} \tag{3.19}$$

式中，$\boldsymbol{P}$ 和 $\boldsymbol{V}$ 分别为工件坐标系下刀尖点坐标和刀轴矢量。

由刀具坐标系到工件坐标系的坐标转换矩阵 $\boldsymbol{TR}_{\mathrm{t}}^{\mathrm{w}}$ 可表示为由固结坐标系 s_7 到 s_0 对应的坐标转换矩阵依次连乘的形式：

$$\boldsymbol{TR}_{\mathrm{t}}^{\mathrm{w}} = \prod_{i=0}^{6} \boldsymbol{T}_{i+1}^{i} \tag{3.20}$$

式中，$\boldsymbol{T}_{i+1}^{i}$ 为由固结坐标系 s_{i+1} 到 s_i 对应的 4×4 齐次坐标转换矩阵。

$$\boldsymbol{T}_{i+1}^{i} = \begin{bmatrix} \boldsymbol{R}_{i+1}^{i} & \boldsymbol{b}_i \\ 0 & 1 \end{bmatrix} \tag{3.21}$$

对于移动关节，其坐标转换矩阵 $\boldsymbol{T}_{i+1}^{i}$ 中 $\boldsymbol{R}_{i+1}^{i}$ 为单位矩阵；对于转动关节，其坐标转换矩阵 $\boldsymbol{T}_{i+1}^{i}$ 中 $\boldsymbol{R}_{i+1}^{i}$ 可用该转动关节所对应的转动矩阵表示。此外，各关节所对应的坐标转换矩阵 $\boldsymbol{T}_{i+1}^{i}$ 中 $\boldsymbol{b}_i$ 由两相邻固结坐标系 s_{i+1} 与 s_i 间原点偏移量决定。因此，式(3.18)中坐标转换矩阵 $\boldsymbol{TR}_{\mathrm{t}}^{\mathrm{w}}$ 的表达式可进一步简化为

$$\boldsymbol{TR}_{\mathrm{t}}^{\mathrm{w}} = \begin{bmatrix} \boldsymbol{R}_{\mathrm{h},y}\left(\theta_y\right)\boldsymbol{R}_{\mathrm{h},x}\left(\theta_x\right) & \boldsymbol{B} \\ 0 & 1 \end{bmatrix} \tag{3.22}$$

式中，$\boldsymbol{R}_{\mathrm{h},x}\left(\theta_x\right)$ 为混合型机床绕 X 轴旋转 θ_x 的旋转矩阵；$\boldsymbol{R}_{\mathrm{h},y}\left(\theta_y\right)$ 为混合型机床绕 Y 轴旋转 θ_y 的旋转矩阵。

$$\boldsymbol{R}_{\mathrm{h},x}\left(\theta_x\right) = \begin{bmatrix} 1 & 0 & 0 & 0 \\ 0 & \cos\theta_x & -\sin\theta_x & 0 \\ 0 & \sin\theta_x & \cos\theta_x & 0 \\ 0 & 0 & 0 & 1 \end{bmatrix} \tag{3.23}$$

$$\boldsymbol{R}_{\mathrm{h},y}\left(\theta_y\right)=\begin{bmatrix}\cos\theta_y & 0 & \sin\theta_y & 0\\ 0 & 1 & 0 & 0\\ -\sin\theta_y & 0 & 0 & 1\end{bmatrix} \tag{3.24}$$

$$\boldsymbol{B}=\sum_{i=0}^{6}\boldsymbol{R}_{\mathrm{h},y}\left(\theta_y\right)^{\Phi(i-\eta_B)}\boldsymbol{R}_{\mathrm{h},x}\left(\theta_x\right)^{\Phi(i-\eta_A)}\boldsymbol{b}_i \tag{3.25}$$

式中，η_A 和 η_B 分别为在绕 X 轴和 Y 轴转动的关节处建立的固结坐标系序数。

3.5　五轴数控机床通用运动学分析方法

3.2～3.4 节分别针对 *AC* 双转台型机床、*BA* 双摆头型机床和 *BA* 混合型机床展开了运动学分析，确定了这三类机床对应的坐标转换矩阵。在这一过程中发现，由于五轴数控机床结构构成相似，不同结构类型机床运动学分析步骤大致相同，可归纳得到适用于所有五轴数控机床的坐标转换矩阵表达通式，具体过程如下所述。

五轴数控机床根据两旋转轴的配置情况，可以分为双转台型、双摆头型和混合型三种。对于双转台型和双摆头型机床，机床两旋转轴类型相同，均为刀具旋转轴或工作台旋转轴，将其中较靠近机床位置的旋转轴定义为主动轴，也称第一旋转轴，将另一旋转轴定义为被动轴，又称为第二旋转轴。主动轴的轴线方向在运动中始终不变，被动轴的旋转对主动轴不会造成影响，而被动轴的位置会受到主动轴旋转的影响。图 3.5(a) 和 (b) 分别为双摆头型和双转台型机床主动轴与被动轴位置关系。对于混合型机床，由于两旋转轴的轴线方向在运动中始终不变，将刀具旋转轴和工作台旋转轴均定义为主动轴。在对三种类型机床结构进行研究后，可以发现下述规律：

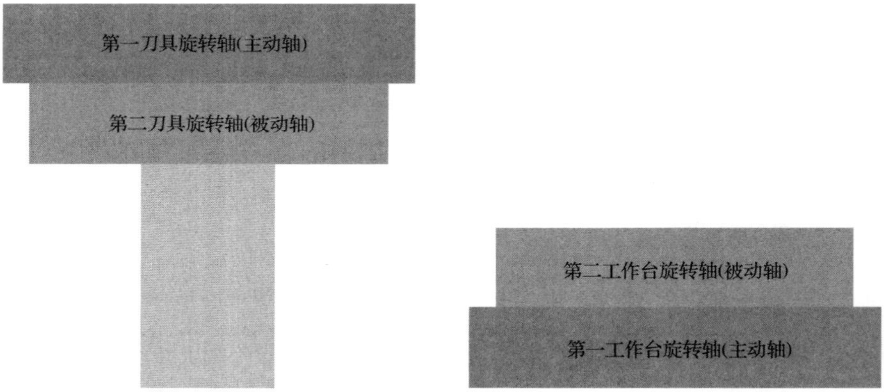

(a) 双摆头型　　(b) 双转台型

图 3.5　机床主动轴与被动轴位置关系

(1) 平动轴不能位于两刀具旋转轴或两工作台旋转轴之间。

(2) 两旋转轴多位于运动链的首末两端。

综上所述，五轴数控机床可按照由工件依次传递到第二工作台旋转轴、第一工作台旋转轴、X 平移工作台、Y 平移工作台、床身、Z 平移工作台、第一刀具旋转轴、第二刀具旋转轴，最后到达刀具的顺序建立工件坐标系和机床坐标系间的连接关系[12-14]。图 3.6 为五轴数控机床各运动坐标系的建立。

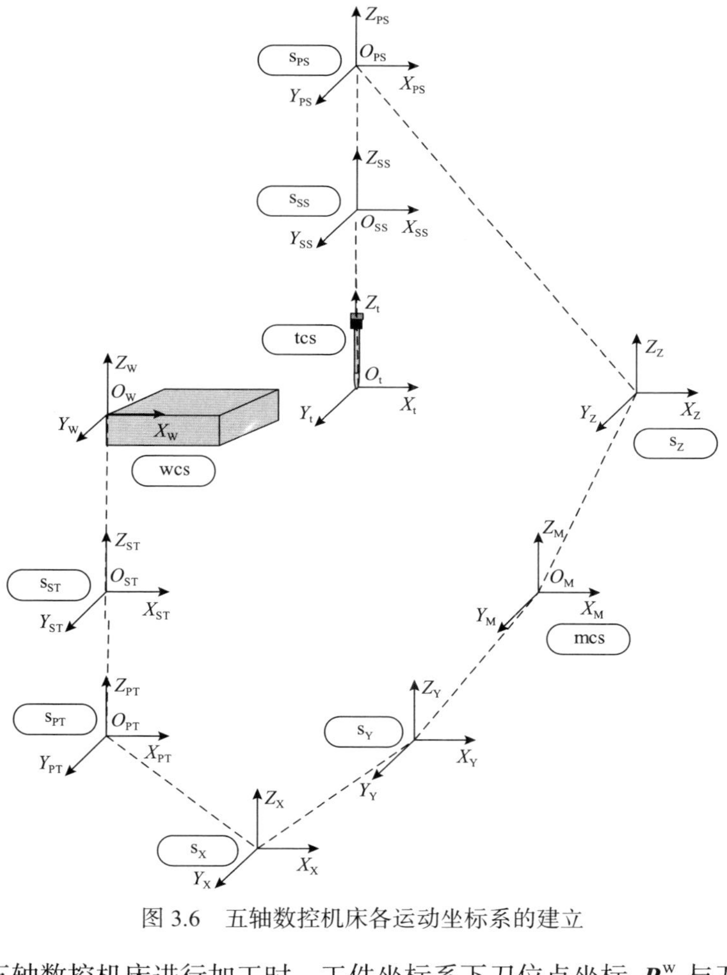

图 3.6　五轴数控机床各运动坐标系的建立

采用五轴数控机床进行加工时，工件坐标系下刀位点坐标 $\boldsymbol{P}^{\mathrm{w}}$ 与刀具坐标系下刀具位置坐标 $\boldsymbol{P}^{\mathrm{t}}$ 间的关系满足

$$\boldsymbol{P}^{\mathrm{w}} = \boldsymbol{TR}_{\mathrm{t}}^{\mathrm{w}} \boldsymbol{P}^{\mathrm{t}} \tag{3.26}$$

式中，

$$\boldsymbol{P}^{\mathrm{w}}=\begin{bmatrix}\boldsymbol{V} & \boldsymbol{P}\\ 0 & 1\end{bmatrix} \tag{3.27}$$

式中，$\boldsymbol{P}$ 和 $\boldsymbol{V}$ 分别为工件坐标系下刀尖点坐标和刀轴矢量。

$\boldsymbol{TR}_{\mathrm{t}}^{\mathrm{w}}$ 是 4×4 的齐次坐标转换矩阵，它的值由五轴数控机床各关节处坐标转换矩阵依次相乘获得。

对于移动关节，其所对应的坐标转换矩阵 $\boldsymbol{T}_{i+1}^{i}$ 为

$$\boldsymbol{T}_{i+1}^{i}=\begin{bmatrix}1 & 0 & 0 & b_{i\_x}\\ 0 & 1 & 0 & b_{i\_y}\\ 0 & 0 & 1 & b_{i\_z}\\ 0 & 0 & 0 & 1\end{bmatrix} \tag{3.28}$$

式中，b_{i_x}、b_{i_y}、b_{i_z} 为第 i+1 个坐标系与第 i 个坐标系间原点偏移量。

对于转动关节，其所对应的坐标转换矩阵 $\boldsymbol{T}_{i+1}^{i}$ 为

$$\boldsymbol{T}_{i+1}^{i}=\begin{bmatrix}\boldsymbol{R}_{i+1}^{i} & \boldsymbol{b}_{i}\\ 0 & 1\end{bmatrix} \tag{3.29}$$

式中，$\boldsymbol{b}_i$ 由第 i+1 个坐标系与第 i 个坐标系间原点偏移量决定；$\boldsymbol{R}_{i+1}^{i}$ 可用该转动关节所对应的转动矩阵表示。

定义 $\boldsymbol{R}_{\mathrm{PT}}(\theta_{\mathrm{PT}})$ 为工作台端主动轴旋转矩阵，$\boldsymbol{R}_{\mathrm{ST}}(\theta_{\mathrm{ST}})$ 为工作台端被动轴旋转矩阵，$\boldsymbol{R}_{\mathrm{PS}}(\theta_{\mathrm{PS}})$ 为刀具端主动轴旋转矩阵，$\boldsymbol{R}_{\mathrm{SS}}(\theta_{\mathrm{SS}})$ 为刀具端被动轴旋转矩阵，则适用于所有五轴数控机床的坐标转换矩阵可以表示为

$$\boldsymbol{TR}_{\mathrm{t}}^{\mathrm{w}}=\begin{bmatrix}\boldsymbol{R}_i(\theta_i)\boldsymbol{R}_j(\theta_j) & \boldsymbol{B}\\ 0 & 1\end{bmatrix} \tag{3.30}$$

式中，

$$\boldsymbol{R}_i(\theta_i)\boldsymbol{R}_j(\theta_j)=\boldsymbol{R}_{\mathrm{ST}}(\theta_{\mathrm{ST}})^{\boldsymbol{\nu\mu}_{\mathrm{ST}}}\boldsymbol{R}_{\mathrm{PT}}(\theta_{\mathrm{PT}})^{\boldsymbol{\nu\mu}_{\mathrm{PT}}}\boldsymbol{R}_{\mathrm{PS}}(\theta_{\mathrm{PS}})^{\boldsymbol{\nu\mu}_{\mathrm{PS}}}\boldsymbol{R}_{\mathrm{SS}}(\theta_{\mathrm{SS}})^{\boldsymbol{\nu\mu}_{\mathrm{SS}}} \tag{3.31}$$

其中，

$$\begin{cases}\boldsymbol{\mu}_{\mathrm{ST}}=\begin{bmatrix}1 & 0 & 0\end{bmatrix}^{\mathrm{T}}\\ \boldsymbol{\mu}_{\mathrm{PT}}=\begin{bmatrix}1 & 0 & 1\end{bmatrix}^{\mathrm{T}}\\ \boldsymbol{\mu}_{\mathrm{PS}}=\begin{bmatrix}0 & 1 & 1\end{bmatrix}^{\mathrm{T}}\\ \boldsymbol{\mu}_{\mathrm{SS}}=\begin{bmatrix}0 & 1 & 0\end{bmatrix}^{\mathrm{T}}\end{cases} \tag{3.32}$$

参数 $\boldsymbol{v}$ 的值可根据五轴数控机床类型确定，当采用双摆头型机床加工时，$\boldsymbol{v}$ 的值为

$$\boldsymbol{v}=\begin{bmatrix}0 & 1 & 0\end{bmatrix}^{\mathrm{T}} \tag{3.33}$$

将式(3.32)和式(3.33)代入式(3.31)，可得

$$\boldsymbol{R}_i(\theta_i)\boldsymbol{R}_j(\theta_j)=\boldsymbol{R}_{\mathrm{PS}}(\theta_{\mathrm{PS}})\boldsymbol{R}_{\mathrm{SS}}(\theta_{\mathrm{SS}}) \tag{3.34}$$

当采用双转台型机床加工时，$\boldsymbol{v}$ 的值为

$$\boldsymbol{v}=\begin{bmatrix}1 & 0 & 0\end{bmatrix}^{\mathrm{T}} \tag{3.35}$$

将式(3.32)和式(3.35)代入式(3.31)，可得

$$\boldsymbol{R}_i(\theta_i)\boldsymbol{R}_j(\theta_j)=\boldsymbol{R}_{\mathrm{ST}}(\theta_{\mathrm{ST}})\boldsymbol{R}_{\mathrm{PT}}(\theta_{\mathrm{PT}}) \tag{3.36}$$

当采用混合型机床加工时，$\boldsymbol{v}$ 的值为

$$\boldsymbol{v}=\begin{bmatrix}0 & 0 & 1\end{bmatrix}^{\mathrm{T}} \tag{3.37}$$

将式(3.32)和式(3.37)代入式(3.31)，可得

$$\boldsymbol{R}_i(\theta_i)\boldsymbol{R}_j(\theta_j)=\boldsymbol{R}_{\mathrm{PT}}(\theta_{\mathrm{PT}})\boldsymbol{R}_{\mathrm{PS}}(\theta_{\mathrm{PS}}) \tag{3.38}$$

同理，式(3.30)中 $\boldsymbol{B}$ 的值可表示为

$$\boldsymbol{B}=\sum_{i=0}^{6}\boldsymbol{R}_{\mathrm{ST}}(\theta_{\mathrm{ST}})^{\boldsymbol{v}\boldsymbol{\mu}_{\mathrm{ST}}\Phi(i-\eta_{\mathrm{ST}})}\boldsymbol{R}_{\mathrm{PT}}(\theta_{\mathrm{PT}})^{\boldsymbol{v}\boldsymbol{\mu}_{\mathrm{PT}}\Phi(i-\eta_{\mathrm{PT}})}\boldsymbol{R}_{\mathrm{PS}}(\theta_{\mathrm{PS}})^{\boldsymbol{v}\boldsymbol{\mu}_{\mathrm{PS}}\Phi(i-\eta_{\mathrm{PS}})}\boldsymbol{R}_{\mathrm{SS}}(\theta_{\mathrm{SS}})^{\boldsymbol{v}\boldsymbol{\mu}_{\mathrm{SS}}\Phi(i-\eta_{\mathrm{SS}})}\boldsymbol{b}_i \tag{3.39}$$

式中，η_{PS}、η_{PT}、η_{SS} 和 η_{ST} 分别为在转动关节处所建立的固结坐标系序数。

将式(3.30)、式(3.31)和式(3.39)代入式(3.26)即可得到适用于所有五轴数控机床的坐标转换矩阵。表 3.1 为各类型机床坐标转换矩阵。

表 3.1　各类型机床坐标转换矩阵

机床类型	固结坐标系序数	坐标转换矩阵
双转台型	$\eta_{\mathrm{ST}}=1$ $\eta_{\mathrm{PT}}=2$	$\boldsymbol{TR}_{\mathrm{t}}^{\mathrm{w}}=\begin{bmatrix}\boldsymbol{R}_{\mathrm{ST}}(\theta_{\mathrm{ST}})\boldsymbol{R}_{\mathrm{PT}}(\theta_{\mathrm{PT}}) & \boldsymbol{b}_0+\boldsymbol{R}_{\mathrm{ST}}(\theta_{\mathrm{ST}})\boldsymbol{b}_1+\boldsymbol{R}_{\mathrm{ST}}(\theta_{\mathrm{ST}})\boldsymbol{R}_{\mathrm{PT}}(\theta_{\mathrm{PT}})\sum_{i=2}^{5}\boldsymbol{b}_i \\ 0 & 1\end{bmatrix}$
双摆头型	$\eta_{\mathrm{PS}}=5$ $\eta_{\mathrm{SS}}=6$	$\boldsymbol{TR}_{\mathrm{t}}^{\mathrm{w}}=\begin{bmatrix}\boldsymbol{R}_{\mathrm{PS}}(\theta_{\mathrm{PS}})\boldsymbol{R}_{\mathrm{SS}}(\theta_{\mathrm{SS}}) & \sum_{i=0}^{4}\boldsymbol{b}_i+\boldsymbol{R}_{\mathrm{PS}}(\theta_{\mathrm{PS}})\boldsymbol{b}_5+\boldsymbol{R}_{\mathrm{PS}}(\theta_{\mathrm{PS}})\boldsymbol{R}_{\mathrm{SS}}(\theta_{\mathrm{SS}})\boldsymbol{b}_6 \\ 0 & 1\end{bmatrix}$

续表

机床类型	固结坐标系序数	坐标转换矩阵
混合型	$\eta_{PT}=1$ $\eta_{PS}=6$	$\boldsymbol{TR}_t^w=\begin{bmatrix}\boldsymbol{R}_{PT}(\theta_{PT})\boldsymbol{R}_{PS}(\theta_{PS}) & \boldsymbol{b}_0+\boldsymbol{R}_{PT}(\theta_{PT})\sum_{i=1}^{5}\boldsymbol{b}_i+\boldsymbol{R}_{PT}(\theta_{PT})\boldsymbol{R}_{PS}(\theta_{PS})\boldsymbol{b}_6 \\ 0 & 1\end{bmatrix}$

综上所述，工件坐标系下刀轴矢量与机床坐标系下旋转轴位置满足如下映射关系：

$$\boldsymbol{V}=\boldsymbol{R}_{ST}(\theta_{ST})^{\nu\mu_{ST}}\boldsymbol{R}_{PT}(\theta_{PT})^{\nu\mu_{PT}}\boldsymbol{R}_{PS}(\theta_{PS})^{\nu\mu_{PS}}\boldsymbol{R}_{SS}(\theta_{SS})^{\nu\mu_{SS}}\boldsymbol{p}^{T} \tag{3.40}$$

式中，$\boldsymbol{p}^T$为初始刀轴矢量。

由式(3.40)可以看出，在五轴数控加工中，刀轴矢量仅与机床旋转轴位置呈非线性相关，机床线性轴位置坐标的变化对刀轴矢量无影响。理论上，对于双摆头型、双转台型和混合型三种类型机床，均存在 *AB*、*AC*、*BA*、*BC*、*CA* 和 *CB* 六种旋转轴配置情况。然而，当初始刀轴矢量$\boldsymbol{p}^T$固定后，刀具绕自身旋转的轴配置组合不存在满足式(3.40)的解，对这类旋转轴配置组合的研究也没有实际意义，因此这类旋转轴配置组合将不做考虑。对于满足式(3.40)的情况，根据初始刀轴矢量和旋转轴配置情况划分为 12 种不同类型，表 3.2 为各类型所对应的工件坐标系下刀轴矢量与机床坐标系下旋转轴位置间的关系。

表 3.2　各类型旋转轴配置情况下刀轴矢量与旋转轴位置间的关系

序数	初始刀轴矢量	$\boldsymbol{R}_i(\theta_i)\boldsymbol{R}_j(\theta_j)$	刀轴矢量与旋转轴位置关系
1	$\boldsymbol{p}^T=[1\quad 0\quad 0]$	$\boldsymbol{R}_x(\theta_x)\boldsymbol{R}_y(\theta_y)$	$\boldsymbol{V}=\begin{bmatrix}\cos\theta_y\\ \sin\theta_x\sin\theta_y\\ -\cos\theta_x\sin\theta_y\end{bmatrix}$
2		$\boldsymbol{R}_x(\theta_x)\boldsymbol{R}_z(\theta_z)$	$\boldsymbol{V}=\begin{bmatrix}\cos\theta_z\\ \cos\theta_x\sin\theta_z\\ \sin\theta_x\sin\theta_z\end{bmatrix}$
3		$\boldsymbol{R}_y(\theta_y)\boldsymbol{R}_z(\theta_z)$	$\boldsymbol{V}=\begin{bmatrix}\cos\theta_y\cos\theta_z\\ \sin\theta_z\\ -\sin\theta_y\cos\theta_z\end{bmatrix}$
4		$\boldsymbol{R}_z(\theta_z)\boldsymbol{R}_y(\theta_y)$	$\boldsymbol{V}=\begin{bmatrix}\cos\theta_y\cos\theta_z\\ \sin\theta_z\cos\theta_y\\ -\sin\theta_y\end{bmatrix}$
5	$\boldsymbol{p}^T=[0\quad 1\quad 0]$	$\boldsymbol{R}_x(\theta_x)\boldsymbol{R}_z(\theta_z)$	$\boldsymbol{V}=\begin{bmatrix}-\sin\theta_z\\ \cos\theta_x\cos\theta_z\\ \sin\theta_x\cos\theta_z\end{bmatrix}$

续表

序数	初始刀轴矢量	$\boldsymbol{R}_i(\theta_i)\boldsymbol{R}_j(\theta_j)$	刀轴矢量与旋转轴位置关系
6		$\boldsymbol{R}_y(\theta_y)\boldsymbol{R}_x(\theta_x)$	$\boldsymbol{V}=\begin{bmatrix}\sin\theta_x\sin\theta_y\\ \cos\theta_x\\ \sin\theta_x\cos\theta_y\end{bmatrix}$
7	$\boldsymbol{p}^{\mathrm{T}}=[0\quad 1\quad 0]$	$\boldsymbol{R}_y(\theta_y)\boldsymbol{R}_z(\theta_z)$	$\boldsymbol{V}=\begin{bmatrix}-\cos\theta_y\sin\theta_z\\ \cos\theta_z\\ \sin\theta_y\sin\theta_z\end{bmatrix}$
8		$\boldsymbol{R}_z(\theta_z)\boldsymbol{R}_x(\theta_x)$	$\boldsymbol{V}=\begin{bmatrix}-\cos\theta_x\sin\theta_z\\ \cos\theta_x\cos\theta_z\\ \sin\theta_x\end{bmatrix}$
9		$\boldsymbol{R}_y(\theta_y)\boldsymbol{R}_x(\theta_x)$	$\boldsymbol{V}=\begin{bmatrix}\cos\theta_x\sin\theta_y\\ -\sin\theta_x\\ \cos\theta_x\cos\theta_y\end{bmatrix}$
10		$\boldsymbol{R}_z(\theta_z)\boldsymbol{R}_x(\theta_x)$	$\boldsymbol{V}=\begin{bmatrix}\sin\theta_x\sin\theta_z\\ -\sin\theta_x\cos\theta_z\\ \cos\theta_x\end{bmatrix}$
11	$\boldsymbol{p}^{\mathrm{T}}=[0\quad 0\quad 1]$	$\boldsymbol{R}_x(\theta_x)\boldsymbol{R}_y(\theta_y)$	$\boldsymbol{V}=\begin{bmatrix}\sin\theta_y\\ -\sin\theta_x\cos\theta_y\\ \cos\theta_x\cos\theta_y\end{bmatrix}$
12		$\boldsymbol{R}_z(\theta_z)\boldsymbol{R}_y(\theta_y)$	$\boldsymbol{V}=\begin{bmatrix}\sin\theta_y\cos\theta_z\\ \sin\theta_y\sin\theta_z\\ \cos\theta_y\end{bmatrix}$

参考文献

[1] 张贺, 吴玉厚, 冯松涛, 等. 基于 UG/POST 的异型石材数控加工中心 SYH4608 专用后处理器研究[J]. 制造业自动化, 2010, 32(11): 20-23.

[2] 吴玉厚, 赵德宏, 陆峰, 等. 异型石材制品加工技术与设备发展概述[J]. 石材, 2007, 10(8): 30-33, 29.

[3] 吴玉厚, 吴岗, 陆峰, 等. 国内外异型石材机械的现状及发展趋势[J]. 石材, 2008, (3): 22-25.

[4] Ahmed A, Wasif M, Fatima A, et al. Determination of the feasible setup parameters of a workpiece to maximize the utilization of a five-axis milling machine[J]. Frontiers of Mechanical Engineering, 2021, 16(2): 298-314.

[5] Kudabalage A E, Dang L V, Makhanov S. Postprocessor for five-axis machining of STL surfaces based on Nagata interpolation and optimization of rotation angles[J]. International Journal of Computer Integrated Manufacturing, 2020, 33(8): 792-809.

[6] Ihara Y, Takubo K, Nakai T, et al. Effect of CAD/CAM post process on S-shaped machining test for five-axis machining center[J]. International Journal of Automation Technology, 2019, 13(5): 593-601.

[7] Wang Q H, Wu C J, Fan J W, et al. A novel causation analysis method of machining defects for five-axis machine tools based on error spatial morphology of S-shaped test piece[J]. The International Journal of Advanced Manufacturing Technology, 2019, 103(9): 3529-3556.

[8] 韩飞燕, 郭卫, 张武刚, 等. 双转台五轴立式机床专用后置处理算法[J]. 机械设计与制造, 2020, 20(4): 128-130, 136.

[9] 张阳, 李开明. 五轴联动数控系统非线性误差的研究与控制[J]. 机床与液压, 2019, 47(10): 10-13.

[10] 雷润, 胡琴, 蔡振华. BC 双摆头五轴电热丝热熔雕刻机弧面雕刻路径规划[J]. 组合机床与自动化加工技术, 2022, 22(5): 178-181, 192.

[11] 黄克, 关立文, 王立平, 等. 五轴数控机床精度建模与预测研究[J]. 组合机床与自动化加工技术, 2015, 10(2): 78-81.

[12] Chen Y D, Wang T M. Three-dimensional tool radius compensation for multi-axis peripheral milling[J]. Chinese Journal of Mechanical Engineering, 2013, 26(3): 547-554.

[13] 崔榕芳, 陈蔚芳, 潘立剑, 等. 基于遗传算法的多主轴头加工空行程轨迹规划[J]. 计算机集成制造系统, 2022, 28(2): 507-517.

[14] Boz Y, Lazoglu I. A postprocessor for table-tilting type five-axis machine tool based on generalized kinematics with variable feedrate implementation[J]. The International Journal of Advanced Manufacturing Technology, 2013, 66(9): 1285-1293.

第 4 章　五轴数控加工精度与效率模型

第 3 章对适用于异型石材制品五轴数控加工的机床结构进行了介绍，总结了采用不同机床进行加工对应的机床运动学分析方法。由于五轴数控机床种类繁多，各种类型结构机床运动学转换关系复杂，采用不同机床对同一工件进行加工时所产生的加工误差、加工效率等往往各不相同。本章将对这一方面展开研究，通过建立数学模型得到采用不同类型机床执行同一加工任务时加工误差和加工效率等方面的变化规律，为异型石材制品五轴数控加工指令点插补和平滑过渡方法的研究奠定理论基础。

4.1　旋转轴运动引起的刀具姿态误差分析

在实际数控加工中，刀轴矢量的变化通过驱动两旋转轴运动实现。现有五轴数控系统多采用线性插补方式实现机床旋转轴运动。由于刀轴矢量与机床旋转轴位置间存在非线性关系，在加工中旋转轴位置的线性变化会导致刀具偏离加工所要求的平面，产生刀具姿态误差[1-3]。本节将五轴数控机床按旋转轴配置情况不同划分为平行类和非平行类两种，对五轴数控加工中刀具的运动过程进行分析，得到因机床旋转轴运动引起的刀具姿态误差计算公式，总结采用不同结构机床进行加工时产生的刀具姿态误差与旋转轴转动幅度间的关系。

4.1.1　刀具姿态误差计算模型

在 CAD/CAM 系统中，多用工件坐标系下刀尖点坐标 $\boldsymbol{P}_k$ 和对应刀轴矢量 $\boldsymbol{V}_k$ 描述刀具的运动轨迹。当沿刀具运动轨迹进行加工时，首先需要根据机床线性轴和旋转轴的配置情况，确定机床运动学转换关系，从而确定该段轨迹上刀尖点和刀轴矢量所对应的机床各轴位置坐标，驱动数控机床运动。图 4.1 为待加工轨迹示意图。

依据表 3.1 得到机床各轴运动坐标后，数控系统根据式(4.1)采用对三个线性轴位置坐标进行插补，同时两旋转轴跟随的线性插补方式，实现相邻两指令点 $\boldsymbol{P}_k$ 与 $\boldsymbol{P}_{k+1}$ 间轨迹的加工[4,5]：

$$\begin{bmatrix} x_k(u) \\ y_k(u) \\ z_k(u) \\ \theta_{i,k}(u) \\ \theta_{j,k}(u) \end{bmatrix} = (1-u)\begin{bmatrix} x_k \\ y_k \\ z_k \\ \theta_{i,k} \\ \theta_{j,k} \end{bmatrix} + u\begin{bmatrix} x_{k+1} \\ y_{k+1} \\ z_{k+1} \\ \theta_{i,k+1} \\ \theta_{j,k+1} \end{bmatrix}, \quad 0 \leqslant u \leqslant 1 \tag{4.1}$$

式中，x_k、y_k、z_k、$\theta_{i,k}$、$\theta_{j,k}$为指令点$\boldsymbol{P}_k$在机床坐标系下五轴位置坐标；x_{k+1}、y_{k+1}、z_{k+1}、$\theta_{i,k+1}$、$\theta_{j,k+1}$为指令点$\boldsymbol{P}_{k+1}$在机床坐标系下五轴位置坐标；u为比例参数。

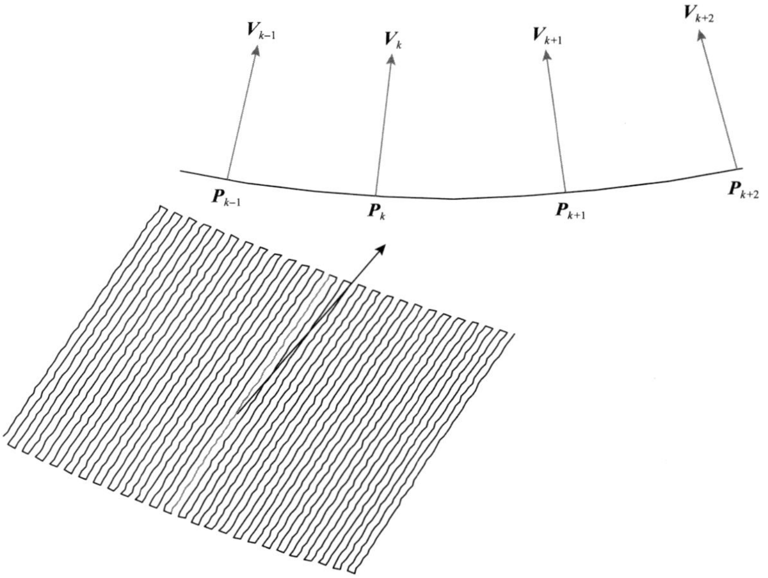

图 4.1　待加工轨迹示意图

当刀具由 $\boldsymbol{V}_k$ 运动到 $\boldsymbol{V}_{k+1}$ 时，机床两旋转轴分别由$\theta_{i,k}$、$\theta_{j,k}$运动到$\theta_{i,k+1}$、$\theta_{j,k+1}$，工件坐标系下刀轴矢量与机床坐标系下旋转轴位置间的关系为

$$\begin{cases} \boldsymbol{V}_k = \boldsymbol{R}_i\left(\theta_{i,k}\right)\boldsymbol{R}_j\left(\theta_{j,k}\right)\boldsymbol{p}^{\mathrm{T}} \\ \boldsymbol{V}_{k+1} = \boldsymbol{R}_i\left(\theta_{i,k+1}\right)\boldsymbol{R}_j\left(\theta_{j,k+1}\right)\boldsymbol{p}^{\mathrm{T}} \end{cases} \tag{4.2}$$

式中，$\boldsymbol{p}^{\mathrm{T}}$为初始刀轴矢量，其值与机床结构有关。

采用线性插补方法控制旋转轴运动时，刀具由 $\boldsymbol{V}_k$ 运动到 $\boldsymbol{V}_{k+1}$ 所形成的曲面$\boldsymbol{S}_{k,\mathrm{R}}(u, v)$表示为

$$\begin{cases} \boldsymbol{S}_{k,\mathrm{R}}(u,v) = v\boldsymbol{P}(u) \\ \boldsymbol{P}(u) = \boldsymbol{R}_i\left(\theta_{i,k}(u)\right)\boldsymbol{R}_j\left(\theta_{j,k}(u)\right)\boldsymbol{p}^{\mathrm{T}} \end{cases}, \quad 0 \leqslant u \leqslant 1, 0 \leqslant v \leqslant 1 \tag{4.3}$$

式中，u、v 为比例参数；$\theta_{i,k}(u)$ 与 $\theta_{j,k}(u)$ 满足

$$\begin{cases} \theta_{i,k}(u) = (1-u)\theta_{i,k} + u\theta_{i,k+1} \\ \theta_{j,k}(u) = (1-u)\theta_{j,k} + u\theta_{j,k+1} \end{cases} \tag{4.4}$$

如图 4.2 所示，刀轴矢量 $\boldsymbol{V}_k$ 与 $\boldsymbol{V}_{k+1}$ 确定的平面 $\boldsymbol{S}_{k,\mathrm{T}}(u,v)$ 可表示为

$$\boldsymbol{S}_{k,\mathrm{T}}(u,v) = v\boldsymbol{Q}(u) \tag{4.5}$$

式中，$\boldsymbol{Q}(u)$ 位于平面 $\boldsymbol{S}_{k,\mathrm{T}}(u,v)$ 且与 $\boldsymbol{V}_k$ 间形成夹角 $\phi_k(u)$。

$$\boldsymbol{Q}(u) = \cos\phi_k(u)\boldsymbol{V}_k + \sin\phi_k(u)\boldsymbol{N} \tag{4.6}$$

式中，$\boldsymbol{N}$ 为平面 $\boldsymbol{S}_{k,\mathrm{T}}(u,v)$ 上与 $\boldsymbol{V}_i$ 平行的单位矢量；$\phi_k(u)$ 为以 u 为参数的函数。

$$\phi_k(u) = \arccos\frac{\boldsymbol{V}_k \cdot \boldsymbol{V}_{k+1}}{\|\boldsymbol{V}_k\|\|\boldsymbol{V}_{k+1}\|}\cdot u \tag{4.7}$$

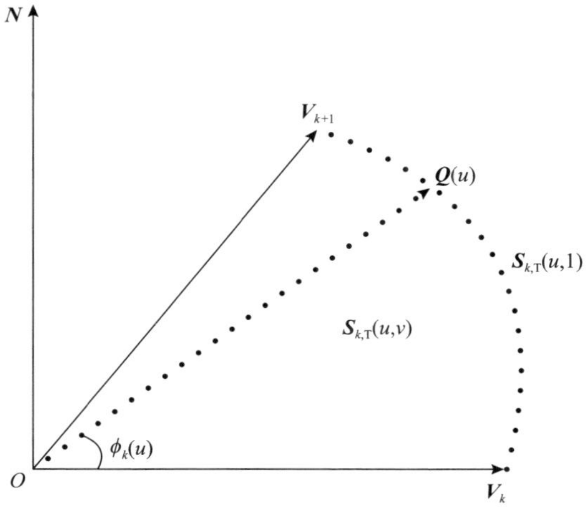

图 4.2　$\boldsymbol{S}_{k,\mathrm{T}}(u,v)$ 示意图

当 u=1 时，$\boldsymbol{Q}(u)$ 与 $\boldsymbol{V}_{k+1}$ 重合。$\boldsymbol{V}_{k+1}$ 为

$$\boldsymbol{V}_{k+1} = \cos\phi_k(1)\boldsymbol{V}_k + \sin\phi_k(1)\boldsymbol{N} \tag{4.8}$$

即

$$N=\frac{V_{k+1}-\cos\phi_k(1)V_k}{\sin\phi_k(1)} \tag{4.9}$$

由式(4.5)～式(4.9)可得

$$\begin{cases} S_{k,\mathrm{T}}(u,v)=vQ(u) \\ Q(u)=\cos\phi_k(u)V_k-\dfrac{\cos\phi_k(1)}{\sin\phi_k(1)}\sin\phi_k(u)V_k+\dfrac{\sin\phi_k(u)}{\sin\phi_k(1)}V_{k+1} \end{cases},\quad 0\leqslant u\leqslant 1, 0\leqslant v\leqslant 1 \tag{4.10}$$

在加工中发现，对旋转轴进行线性插补时，刀轴矢量与旋转轴位置间存在非线性关系，导致刀具实际运动形成的曲面偏离首末刀轴矢量确定的平面。图 4.3 为刀具姿态误差示意图，将首末刀轴矢量 V_k 和 V_{k+1} 所确定的平面定义为 $S_{k,\mathrm{T}}$，采用线性插补方法对该段轨迹进行加工时刀轴矢量所形成的曲面定义为 $S_{k,\mathrm{R}}$，加工中产生的刀具姿态曲线就是曲面 $S_{k,\mathrm{R}}$ 与单位球面相交所得的曲线。从图 4.3 可以看出：

(1) 曲面 $S_{k,\mathrm{R}}$ 偏离平面 $S_{k,\mathrm{T}}$ 的程度较大时，机床加工效率较低。刀具姿态曲线的长度与曲面 $S_{k,\mathrm{R}}$ 偏离平面 $S_{k,\mathrm{T}}$ 的程度成正比。根据机床运动学分析部分可知，加工中刀轴矢量的改变只与两旋转轴运动相关。当曲面 $S_{k,\mathrm{R}}$ 偏离平面 $S_{k,\mathrm{T}}$ 的程度较大时，刀具姿态曲线的长度也较大，此时两旋转轴转动幅度也随之增大，不利于机床加工效率的提升。

(2) 曲面 $S_{k,\mathrm{R}}$ 偏离平面 $S_{k,\mathrm{T}}$ 的程度较大时，机床加工精度较低。当曲面 $S_{k,\mathrm{R}}$ 偏离平面 $S_{k,\mathrm{T}}$ 的程度较大时，刀具偏离加工要求的曲面，刀尖点运动轨迹为空间上

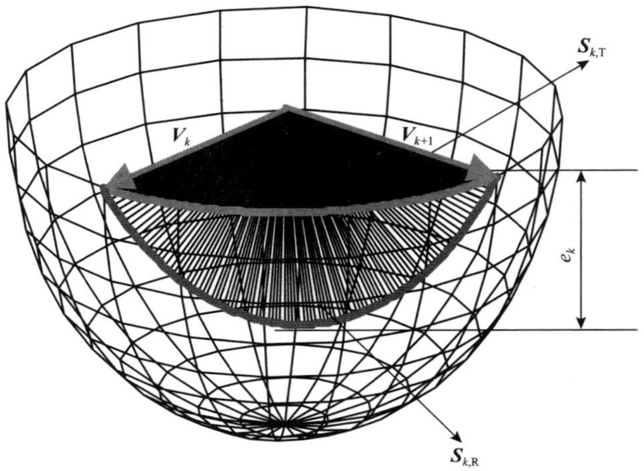

图 4.3　刀具姿态误差示意图

一条曲线，会产生较大误差，不利于机床加工精度的提高。

(3) 当曲面 $\boldsymbol{S}_{k,\mathrm{R}}$ 与平面 $\boldsymbol{S}_{k,\mathrm{T}}$ 重合时，刀轴矢量运动的平面与首末刀轴矢量确定的平面重合，此时对应的刀具姿态曲线长度是所有经过首末刀轴矢量的刀具姿态曲线的最小值，两旋转轴转动幅度最小，机床的加工精度和加工效率较高。

因此，对五轴数控加工中因旋转轴运动引起的曲面 $\boldsymbol{S}_{k,\mathrm{R}}$ 与平面 $\boldsymbol{S}_{k,\mathrm{T}}$ 偏离程度进行深入研究，设计保证加工中刀轴矢量始终在首末刀轴矢量所确定的平面 $\boldsymbol{S}_{k,\mathrm{T}}$ 上运动的插补方法，对提高五轴数控加工精度和加工效率具有十分重要的意义。

尽管 CAD/CAM 阶段根据待加工曲面几何形状确定刀具切触点坐标，但在五轴数控加工中，还需对刀具切触点进行偏置得到刀具位置点信息，进而确定机床控制点坐标[6]。

图 4.4(a) 为刀具运动示意图。可以看出，当刀具控制点坐标沿直线 $\mathbf{TP}_k(u)$ 由 $\mathbf{TP}_k$ 运动至 $\mathbf{TP}_{k+1}$ 时，期望机床控制点运动轨迹满足

$$\mathbf{ICL}_k(u) = (1-u)\mathbf{TP}_k + u\mathbf{TP}_{k+1} - L\boldsymbol{Q}(u), \quad 0 \leqslant u \leqslant 1 \tag{4.11}$$

式中，L 为刀具长度。

图 4.4(b) 为刀轴矢量偏离示意图。可以看出，由于 $\boldsymbol{S}_{k,\mathrm{R}}(u,v)$ 与 $\boldsymbol{S}_{k,\mathrm{T}}(u,v)$ 存在差异，实际得到的刀尖点运动轨迹满足

$$\mathbf{CL}_k(u) = (1-u)\mathbf{TP}_k + u\mathbf{TP}_{k+1} - L\boldsymbol{P}(u) \tag{4.12}$$

式中，L 为刀具长度。

$\mathbf{CL}_k(u)$ 与 $\mathbf{ICL}_k(u)$ 间距 $e_k(u)$ 为

$$\begin{cases} e_k(u) = \left\|\mathbf{CL}_k(u) - \mathbf{ICL}_k(u)\right\| = L\delta_{k,u} \\ \delta_{k,u} = \left\|\boldsymbol{Q}(u) - \boldsymbol{P}(u)\right\| = \sqrt{2\left(1-\cos\theta(u)\right)} \approx \sin\theta(u) \end{cases} \tag{4.13}$$

式中，$\delta_{k,u}$ 为加工中刀轴矢量运动产生的刀具姿态误差；$\theta(u)$ 为单位向量 $\boldsymbol{Q}(u)$ 与 $\boldsymbol{P}(u)$ 间夹角。

$$\sin\theta(u) = \boldsymbol{S}_{k,\mathrm{R}}(u,1)\cdot\left(\boldsymbol{S}_{k,\mathrm{T}}(0,1)\times\boldsymbol{S}_{k,\mathrm{T}}(1,1)\right) \tag{4.14}$$

综上所述，加工精度 $e_k(u)$ 与刀具长度 L 相关，且与曲面 $\boldsymbol{S}_{k,\mathrm{R}}(u,v)$ 和平面 $\boldsymbol{S}_{k,\mathrm{T}}(u,v)$ 偏离程度成正比。因此，可将曲面 $\boldsymbol{S}_{k,\mathrm{R}}(u,v)$ 与平面 $\boldsymbol{S}_{k,\mathrm{T}}(u,v)$ 偏离的最大角度定义为该段刀具姿态误差 $\delta_{k,u}$，将曲面 $\boldsymbol{S}_{k,\mathrm{R}}(u,v)$ 与平面 $\boldsymbol{S}_{k,\mathrm{T}}(u,v)$ 间最大夹角与刀具长度的乘积作为加工精度 $e_k(u)$，该误差能够体现首末刀轴矢量确定的平面与加工中刀轴矢量间的偏离程度。

$$e_k = \left\{ \max_{u \in [0,1]} \left(e_k(u) \right) \middle| e_k(u) = L\boldsymbol{S}_{k,\mathrm{R}}(u,1) \cdot \left(\boldsymbol{S}_{k,\mathrm{T}}(0,1) \times \boldsymbol{S}_{k,\mathrm{T}}(1,1) \right) \right\} \tag{4.15}$$

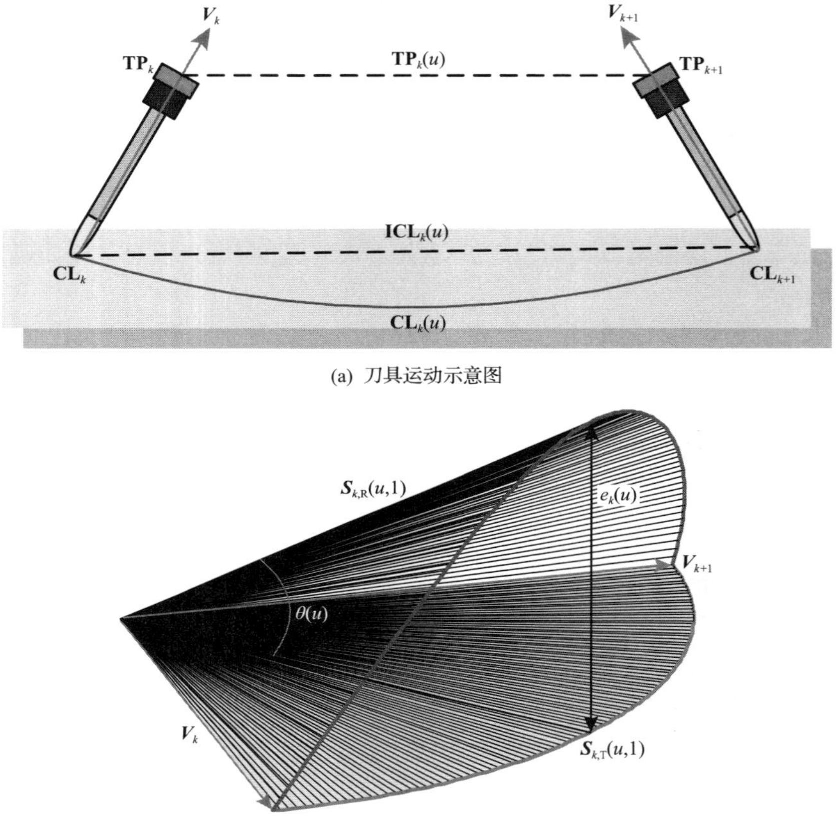

(a) 刀具运动示意图

(b) 刀轴矢量偏离示意图

图 4.4　非线性误差示意图

4.1.2　平行类机床与非平行类机床刀具姿态误差分析

采用五轴数控机床进行加工时，工件坐标系下刀轴矢量与机床坐标系下旋转轴位置间的关系可表示为

$$\boldsymbol{V} = \boldsymbol{R}_i(\theta_i)\boldsymbol{R}_j(\theta_j)\boldsymbol{p}^{\mathrm{T}}$$

式中，$\boldsymbol{p}^{\mathrm{T}}$ 为初始刀轴矢量；$\boldsymbol{R}_i(\theta_i)$ 和 $\boldsymbol{R}_j(\theta_j)$ 为两旋转轴旋转矩阵。

对于任一五轴数控机床，当两旋转轴配置情况满足下述条件之一时，可将该机床划分为平行类机床[7-9]：①对于双转台型机床，工作台端被动轴所绕旋转矢量方向与初始刀轴矢量方向相同；②对于双摆头型机床，刀具端主动轴所绕旋转矢量方向与初始刀轴矢量方向相同；③对于混合型机床，工作台端主动轴所绕旋转矢量方向与初始刀轴矢量方向相同。平行类机床包括表 3.2 中类型 1、类型 2、类型 6、类型 7、类型 10 和类型 12。反之，当五轴数控机床两旋转轴所绕旋转矢量方向与初始刀轴矢量方向均不相同时，将该机床定义为非平行类机床，包括表 3.2 中类型 3、类型 4、类型 5、类型 8、类型 9 和类型 11。下面将分别对采用平行类机床和非平行类机床进行加工时产生的刀具姿态误差进行分析，以得到刀具姿态误差表达通式及其变化规律。

1. 平行类机床刀具姿态误差分析

本节以表 3.2 中所述类型 1 为例进行说明。该类型机床属于平行类机床的一种，其两旋转轴分别绕 X 和 Y 轴运动，且在初始情况下，刀轴矢量方向与 X 轴平行，将该类型机床记为 ABX 型。采用 ABX 型机床加工时，刀具轨迹相邻第 k 和第 k+1 位置对应的两刀轴矢量 $\boldsymbol{V}_k$、$\boldsymbol{V}_{k+1}$ 可分别表示为

$$\boldsymbol{V}_k=\begin{bmatrix}\cos\theta_{y,k}\\ \sin\theta_{x,k}\sin\theta_{y,k}\\ -\cos\theta_{x,k}\sin\theta_{y,k}\end{bmatrix} \tag{4.16}$$

$$\boldsymbol{V}_{k+1}=\begin{bmatrix}\cos\theta_{y,k+1}\\ \sin\theta_{x,k+1}\sin\theta_{y,k+1}\\ -\cos\theta_{x,k+1}\sin\theta_{y,k+1}\end{bmatrix} \tag{4.17}$$

当两旋转轴位置分别由 $\theta_{x,k}$、$\theta_{y,k}$ 变为 $\theta_{x,k+1}$、$\theta_{y,k+1}$ 时，刀轴矢量也由 $\boldsymbol{V}_k$ 变为 $\boldsymbol{V}_{k+1}$。采用式(4.1)所示线性插补方式进行加工时，刀轴矢量运动所形成的曲面 $\boldsymbol{S}_{k,\mathrm{R}}(u, v)$ 可表示为

$$\boldsymbol{S}_{k,\mathrm{R}}(u,v)=v\begin{bmatrix}\cos\theta_{y,k}(u)\\ \sin\theta_{x,k}(u)\sin\theta_{y,k}(u)\\ -\cos\theta_{x,k}(u)\sin\theta_{y,k}(u)\end{bmatrix},\quad 0\leqslant u\leqslant 1, 0\leqslant v\leqslant 1 \tag{4.18}$$

式中，

$$\begin{cases}\theta_{x,k}(u)=(1-u)\theta_{x,k}+u\theta_{x,k+1}\\ \theta_{y,k}(u)=(1-u)\theta_{y,k}+u\theta_{y,k+1}\end{cases} \tag{4.19}$$

由刀轴矢量 $\boldsymbol{V}_k$ 和 $\boldsymbol{V}_{k+1}$ 确定的平面 $\boldsymbol{S}_{k,\mathrm{T}}(u, 1)$ 可表示为

$$S_{k,\mathrm{T}}(u,1)=\cos\phi_k(u)\boldsymbol{V}_k+\sin\phi_k(u)\frac{\boldsymbol{V}_{k+1}-\cos\phi_k(1)\boldsymbol{V}_k}{\sin\phi_k(1)} \tag{4.20}$$

式中，

$$\begin{aligned}\phi_k(u)=\arccos\Big(&\cos\theta_{y,k+1}\cos\theta_{y,k}+\sin\theta_{x,k+1}\sin\theta_{y,k+1}\sin\theta_{x,k}\sin\theta_{y,k}\\&+\cos\theta_{x,k+1}\sin\theta_{y,k+1}\cos\theta_{x,k}\sin\theta_{y,k}\Big)u\end{aligned} \tag{4.21}$$

根据式(4.13)，加工中刀轴矢量运动产生的刀具姿态误差 $\delta_{k,u}$ 表示为

$$\begin{aligned}\delta_{k,u}=\Bigg|&\frac{\sin\theta_{y,k}\sin\theta_{y,k+1}\cos\left[(1-u)\theta_{y,k}+u\theta_{y,k+1}\right]\sin\left(\theta_{x,k+1}-\theta_{x,k}\right)}{\sqrt{1-\left[\cos\theta_{y,k}\cos\theta_{y,k+1}+\sin\theta_{y,k}\sin\theta_{y,k+1}\cos\left(\theta_{x,k+1}-\theta_{x,k}\right)\right]^2}}\\&-\frac{\sin\left[(1-u)\theta_{y,k}+u\theta_{y,k+1}\right]\sin\theta_{y,k+1}\cos\theta_{y,k}\sin\left[(1-u)\left(\theta_{x,k+1}-\theta_{x,k}\right)\right]}{\sqrt{1-\left[\cos\theta_{y,k}\cos\theta_{y,k+1}+\sin\theta_{y,k}\sin\theta_{y,k+1}\cos\left(\theta_{x,k+1}-\theta_{x,k}\right)\right]^2}}\\&-\frac{\sin\left[(1-u)\theta_{y,k}+u\theta_{y,k+1}\right]\cos\theta_{y,k+1}\sin\theta_{y,k}\sin\left[u\left(\theta_{x,k+1}-\theta_{x,k}\right)\right]}{\sqrt{1-\left[\cos\theta_{y,k}\cos\theta_{y,k+1}+\sin\theta_{y,k}\sin\theta_{y,k+1}\cos\left(\theta_{x,k+1}-\theta_{x,k}\right)\right]^2}}\Bigg|\end{aligned} \tag{4.22}$$

与类型 1 相似，对于表 3.2 中其他几种平行类机床旋转轴配置情况，加工中刀轴矢量运动产生的刀具姿态误差也可按上述过程计算。表 4.1 为平行类机床刀具姿态误差。

当采用平行类机床进行加工，两旋转轴位置分别由 $\theta_{i,k}$、$\theta_{j,k}$ 转动到 $\theta_{i,k+1}$、$\theta_{j,k+1}$ 时，采用线性插补方式进行加工时所产生的刀具姿态误差 $\delta_{k,u}$ 可表示为与两旋转轴位置相关的函数：

$$\begin{aligned}\delta_{k,u}=\Bigg|&\frac{\sin\theta_{j,k}\sin\theta_{j,k+1}\cos\left[(1-u)\theta_{j,k}+u\theta_{j,k+1}\right]\sin\left(\theta_{i,k+1}-\theta_{i,k}\right)}{\sqrt{1-\left[\cos\theta_{j,k}\cos\theta_{j,k+1}+\sin\theta_{j,k}\sin\theta_{j,k+1}\cos\left(\theta_{i,k+1}-\theta_{i,k}\right)\right]^2}}\\&-\frac{\sin\left[(1-u)\theta_{j,k}+u\theta_{j,k+1}\right]\sin\theta_{j,k+1}\cos\theta_{j,k}\sin\left[(1-u)\left(\theta_{i,k+1}-\theta_{i,k}\right)\right]}{\sqrt{1-\left[\cos\theta_{j,k}\cos\theta_{j,k+1}+\sin\theta_{j,k}\sin\theta_{j,k+1}\cos\left(\theta_{i,k+1}-\theta_{i,k}\right)\right]^2}}\\&-\frac{\sin\left[(1-u)\theta_{j,k}+u\theta_{j,k+1}\right]\cos\theta_{j,k+1}\sin\theta_{j,k}\sin\left[u\left(\theta_{i,k+1}-\theta_{i,k}\right)\right]}{\sqrt{1-\left[\cos\theta_{j,k}\cos\theta_{j,k+1}+\sin\theta_{j,k}\sin\theta_{j,k+1}\cos\left(\theta_{i,k+1}-\theta_{i,k}\right)\right]^2}}\Bigg|\end{aligned} \tag{4.23}$$

表 4.1　平行类机床刀具姿态误差

机床类型	刀具姿态误差 $\delta_{k,u}$
ABX	$\left\|\dfrac{\sin\theta_{y,k}\sin\theta_{y,k+1}\cos\left[(1-u)\theta_{y,k}+u\theta_{y,k+1}\right]\sin\left(\theta_{x,k+1}-\theta_{x,k}\right)-\sin\left[(1-u)\theta_{y,k}+u\theta_{y,k+1}\right]\sin\theta_{y,k+1}\cos\theta_{y,k}\sin\left[(1-u)\left(\theta_{x,k+1}-\theta_{x,k}\right)\right]-\sin\left[(1-u)\theta_{y,k}+u\theta_{y,k+1}\right]\cos\theta_{y,k+1}\sin\theta_{y,k}\sin\left[u\left(\theta_{x,k+1}-\theta_{x,k}\right)\right]}{\sqrt{1-\left[\cos\theta_{y,k}\cos\theta_{y,k+1}+\sin\theta_{y,k}\sin\theta_{y,k+1}\cos\left(\theta_{x,k+1}-\theta_{x,k}\right)\right]^2}}\right\|$
ACX	$\left\|\dfrac{\sin\theta_{z,k}\sin\theta_{z,k+1}\cos\left[(1-u)\theta_{z,k}+u\theta_{z,k+1}\right]\sin\left(\theta_{x,k+1}-\theta_{x,k}\right)-\sin\left[(1-u)\theta_{z,k}+u\theta_{z,k+1}\right]\sin\theta_{z,k+1}\cos\theta_{z,k}\sin\left[(1-u)\left(\theta_{x,k+1}-\theta_{x,k}\right)\right]-\sin\left[(1-u)\theta_{z,k}+u\theta_{z,k+1}\right]\cos\theta_{z,k+1}\sin\theta_{z,k}\sin\left[u\left(\theta_{x,k+1}-\theta_{x,k}\right)\right]}{\sqrt{1-\left[\cos\theta_{z,k}\cos\theta_{z,k+1}+\sin\theta_{z,k}\sin\theta_{z,k+1}\cos\left(\theta_{x,k+1}-\theta_{x,k}\right)\right]^2}}\right\|$
BAY	$\left\|\dfrac{\sin\theta_{x,k}\sin\theta_{x,k+1}\cos\left[(1-u)\theta_{x,k}+u\theta_{x,k+1}\right]\sin\left(\theta_{y,k+1}-\theta_{y,k}\right)-\sin\left[(1-u)\theta_{x,k}+u\theta_{x,k+1}\right]\sin\theta_{x,k+1}\cos\theta_{x,k}\sin\left[(1-u)\left(\theta_{y,k+1}-\theta_{y,k}\right)\right]-\sin\left[(1-u)\theta_{x,k}+u\theta_{x,k+1}\right]\cos\theta_{x,k+1}\sin\theta_{x,k}\sin\left[u\left(\theta_{y,k+1}-\theta_{y,k}\right)\right]}{\sqrt{1-\left[\cos\theta_{x,k}\cos\theta_{x,k+1}+\sin\theta_{x,k}\sin\theta_{x,k+1}\cos\left(\theta_{y,k+1}-\theta_{y,k}\right)\right]^2}}\right\|$
BCY	$\left\|\dfrac{\sin\theta_{z,k}\sin\theta_{z,k+1}\cos\left[(1-u)\theta_{z,k}+u\theta_{z,k+1}\right]\sin\left(\theta_{y,k+1}-\theta_{y,k}\right)-\sin\left[(1-u)\theta_{z,k}+u\theta_{z,k+1}\right]\sin\theta_{z,k+1}\cos\theta_{z,k}\sin\left[(1-u)\left(\theta_{y,k+1}-\theta_{y,k}\right)\right]-\sin\left[(1-u)\theta_{z,k}+u\theta_{z,k+1}\right]\cos\theta_{z,k+1}\sin\theta_{z,k}\sin\left[u\left(\theta_{y,k+1}-\theta_{y,k}\right)\right]}{\sqrt{1-\left[\cos\theta_{z,k}\cos\theta_{z,k+1}+\sin\theta_{z,k}\sin\theta_{z,k+1}\cos\left(\theta_{y,k+1}-\theta_{y,k}\right)\right]^2}}\right\|$
CAZ	$\left\|\dfrac{\sin\theta_{x,k}\sin\theta_{x,k+1}\cos\left[(1-u)\theta_{x,k}+u\theta_{x,k+1}\right]\sin\left(\theta_{z,k+1}-\theta_{z,k}\right)-\sin\left[(1-u)\theta_{x,k}+u\theta_{x,k+1}\right]\sin\theta_{x,k+1}\cos\theta_{x,k}\sin\left[(1-u)\left(\theta_{z,k+1}-\theta_{z,k}\right)\right]-\sin\left[(1-u)\theta_{x,k}+u\theta_{x,k+1}\right]\cos\theta_{x,k+1}\sin\theta_{x,k}\sin\left[u\left(\theta_{z,k+1}-\theta_{z,k}\right)\right]}{\sqrt{1-\left[\cos\theta_{x,k}\cos\theta_{x,k+1}+\sin\theta_{x,k}\sin\theta_{x,k+1}\cos\left(\theta_{z,k+1}-\theta_{z,k}\right)\right]^2}}\right\|$
CBZ	$\left\|\dfrac{\sin\theta_{y,k}\sin\theta_{y,k+1}\cos\left[(1-u)\theta_{y,k}+u\theta_{y,k+1}\right]\sin\left(\theta_{z,k+1}-\theta_{z,k}\right)-\sin\left[(1-u)\theta_{y,k}+u\theta_{y,k+1}\right]\sin\theta_{y,k+1}\cos\theta_{y,k}\sin\left[(1-u)\left(\theta_{z,k+1}-\theta_{z,k}\right)\right]-\sin\left[(1-u)\theta_{y,k}+u\theta_{y,k+1}\right]\cos\theta_{y,k+1}\sin\theta_{y,k}\sin\left[u\left(\theta_{z,k+1}-\theta_{z,k}\right)\right]}{\sqrt{1-\left[\cos\theta_{y,k}\cos\theta_{y,k+1}+\sin\theta_{y,k}\sin\theta_{y,k+1}\cos\left(\theta_{z,k+1}-\theta_{z,k}\right)\right]^2}}\right\|$

为得到刀具姿态误差 $\delta_{k,u}$ 在 $u\in[0,1]$内的最大值，需求解单参数函数最大值问题，即

$$\left.\frac{\mathrm{d}\delta_{k,u}}{\mathrm{d}u}\right|_{u\in[0,1]}=0 \tag{4.24}$$

由于该求解过程涉及超越方程，寻找分析解较为困难，本节采用数值求解方法进行处理。图 4.5 为 $\delta_{k,u}$ 取最大值时对应参数 u，可以看出，当 u 由 0.4535 变化到 0.5465 时，方程取得最大值。为简化问题，取 $u=0.5$ 时对应的函数值 $\delta_{\mathrm{I},k}$ $(\theta_{j,k}, \Delta\theta_{j,k}, \Delta\theta_{i,k})$ 作为平行类机床两旋转轴位置分别由 $\theta_{i,k}$、$\theta_{j,k}$ 转动到 $\theta_{i,k+1}$、$\theta_{j,k+1}$ 时产生的刀具姿态误差 $\delta_{k,u}$ 的近似值，简记为 $\delta_{\mathrm{I},k}$：

$$\begin{aligned}\delta_{\mathrm{I},k}\left(\theta_{j,k},\Delta\theta_{j,k},\Delta\theta_{i,k}\right)\approx&\left|\frac{\sin\theta_{j,k}\sin\left(\theta_{j,k}+\Delta\theta_{j,k}\right)\cos\left(\theta_{j,k}+\frac{1}{2}\Delta\theta_{j,k}\right)\sin\Delta\theta_{i,k}}{\sqrt{1-\left[\cos\theta_{j,k}\cos\left(\theta_{j,k}+\Delta\theta_{j,k}\right)+\sin\theta_{j,k}\sin\left(\theta_{j,k}+\Delta\theta_{j,k}\right)\cos\Delta\theta_{i,k}\right]^2}}\right.\\&\left.-\frac{\sin\left(\theta_{j,k}+\frac{1}{2}\Delta\theta_{j,k}\right)\sin\left(\frac{1}{2}\Delta\theta_{i,k}\right)\sin\left(2\theta_{j,k}+\Delta\theta_{j,k}\right)}{\sqrt{1-\left[\cos\theta_{j,k}\cos\left(\theta_{j,k}+\Delta\theta_{j,k}\right)+\sin\theta_{j,k}\sin\left(\theta_{j,k}+\Delta\theta_{j,k}\right)\cos\Delta\theta_{i,k}\right]^2}}\right|\end{aligned} \tag{4.25}$$

式中，

$$\begin{cases}\Delta\theta_{i,k}=\theta_{i,k+1}-\theta_{i,k}\\\Delta\theta_{j,k}=\theta_{j,k+1}-\theta_{j,k}\end{cases} \tag{4.26}$$

当采用平行类机床进行加工时，两旋转轴位置分别由 $\theta_{i,k}$、$\theta_{j,k}$ 转动到 $\theta_{i,k+1}$、$\theta_{j,k+1}$ 时产生的刀具姿态误差 $\delta_{\mathrm{I},k}$ 与各旋转轴起始位置和转动幅度间的关系如下：

(1) 刀具姿态误差 $\delta_{\mathrm{I},k}$ 是以旋转轴起始位置 $\theta_{j,k}$、两旋转轴转动幅度 $\Delta\theta_{i,k}$ 和 $\Delta\theta_{j,k}$ 为参数的函数，$\theta_{i,k}$ 的变化不会对加工中刀具姿态误差造成影响。从图 4.6 可以看出，当 $\Delta\theta_{i,k}$=30°、$\Delta\theta_{j,k}$=15°、$\theta_{j,k}$=10°时，$\theta_{i,k}$ 在[−180°, 180°]变化所对应的刀具姿态误差 $\delta_{\mathrm{I},k}$ 为一恒定值。

(2) 旋转轴转动比率 $K=\Delta\theta_{i,k}/\Delta\theta_{j,k}$ 的大小和 $\Delta\theta_{j,k}$ 的取值决定了 $\theta_{j,k}$ 的变化对刀具姿态误差的影响程度。当 K 的绝对值或 $\Delta\theta_{j,k}$ 较小时，$\theta_{j,k}$ 的变化对刀具姿态误差影响也较小。图 4.7 为不同 $\Delta\theta_{j,k}$ 情况下 $\theta_{j,k}$ 对刀具姿态误差 $\delta_{\mathrm{I},k}$ 的影响。当 K 在[−5, 5]变化、$\theta_{j,k}$ 在[−π, π]变化时，$\Delta\theta_{j,k}$ 分别为 5°、15°、25°和 35°时所对应的刀具姿态误差最大值逐渐增大。表 4.2 为不同 $\Delta\theta_{j,k}$ 情况下的刀具姿态误差 $\delta_{\mathrm{I},k}$。

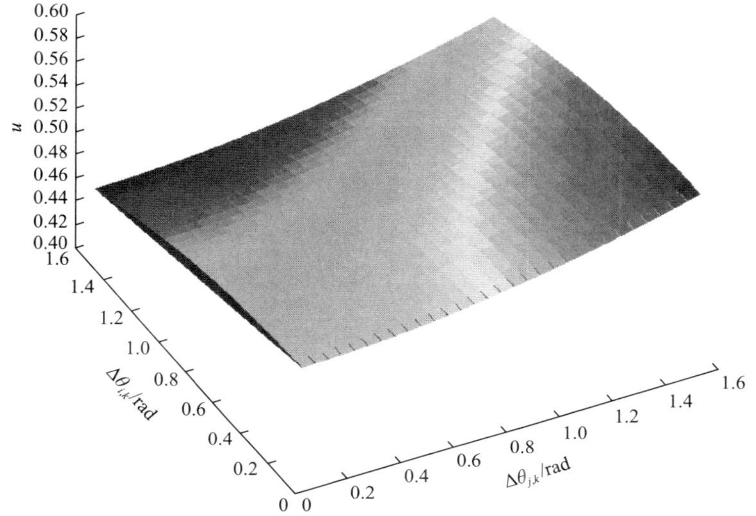

图 4.5　$\delta_{k,u}$ 取最大值时对应参数 u(平行类机床)

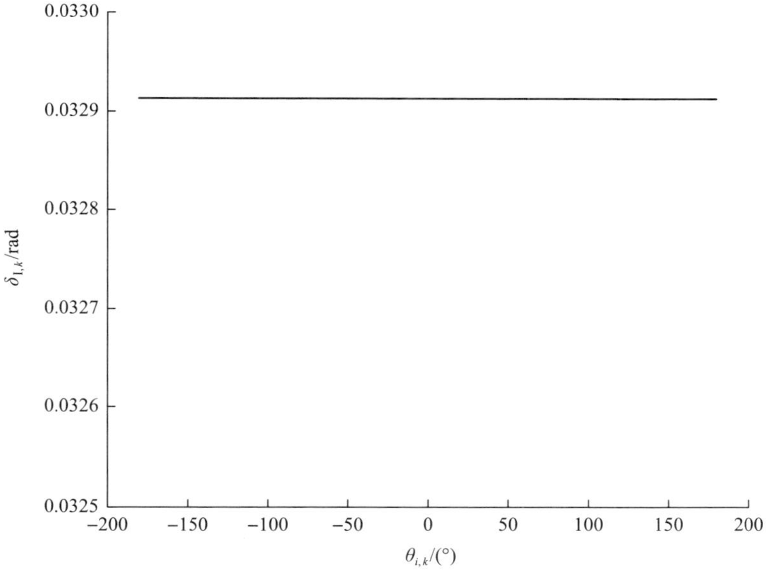

图 4.6　$\theta_{i,k}$ 变化对刀具姿态误差 $\delta_{1,k}$ 的影响

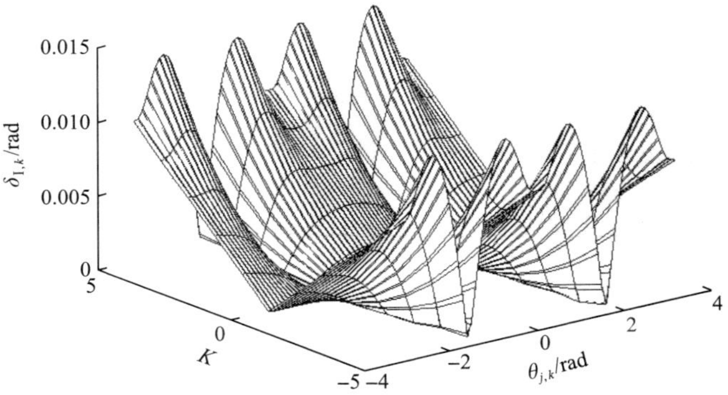

(a) $\Delta\theta_{j,k}$=5°

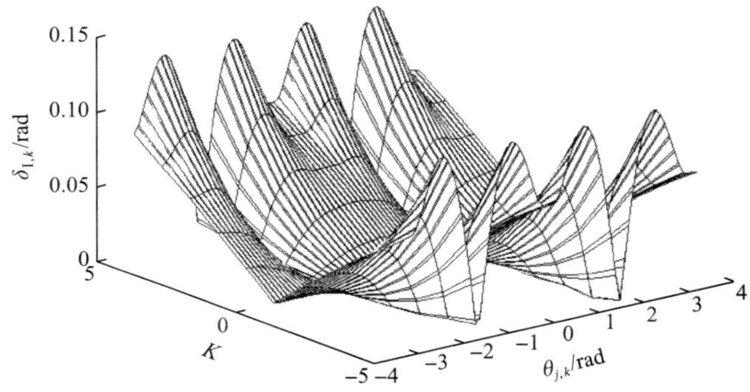

(b) $\Delta\theta_{j,k}$=15°

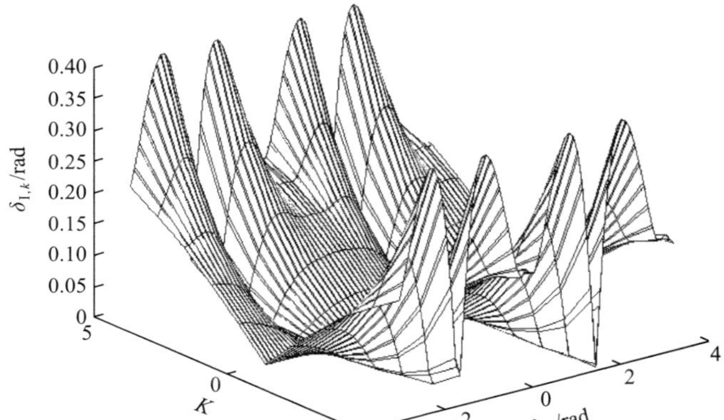

(c) $\Delta\theta_{j,k}$=25°

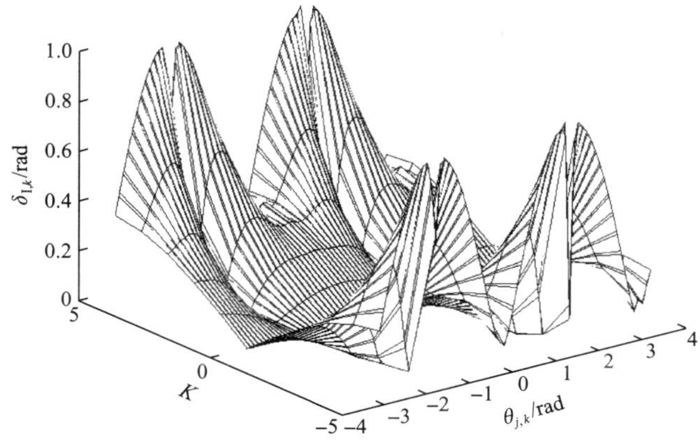

(d) $\Delta\theta_{j,k}$=35°

图 4.7　不同 $\Delta\theta_{j,k}$ 情况下 $\theta_{j,k}$ 对刀具姿态误差 $\delta_{\mathrm{I},k}$ 的影响

表 4.2　不同 $\Delta\theta_{j,k}$ 情况下的刀具姿态误差 $\delta_{\mathrm{I},k}$

$\Delta\theta_{j,k}$/(°)	刀具姿态误差最大值/rad	$\theta_{j,k}$=0 时刀具姿态误差/rad
5	0.0134	0.0094
15	0.1267	0.0795
25	0.3906	0.1920
35	0.9221	0.3004

图 4.8 为不同 K 情况下 $\theta_{j,k}$ 对刀具姿态误差 $\delta_{\mathrm{I},k}$ 的影响。在 $\Delta\theta_{j,k}$ 在[−20°, 20°]变化、$\theta_{j,k}$ 在[−π, π]变化的情况下，K 分别为 0.5、1、2 和 3 时对应的刀具姿态误差最大值逐渐增大。表 4.3 为不同 K 情况下的刀具姿态误差 $\delta_{\mathrm{I},k}$ 。

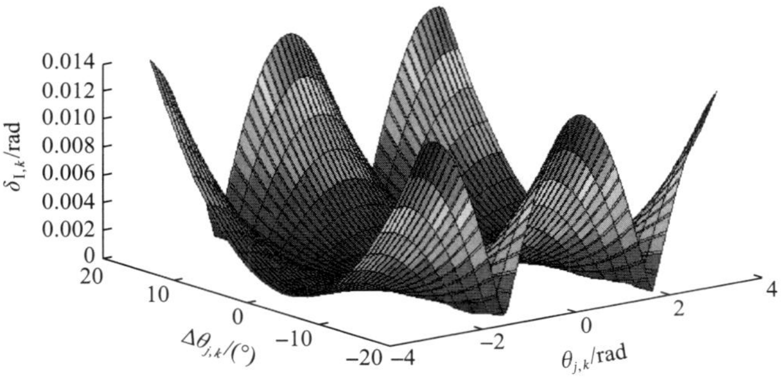

(a) K=0.5

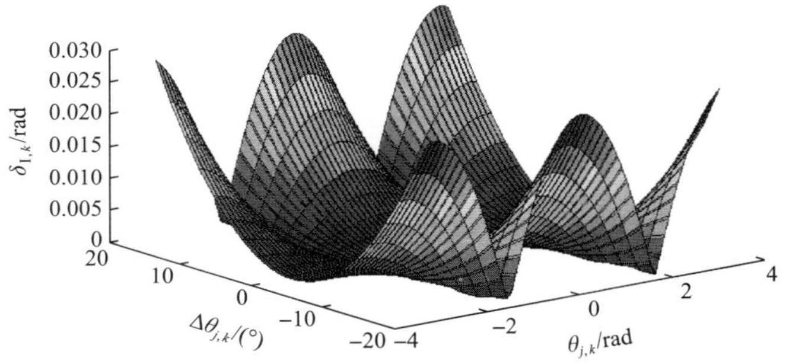

(b) $K=1$

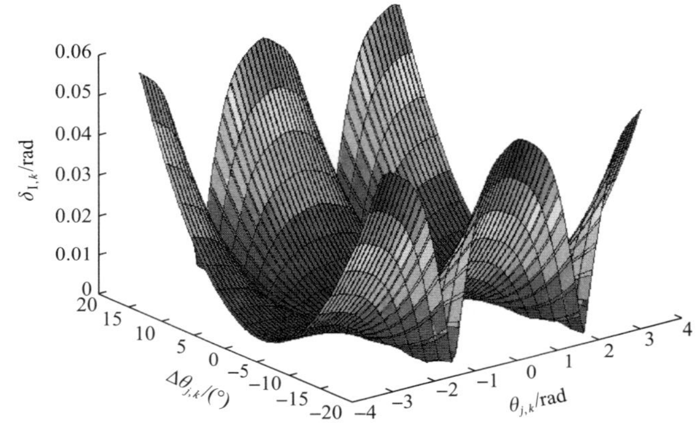

(c) $K=2$

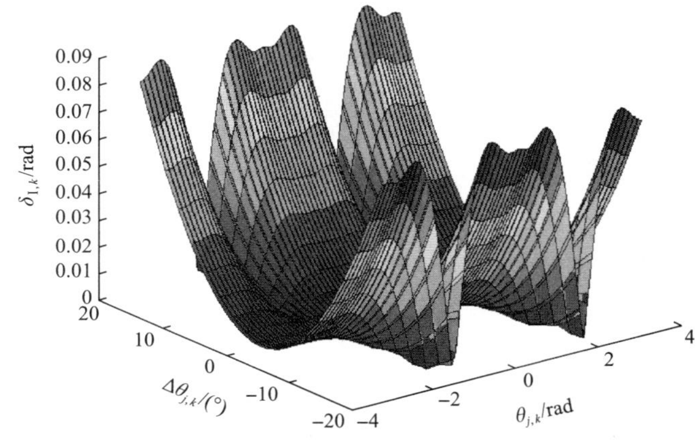

(d) $K=3$

图 4.8　不同 K 情况下 $\theta_{j,k}$ 对刀具姿态误差 $\delta_{\mathrm{I},k}$ 的影响

表 4.3　不同 K 情况下的刀具姿态误差 $\delta_{\mathrm{I},k}$

K	刀具姿态误差最大值/rad	$\theta_{j,k}=0$ 时刀具姿态误差/rad
0.5	0.0139	0.0137
1	0.0276	0.0272
2	0.0544	0.0537
3	0.0849	0.0788

结合图 4.7、图 4.8、表 4.2 和表 4.3，可得 $\theta_{j,k}$ 的变化对刀具姿态误差的影响程度与 K 和 $\Delta\theta_{j,k}$ 的关系如下：

①当 K 或 $\Delta\theta_{j,k}$ 较小时，刀具姿态误差最大值和 $\theta_{j,k}=0$ 对应的刀具姿态误差差别不大，此时可忽略 $\theta_{j,k}$ 对刀具姿态误差的影响，利用 $\theta_{j,k}=0$ 时对应的刀具姿态误差近似估计加工中产生的误差。

②当 $K\leqslant 2$ 时，刀具姿态误差 $\delta_{\mathrm{I},k}$ 在 $\theta_{j,k}\in[N\pi-\pi/2-\Delta\theta_{j,k}/2,\ N\pi+\pi/2-\Delta\theta_{j,k}/2]$ 内存在一个最大值和两个最小值，N 为任意整数。由式(4.25)可知，刀具姿态误差 $\delta_{\mathrm{I},k}$ 在 $\theta_{j,k}=N\pi+\pi/2-\Delta\theta_{j,k}/2$ 或 $N\pi-\pi/2-\Delta\theta_{j,k}/2$ 处取得最小值 0。当 $\theta_{j,k}=N\pi-\Delta\theta_{j,k}/2$ 时，求解 $\delta_{\mathrm{I},k}$ 对 $\theta_{j,k}$ 的偏导数满足

$$\left.\frac{\partial\delta_{\mathrm{I},k}}{\partial\theta_{j,k}}\right|_{\theta_{j,k}=N\pi-\frac{\Delta\theta_{j,k}}{2}}=0 \tag{4.27}$$

因此，刀具姿态误差函数在 $\theta_{j,k}=N\pi-\Delta\theta_{j,k}/2$ 处取得最大值：

$$\delta_{\mathrm{I},k}\left(\theta_{j,k},\Delta\theta_{j,k},\Delta\theta_{i,k}\right)=\left|\frac{\sin^2\dfrac{\Delta\theta_{j,k}}{2}\sin\Delta\theta_{i,k}}{\sqrt{1-\left(\cos^2\dfrac{\Delta\theta_{j,k}}{2}-\sin^2\dfrac{\Delta\theta_{j,k}}{2}\cos\Delta\theta_{i,k}\right)^2}}\right| \tag{4.28}$$

③当 $K>2$ 时，刀具姿态误差 $\delta_{\mathrm{I},k}$ 在 $\theta_{j,k}\in[N\pi-\pi/2-\Delta\theta_{j,k}/2,\ N\pi+\pi/2-\Delta\theta_{j,k}/2]$ 内存在三个极小值和两个极大值。由式(4.24)和式(4.25)可知，当 $\theta_{j,k}=N\pi-\pi/2-\Delta\theta_{j,k}/2$ 或 $N\pi+\pi/2-\Delta\theta_{j,k}/2$ 时，刀具姿态误差 $\delta_{\mathrm{I},k}$ 取得最小值 0。当 $\theta_{j,k}=N\pi-\Delta\theta_{j,k}/2$ 时，刀具姿态误差 $\delta_{\mathrm{I},k}$ 取得极小值。刀具姿态误差 $\delta_{\mathrm{I},k}$ 的极大值在 $\theta_{j,k}\in[N\pi-\pi/4-\Delta\theta_{j,k}/2,\ N\pi+\pi/4-\Delta\theta_{j,k}/2]$ 区间内取得。

(3) 当两旋转轴转动幅度 $\Delta\theta_{i,k}$ 和 $\Delta\theta_{j,k}$ 确定后，刀具姿态误差 $\delta_{\mathrm{I},k}$ 可表示为关于 $\theta_{j,k}$ 的周期函数，其最小周期为 π。函数对称轴可表示为

$$\theta_{j,k}=\frac{N}{2}\pi-\frac{\Delta\theta_{j,k}}{2},\quad N=0,\pm1,\cdots,\pm n \tag{4.29}$$

刀具姿态误差 $\delta_{\mathrm{I},k}$ 的最小值 0 在下述条件取得：

$$\theta_{j,k}=N\pi+\frac{1}{2}\pi-\frac{\Delta\theta_{j,k}}{2},\quad N=0,\pm1,\cdots,\pm n \tag{4.30}$$

图 4.9 为 $\Delta\theta_{j,k}=\pi/6$ 时刀具姿态误差的周期变化。可以看出，当 $\Delta\theta_{j,k}=\pi/6$ 且 $\theta_{j,k}\in[-\pi,\pi]$，$K$ 由 0.5、2、3 变化至 5 时，最小刀具姿态误差均在 $\theta_{j,k}=-7\pi/12$、$\theta_{j,k}=-\pi/12$、$\theta_{j,k}=5\pi/12$、$\theta_{j,k}=11\pi/12$ 时取得。

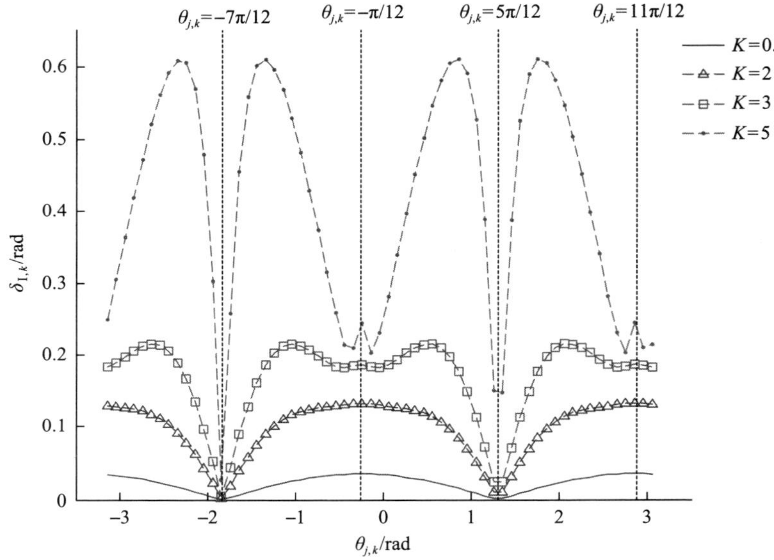

图 4.9　$\Delta\theta_{j,k}=\pi/6$ 时刀具姿态误差的周期变化

(4) 当 $\theta_{j,k}=0$ 时，各段轨迹刀具姿态误差 $\delta_{\mathrm{I},k}$ 可表示为关于两旋转轴转动幅度的函数：

$$\delta_{\mathrm{I},k}\left(0,\Delta\theta_{j,k},\Delta\theta_{i,k}\right)=\left|\sin\left(\frac{1}{2}\Delta\theta_{j,k}\right)\sin\left(\frac{1}{2}\Delta\theta_{i,k}\right)\right| \tag{4.31}$$

该函数关于 $\Delta\theta_{i,k}=0$ 和 $\Delta\theta_{j,k}=0$ 对称。

将式(4.31)用泰勒展开式展开，保留 $\Delta\theta_{i,k}$ 和 $\Delta\theta_{j,k}$，可得

$$\delta_{\mathrm{I},k}\approx\left|\frac{1}{4}\Delta\theta_{i,k}\Delta\theta_{j,k}\right| \tag{4.32}$$

在加工中，两旋转轴转动幅度多在[−π/2, π/2]范围内变化，此时对应的刀具姿态误差可由式(4.32)近似估计。图 4.10 为 $\theta_{j,k}=0$ 时平行类机床刀具姿态误差图。$\theta_{j,k}=0$ 时的刀具姿态误差是关于两旋转轴转动幅度的递增函数，加工中任一旋转轴的大幅转动都会导致较大刀具姿态误差的产生，进而影响加工精度。此外，当 $\Delta\theta_{i,k}$ 和 $\Delta\theta_{j,k}$ 有任一值为零时，加工中只有一个旋转轴运动，对应的刀具姿态误差为零。

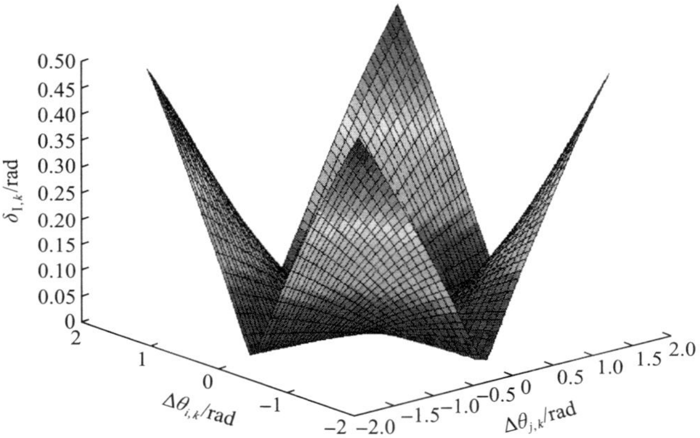

图 4.10　$\theta_{j,k}=0$ 时平行类机床刀具姿态误差图

2. 非平行类机床刀具姿态误差分析

以表 3.2 中所述类型 11 为例，其两旋转轴分别为 A、B 轴，初始情况下刀轴矢量方向与 Z 轴平行，记为 ABZ 型机床。采用 ABZ 型机床加工时，相邻两刀轴矢量 $\boldsymbol{V}_k$、$\boldsymbol{V}_{k+1}$ 可分别表示为

$$\boldsymbol{V}_k=\begin{bmatrix}\sin\theta_{y,k}\\-\sin\theta_{x,k}\cos\theta_{y,k}\\\cos\theta_{x,k}\cos\theta_{y,k}\end{bmatrix}\tag{4.33}$$

$$\boldsymbol{V}_{k+1}=\begin{bmatrix}\sin\theta_{y,k+1}\\-\sin\theta_{x,k+1}\cos\theta_{y,k+1}\\\cos\theta_{x,k+1}\cos\theta_{y,k+1}\end{bmatrix}\tag{4.34}$$

当刀轴矢量由 $\boldsymbol{V}_k$ 运动至 $\boldsymbol{V}_{k+1}$，两旋转轴分别由 $\theta_{x,k}$、$\theta_{y,k}$ 运动至 $\theta_{x,k+1}$、$\theta_{y,k+1}$ 时，刀轴矢量运动所形成的曲面 $\boldsymbol{S}_{k,\mathrm{R}}(u,v)$ 可表示为

$$\boldsymbol{S}_{k,\mathrm{R}}(u,v)=v\begin{bmatrix}\sin\theta_{y,k}(u)\\-\sin\theta_{x,k}(u)\cos\theta_{y,k}(u)\\\cos\theta_{x,k}(u)\cos\theta_{y,k}(u)\end{bmatrix},\quad 0\leqslant u\leqslant 1,0\leqslant v\leqslant 1 \tag{4.35}$$

式中，$\theta_{x,k}(u)$和$\theta_{y,k}(u)$表达式同式(4.19)。

由刀轴矢量$\boldsymbol{V}_k$和$\boldsymbol{V}_{k+1}$确定的平面$\boldsymbol{S}_{k,\mathrm{T}}(u,1)$可表示为

$$\boldsymbol{S}_{k,\mathrm{T}}(u,1)=\cos\phi_k(u)\boldsymbol{V}_k+\sin\phi_k(u)\frac{\boldsymbol{V}_{k+1}-\cos\phi_k(1)\boldsymbol{V}_k}{\sin\phi_k(1)} \tag{4.36}$$

因此，加工中刀轴矢量运动产生的刀具姿态误差$\delta_{k,u}$可表示为

$$\begin{aligned}\delta_{k,u}=\Bigg|&\frac{\cos\theta_{y,k}\cos\theta_{y,k+1}\sin\left[(1-u)\theta_{y,k}+u\theta_{y,k+1}\right]\sin\left(\theta_{x,k+1}-\theta_{x,k}\right)}{\sqrt{1-\left[\sin\theta_{y,k}\sin\theta_{y,k+1}+\cos\theta_{y,k}\cos\theta_{y,k+1}\cos\left(\theta_{x,k+1}-\theta_{x,k}\right)\right]^2}}\\&-\frac{\cos\left[(1-u)\theta_{y,k}+u\theta_{y,k+1}\right]\cos\theta_{y,k+1}\sin\theta_{y,k}\sin\left[(1-u)\left(\theta_{x,k+1}-\theta_{x,k}\right)\right]}{\sqrt{1-\left[\sin\theta_{y,k}\sin\theta_{y,k+1}+\cos\theta_{y,k}\cos\theta_{y,k+1}\cos\left(\theta_{x,k+1}-\theta_{x,k}\right)\right]^2}}\\&-\frac{\cos\left[(1-u)\theta_{y,k}+u\theta_{y,k+1}\right]\cos\theta_{y,k}\sin\theta_{y,k+1}\sin\left[u\left(\theta_{x,k+1}-\theta_{x,k}\right)\right]}{\sqrt{1-\left[\sin\theta_{y,k}\sin\theta_{y,k+1}+\cos\theta_{y,k}\cos\theta_{y,k+1}\cos\left(\theta_{x,k+1}-\theta_{x,k}\right)\right]^2}}\Bigg|\end{aligned} \tag{4.37}$$

对于表 3.2 中其他几种非平行类机床旋转轴配置情况，加工中刀轴矢量运动产生的刀具姿态误差也可按上述过程进行计算。表 4.4 为非平行类机床刀具姿态误差。

当采用非平行类机床进行加工，两旋转轴位置分别由$\theta_{i,k}$、$\theta_{j,k}$变化到$\theta_{i,k+1}$、$\theta_{j,k+1}$时，采用线性插补方式进行加工时所产生的刀具姿态误差$\delta_{k,u}$可表示为与两旋转轴位置相关的函数：

$$\begin{aligned}\delta_{k,u}=\Bigg|&\frac{\cos\theta_{j,k}\cos\theta_{j,k+1}\sin\left[(1-u)\theta_{j,k}+u\theta_{j,k+1}\right]\sin\left(\theta_{i,k+1}-\theta_{i,k}\right)}{\sqrt{1-\left[\sin\theta_{j,k}\sin\theta_{j,k+1}+\cos\theta_{j,k}\cos\theta_{j,k+1}\cos\left(\theta_{i,k+1}-\theta_{i,k}\right)\right]^2}}\\&-\frac{\cos\left[(1-u)\theta_{j,k}+u\theta_{j,k+1}\right]\cos\theta_{j,k+1}\sin\theta_{j,k}\sin\left[(1-u)\left(\theta_{i,k+1}-\theta_{i,k}\right)\right]}{\sqrt{1-\left[\sin\theta_{j,k}\sin\theta_{j,k+1}+\cos\theta_{j,k}\cos\theta_{j,k+1}\cos\left(\theta_{i,k+1}-\theta_{i,k}\right)\right]^2}}\\&-\frac{\cos\left[(1-u)\theta_{j,k}+u\theta_{j,k+1}\right]\cos\theta_{j,k}\sin\theta_{j,k+1}\sin\left[u\left(\theta_{i,k+1}-\theta_{i,k}\right)\right]}{\sqrt{1-\left[\sin\theta_{j,k}\sin\theta_{j,k+1}+\cos\theta_{j,k}\cos\theta_{j,k+1}\cos\left(\theta_{i,k+1}-\theta_{i,k}\right)\right]^2}}\Bigg|\end{aligned} \tag{4.38}$$

表 4.4　非平行类机床刀具姿态误差

机床类型	刀具姿态误差 $\delta_{k,u}$
ABZ	$\left\|\frac{\cos\theta_{y,k}\cos\theta_{y,k+1}\sin\left[(1-u)\theta_{y,k}+u\theta_{y,k+1}\right]\sin\left(\theta_{x,k+1}-\theta_{x,k}\right)-\cos\left[(1-u)\theta_{y,k}+u\theta_{y,k+1}\right]\cos\theta_{y,k+1}\sin\theta_{y,k}\sin\left[(1-u)\left(\theta_{x,k+1}-\theta_{x,k}\right)\right]-\cos\left[(1-u)\theta_{y,k}+u\theta_{y,k+1}\right]\cos\theta_{y,k}\sin\theta_{y,k+1}\sin\left[u\left(\theta_{x,k+1}-\theta_{x,k}\right)\right]}{\sqrt{1-\left[\sin\theta_{y,k}\sin\theta_{y,k+1}+\cos\theta_{y,k}\cos\theta_{y,k+1}\cos\left(\theta_{x,k+1}-\theta_{x,k}\right)\right]^2}}\right\|$
ACY	$\left\|\frac{\cos\theta_{z,k}\cos\theta_{z,k+1}\sin\left[(1-u)\theta_{z,k}+u\theta_{z,k+1}\right]\sin\left(\theta_{x,k+1}-\theta_{x,k}\right)-\cos\left[(1-u)\theta_{z,k}+u\theta_{z,k+1}\right]\cos\theta_{z,k+1}\sin\theta_{z,k}\sin\left[(1-u)\left(\theta_{x,k+1}-\theta_{x,k}\right)\right]-\cos\left[(1-u)\theta_{z,k}+u\theta_{z,k+1}\right]\cos\theta_{z,k}\sin\theta_{z,k+1}\sin\left[u\left(\theta_{x,k+1}-\theta_{x,k}\right)\right]}{\sqrt{1-\left[\sin\theta_{z,k}\sin\theta_{z,k+1}+\cos\theta_{z,k}\cos\theta_{z,k+1}\cos\left(\theta_{x,k+1}-\theta_{x,k}\right)\right]^2}}\right\|$
BAZ	$\left\|\frac{\cos\theta_{x,k}\cos\theta_{x,k+1}\sin\left[(1-u)\theta_{x,k}+u\theta_{x,k+1}\right]\sin\left(\theta_{y,k+1}-\theta_{y,k}\right)-\cos\left[(1-u)\theta_{x,k}+u\theta_{x,k+1}\right]\cos\theta_{x,k+1}\sin\theta_{x,k}\sin\left[(1-u)\left(\theta_{y,k+1}-\theta_{y,k}\right)\right]-\cos\left[(1-u)\theta_{x,k}+u\theta_{x,k+1}\right]\cos\theta_{x,k}\sin\theta_{x,k+1}\sin\left[u\left(\theta_{y,k+1}-\theta_{y,k}\right)\right]}{\sqrt{1-\left[\sin\theta_{x,k}\sin\theta_{x,k+1}+\cos\theta_{x,k}\cos\theta_{x,k+1}\cos\left(\theta_{y,k+1}-\theta_{y,k}\right)\right]^2}}\right\|$
BCX	$\left\|\frac{\cos\theta_{z,k}\cos\theta_{z,k+1}\sin\left[(1-u)\theta_{z,k}+u\theta_{z,k+1}\right]\sin\left(\theta_{y,k+1}-\theta_{y,k}\right)-\cos\left[(1-u)\theta_{z,k}+u\theta_{z,k+1}\right]\cos\theta_{z,k+1}\sin\theta_{z,k}\sin\left[(1-u)\left(\theta_{y,k+1}-\theta_{y,k}\right)\right]-\cos\left[(1-u)\theta_{z,k}+u\theta_{z,k+1}\right]\cos\theta_{z,k}\sin\theta_{z,k+1}\sin\left[u\left(\theta_{y,k+1}-\theta_{y,k}\right)\right]}{\sqrt{1-\left[\sin\theta_{z,k}\sin\theta_{z,k+1}+\cos\theta_{z,k}\cos\theta_{z,k+1}\cos\left(\theta_{y,k+1}-\theta_{y,k}\right)\right]^2}}\right\|$
CAY	$\left\|\frac{\cos\theta_{x,k}\cos\theta_{x,k+1}\sin\left[(1-u)\theta_{x,k}+u\theta_{x,k+1}\right]\sin\left(\theta_{z,k+1}-\theta_{z,k}\right)-\cos\left[(1-u)\theta_{x,k}+u\theta_{x,k+1}\right]\cos\theta_{x,k+1}\sin\theta_{x,k}\sin\left[(1-u)\left(\theta_{z,k+1}-\theta_{z,k}\right)\right]-\cos\left[(1-u)\theta_{x,k}+u\theta_{x,k+1}\right]\cos\theta_{x,k}\sin\theta_{x,k+1}\sin\left[u\left(\theta_{z,k+1}-\theta_{z,k}\right)\right]}{\sqrt{1-\left[\sin\theta_{x,k}\sin\theta_{x,k+1}+\cos\theta_{x,k}\cos\theta_{x,k+1}\cos\left(\theta_{z,k+1}-\theta_{z,k}\right)\right]^2}}\right\|$
CBX	$\left\|\frac{\cos\theta_{y,k}\cos\theta_{y,k+1}\sin\left[(1-u)\theta_{y,k}+u\theta_{y,k+1}\right]\sin\left(\theta_{z,k+1}-\theta_{z,k}\right)-\cos\left[(1-u)\theta_{y,k}+u\theta_{y,k+1}\right]\cos\theta_{y,k+1}\sin\theta_{y,k}\sin\left[(1-u)\left(\theta_{z,k+1}-\theta_{z,k}\right)\right]-\cos\left[(1-u)\theta_{y,k}+u\theta_{y,k+1}\right]\cos\theta_{y,k}\sin\theta_{y,k+1}\sin\left[u\left(\theta_{z,k+1}-\theta_{z,k}\right)\right]}{\sqrt{1-\left[\sin\theta_{y,k}\sin\theta_{y,k+1}+\cos\theta_{y,k}\cos\theta_{y,k+1}\cos\left(\theta_{z,k+1}-\theta_{z,k}\right)\right]^2}}\right\|$

图 4.11 为 $\delta_{k,u}$ 取最大值时对应参数 u。可以看出，当 u 在 0.5019～0.5773 变化时，刀具姿态误差函数可能达到最大值。因此，取 u=0.5 时对应的函数值 $\delta_{\mathrm{II},k}\ (\theta_{j,k}, \Delta\theta_{j,k}, \Delta\theta_{i,k})$ 作为非平行类机床两旋转轴位置分别由 $\theta_{i,k}$ 、$\theta_{j,k}$ 转动到 $\theta_{i,k+1}$ 、$\theta_{j,k+1}$ 时产生的刀具姿态误差 $\delta_{k,u}$ 的近似值，记为 $\delta_{\mathrm{II},k}$：

$$\delta_{\mathrm{II},k}\left(\theta_{j,k},\Delta\theta_{j,k},\Delta\theta_{i,k}\right)\approx\left|\frac{\cos\theta_{j,k}\cos\left(\theta_{j,k}+\Delta\theta_{j,k}\right)\sin\left(\theta_{j,k}+\frac{1}{2}\Delta\theta_{j,k}\right)\sin\Delta\theta_{i,k}}{\sqrt{1-\left[\sin\theta_{j,k}\sin\left(\theta_{j,k}+\Delta\theta_{j,k}\right)+\cos\theta_{j,k}\cos\left(\theta_{j,k}+\Delta\theta_{j,k}\right)\cos\Delta\theta_{i,k}\right]^2}}\right.$$
$$\left.-\frac{\cos\left(\theta_{j,k}+\frac{1}{2}\Delta\theta_{j,k}\right)\sin\left(2\theta_{j,k}+\Delta\theta_{j,k}\right)\sin\left(\frac{1}{2}\Delta\theta_{i,k}\right)}{\sqrt{1-\left[\sin\theta_{j,k}\sin\left(\theta_{j,k}+\Delta\theta_{j,k}\right)+\cos\theta_{j,k}\cos\left(\theta_{j,k}+\Delta\theta_{j,k}\right)\cos\Delta\theta_{i,k}\right]^2}}\right| \tag{4.39}$$

式中，$\Delta\theta_{i,k}$ 、$\Delta\theta_{j,k}$ 定义同式(4.26)。

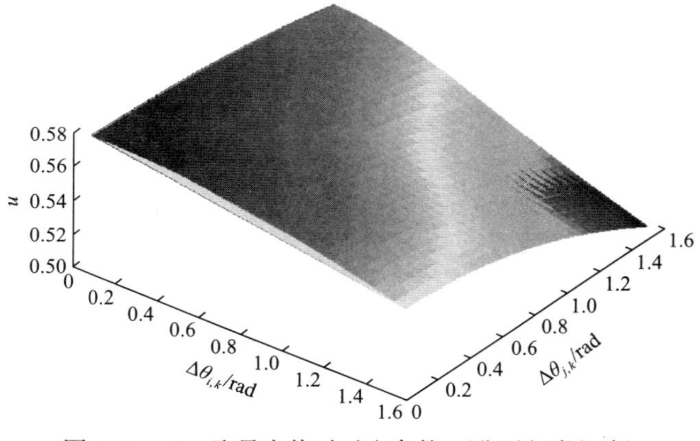

图 4.11　$\delta_{k,u}$ 取最大值时对应参数 u(非平行类机床)

当采用非平行类机床进行加工时，两旋转轴位置分别由 $\theta_{i,k}$、$\theta_{j,k}$ 转动到 $\theta_{i,k+1}$、$\theta_{j,k+1}$ 时产生的刀具姿态误差 $\delta_{\mathrm{II},k}$ 与各旋转轴起始位置 $\theta_{i,k}$、$\theta_{j,k}$ 以及转动幅度 $\Delta\theta_{i,k}$ 和 $\Delta\theta_{j,k}$ 间的关系如下：

(1) 刀具姿态误差 $\delta_{\mathrm{II},k}$ 与旋转轴起始位置 $\theta_{j,k}$ 和两旋转轴转动幅度 $\Delta\theta_{i,k}$、$\Delta\theta_{j,k}$ 相关，而与旋转轴起始位置 $\theta_{i,k}$ 无关，该值的变化不会影响刀具姿态误差。图 4.12 为 $\theta_{i,k}$ 变化对刀具姿态误差 $\delta_{\mathrm{II},k}$ 的影响。可以看出，当 $\theta_{j,k}$=10°、$\Delta\theta_{i,k}$=30°、$\Delta\theta_{j,k}$=15° 时，$\theta_{i,k}$ 在[−180°, 180°]变化，不会令刀具姿态误差 $\delta_{\mathrm{II},k}$ 产生波动。

(2) 非平行类机床刀具姿态误差与平行类机床刀具姿态误差的关系为

$$\delta_{\mathrm{II},k}\left(\theta_{j,k},\Delta\theta_{j,k},\Delta\theta_{i,k}\right)=\delta_{\mathrm{I},k}\left(\frac{\pi}{2}+\theta_{j,k},\Delta\theta_{j,k},\Delta\theta_{i,k}\right) \tag{4.40}$$

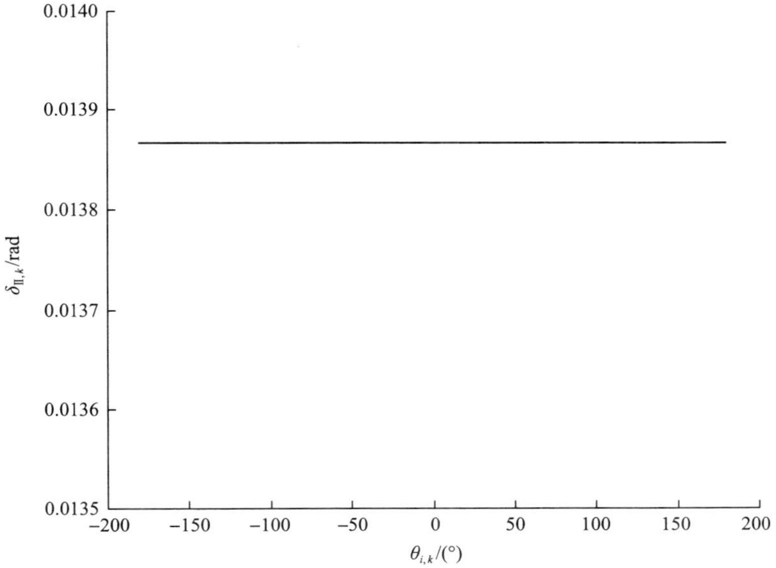

图 4.12　$\theta_{i,k}$ 变化对刀具姿态误差 $\delta_{\mathrm{II},k}$ 的影响

当两旋转轴转动幅度相同时，非平行类机床加工时产生的刀具姿态误差曲线可看成平行类机床刀具姿态误差曲线沿 $\theta_{j,k}$ 反方向平移 π/2 个单位。图 4.13 为非平行类和平行类机床刀具姿态误差曲线对比。

(3) 在两旋转轴转动幅度固定不变的情况下，刀具姿态误差 $\delta_{\mathrm{II},k}$ 为随 $\theta_{j,k}$ 周期变化的函数，其最小周期为 π，对称轴可表示为

$$\theta_{j,k}=N\pi+\frac{1}{2}\pi-\frac{\Delta\theta_{j,k}}{2},\quad N=0,\pm1,\cdots,\pm n \tag{4.41}$$

当 $\theta_{j,k}$ 满足式(4.42)时，刀具姿态误差 $\delta_{\mathrm{II},k}$ 取得最小值 0：

$$\theta_{j,k}=N\pi-\frac{\Delta\theta_{j,k}}{2},\quad N=0,\pm1,\cdots,\pm n \tag{4.42}$$

(4) $\theta_{j,k}$ 的变化对刀具姿态误差的影响程度与旋转轴转动比率 $K=\Delta\theta_{i,k}/\Delta\theta_{j,k}$ 的大小和 $\Delta\theta_{j,k}$ 有关。图 4.14 为不同 $\Delta\theta_{j,k}$ 情况下 $\theta_{j,k}$ 对刀具姿态误差 $\delta_{\mathrm{II},k}$ 的影响。可以看出，当 K 的绝对值或 $\Delta\theta_{j,k}$ 逐渐增大时，刀具姿态误差对 $\theta_{j,k}$ 的变化也逐

渐敏感。当 $\Delta\theta_{j,k}$ 由 5°、15°、25°逐渐增大到 35°时，限定 $K\in[-5, 5]$且 $\theta_{j,k}\in[-\pi, \pi]$，得到的刀具姿态误差的变化范围也逐渐加大。表 4.5 为不同 $\Delta\theta_{j,k}$ 情况下的刀具姿态误差 $\delta_{\mathrm{II},k}$。

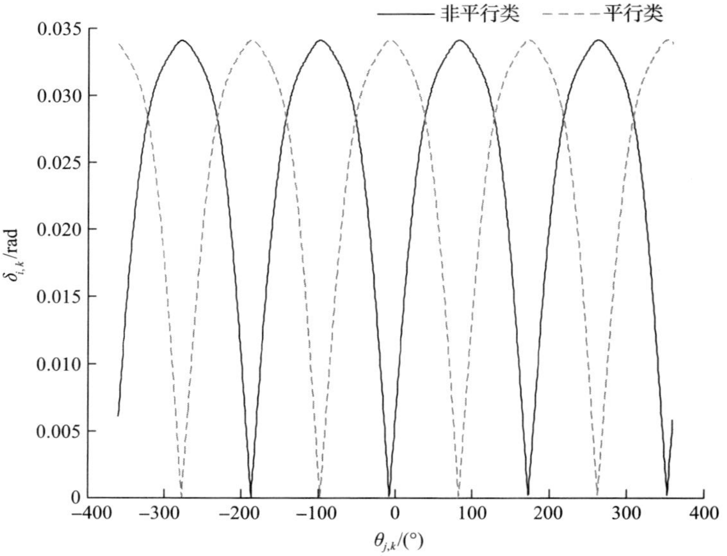

(a) $\Delta\theta_{i,k}$=30°, $\Delta\theta_{j,k}$=15°

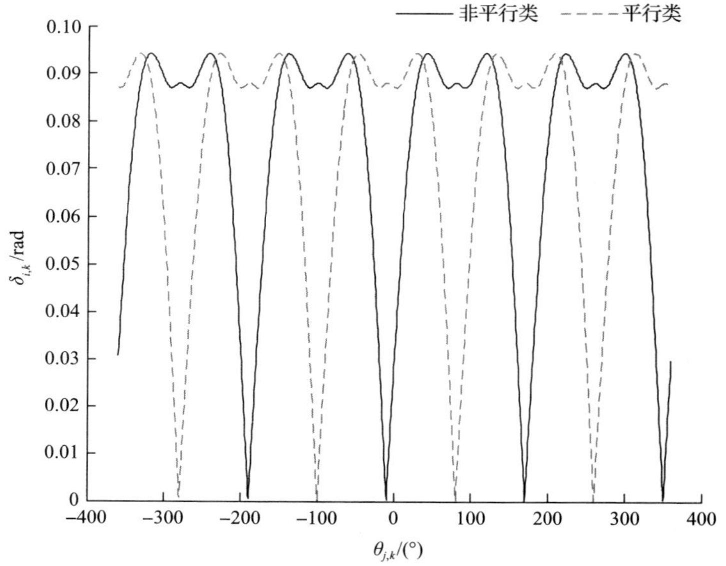

(b) $\Delta\theta_{i,k}$=60°, $\Delta\theta_{j,k}$=20°

图 4.13　非平行类和平行类机床刀具姿态误差曲线对比

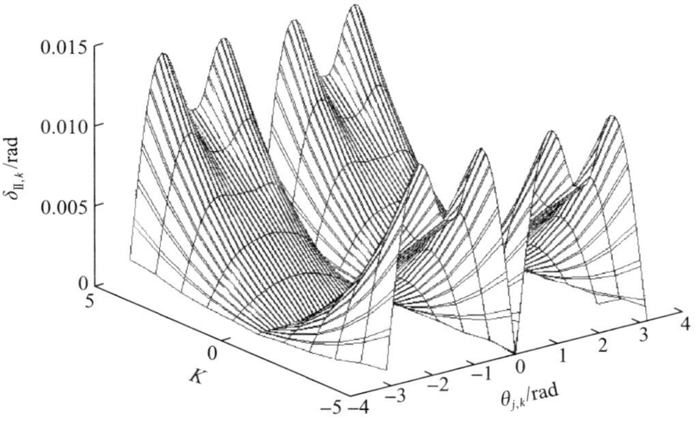

(a) $\Delta\theta_{j,k}=5°$

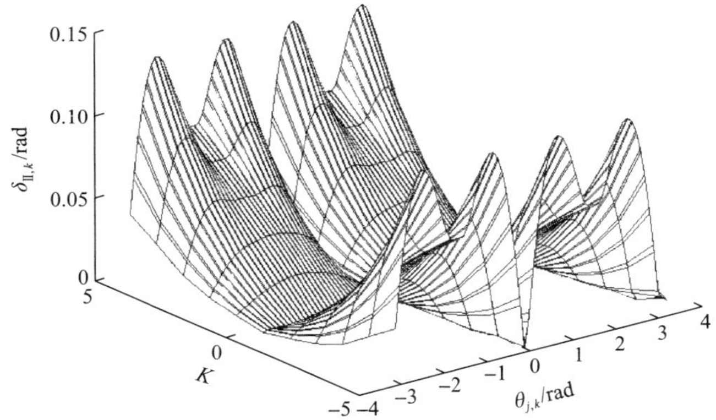

(b) $\Delta\theta_{j,k}=15°$

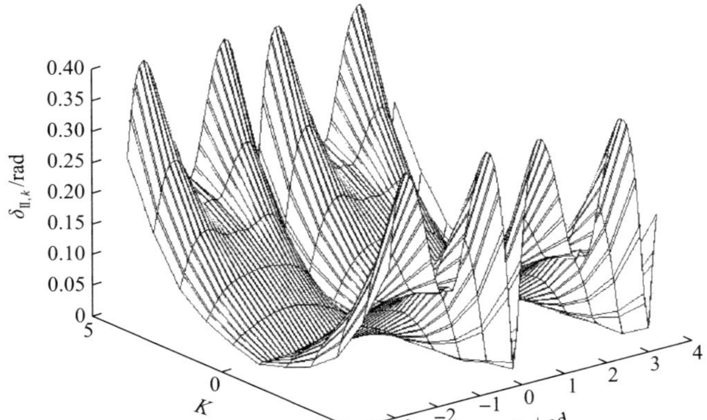

(c) $\Delta\theta_{j,k}=25°$

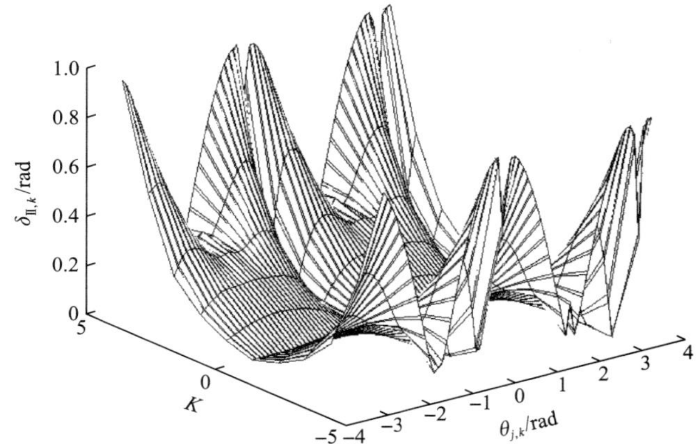

(d) $\Delta\theta_{j,k}$=35°

图 4.14　不同 $\Delta\theta_{j,k}$ 情况下 $\theta_{j,k}$ 对刀具姿态误差 $\delta_{\text{II},k}$ 的影响

表 4.5　不同 $\Delta\theta_{j,k}$ 情况下的刀具姿态误差 $\delta_{\text{II},k}$

$\Delta\theta_{j,k}$/(°)	刀具姿态误差最大值/rad	$\theta_{j,k}$=0 时刀具姿态误差/rad
5	0.0134	0.0011
15	0.1267	0.0356
25	0.3906	0.2403
35	0.9221	0.9084

图 4.15 为不同 K 情况下 $\theta_{j,k}$ 对刀具姿态误差 $\delta_{\text{II},k}$ 的影响。限定 $\Delta\theta_{j,k}\in[-20°, 20°]$ 且 $\theta_{j,k}\in[-\pi, \pi]$，当 K 分别为 0.5、1、2、3 时对应的刀具姿态误差最大值逐渐增大。表 4.6 为不同 K 情况下的刀具姿态误差 $\delta_{\text{II},k}$。

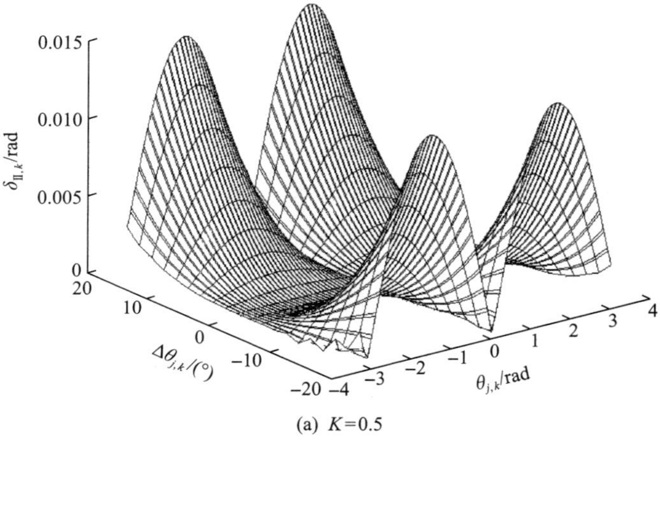

(a) K=0.5

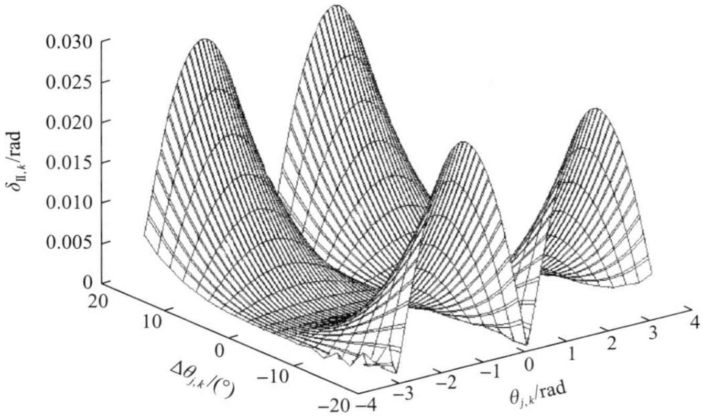

(b) $K=1$

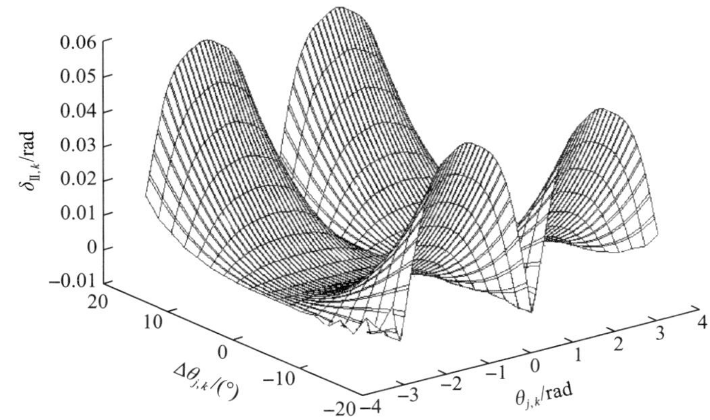

(c) $K=2$

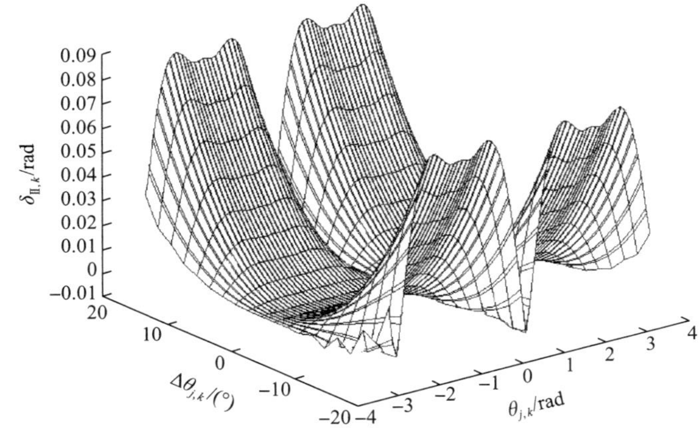

(d) $K=3$

图 4.15　不同 K 情况下 $\theta_{j,k}$ 对刀具姿态误差 $\delta_{\mathrm{II},k}$ 的影响

表 4.6 不同 K 情况下的刀具姿态误差 $\delta_{\mathrm{II},k}$

K	刀具姿态误差最大值/rad	$\theta_{j,k}=0$ 时刀具姿态误差/rad
0.5	0.0139	0.0023
1	0.0276	0.0049
2	0.0544	0.0127
3	0.0849	0.0261

结合图 4.14、图 4.15、表 4.5 和表 4.6，可得 $\theta_{j,k}$ 的变化对刀具姿态误差的影响程度与 K 或 $\Delta\theta_{j,k}$ 的关系如下：

①当 K 或 $\Delta\theta_{j,k}$ 较小时，刀具姿态误差最大值和 $\theta_{j,k}=0$ 对应的刀具姿态误差差别不大，此时可忽略 $\theta_{j,k}$ 对刀具姿态误差的影响，利用 $\theta_{j,k}=0$ 时对应的刀具姿态误差近似估计加工中产生的误差。

②当 $K\leqslant 2$ 时，刀具姿态误差 $\delta_{\mathrm{II},k}$ 在 $\theta_{j,k}\in[N\pi-\Delta\theta_{j,k}/2, (N+1)\pi-\Delta\theta_{j,k}/2]$ 内存在两个最小值和一个最大值，N 为任意整数。由式(4.39)可知，刀具姿态误差 $\delta_{\mathrm{II},k}$ 在 $\theta_{j,k}=N\pi-\Delta\theta_{j,k}/2$ 或 $(N+1)\pi-\Delta\theta_{j,k}/2$ 时取得最小值 0。又由于 $\delta_{\mathrm{II},k}$ 对 $\theta_{j,k}$ 的偏导数在 $\theta_{j,k}=N\pi+\pi/2-\Delta\theta_{j,k}/2$ 时满足

$$\left.\frac{\partial\delta_{\mathrm{II},k}}{\partial\theta_{j,k}}\right|_{\theta_{j,k}=N\pi+\frac{\pi}{2}-\frac{\Delta\theta_{j,k}}{2}}=0 \tag{4.43}$$

则当 $\theta_{j,k}=N\pi+\pi/2-\Delta\theta_{j,k}/2$ 时，刀具姿态误差 $\delta_{\mathrm{II},k}$ 取得最大值，其最大值为

$$\delta_{\mathrm{II},k}\left(\theta_{j,k},\Delta\theta_{j,k},\Delta\theta_{i,k}\right)=\left|\frac{\sin^2\dfrac{\Delta\theta_{j,k}}{2}\sin\Delta\theta_{i,k}}{\sqrt{1-\left[\cos^2\dfrac{\Delta\theta_{j,k}}{2}-\sin^2\dfrac{\Delta\theta_{j,k}}{2}\cos\Delta\theta_{i,k}\right]^2}}\right| \tag{4.44}$$

③当 $K>2$ 时，刀具姿态误差 $\delta_{\mathrm{II},k}$ 在 $\theta_{j,k}\in[N\pi-\Delta\theta_{j,k}/2, (N+1)\pi-\Delta\theta_{j,k}/2]$ 内存在两个极大值和三个极小值。当 $K>2$ 时，刀具姿态误差的最小值 0 在 $\theta_{j,k}=N\pi-\Delta\theta_{j,k}/2$ 或 $(N+1)\pi-\Delta\theta_{j,k}/2$ 时取得，极小值在 $\theta_{j,k}=N\pi+\pi/2-\Delta\theta_{j,k}/2$ 时取得，最大值在 $\theta_{j,k}\in[N\pi-3\pi/4-\Delta\theta_{j,k}/2, N\pi-\pi/4-\Delta\theta_{j,k}/2]$ 范围内取得。

(5) 当旋转轴起始位置 $\theta_{j,k}$ 恒定为 0 时，刀具姿态误差 $\delta_{\mathrm{II},k}$ 仅与两旋转轴转动幅度相关：

$$\delta_{\mathrm{II},k}\left(0,\Delta\theta_{j,k},\Delta\theta_{i,k}\right)=\left|\frac{\cos\Delta\theta_{j,k}\sin\left(\dfrac{1}{2}\Delta\theta_{j,k}\right)\sin\Delta\theta_{i,k}-\cos\left(\dfrac{1}{2}\Delta\theta_{j,k}\right)\sin\Delta\theta_{j,k}\sin\left(\dfrac{1}{2}\Delta\theta_{i,k}\right)}{\sqrt{1-\left(\cos\Delta\theta_{j,k}\cos\Delta\theta_{i,k}\right)^2}}\right| \tag{4.45}$$

该函数关于 $\Delta\theta_{i,k}=0$ 和 $\Delta\theta_{j,k}=0$ 对称。

图 4.16 为 $\theta_{j,k}=0$ 时非平行类机床刀具姿态误差图。刀具姿态误差随两旋转轴转动幅度的增加而增大，说明在加工中，若任一旋转轴位置发生大幅变化，则会带来较大的刀具姿态误差，降低整体加工精度。还可以看出，当只有一个旋转轴或无旋转轴运动时，即两旋转轴转动幅度至少有一个为零时，因旋转轴运动引起的刀具姿态误差为零。

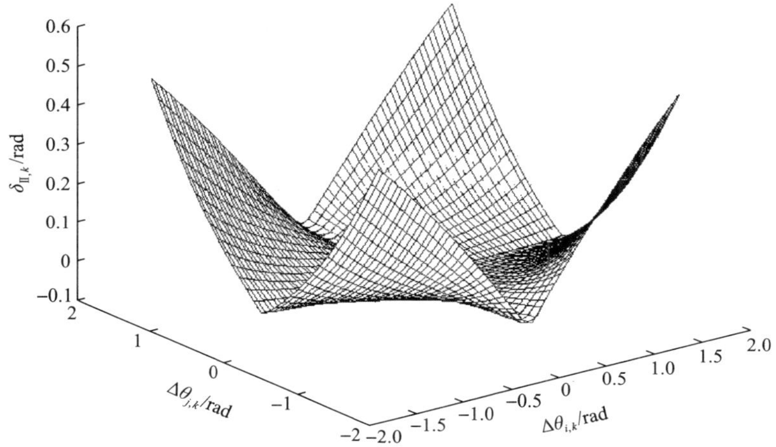

图 4.16　$\theta_{j,k}=0$ 时非平行类机床刀具姿态误差图

4.2　平行类机床与非平行类机床运动效率比较

根据不同旋转轴配置情况，可以将种类繁多的五轴数控机床划分为平行类和非平行类两种，采用两类机床进行线性插补时产生的刀具姿态误差表达式及其变化规律不同，采用不同结构机床对同一工件进行加工时在加工误差、加工效率等方面存在一定差异。本节将对机床两旋转轴转动幅度相同和刀具由初始刀轴矢量移动到同一末刀轴矢量两种情况下平行类与非平行类机床的运动效率进行分析比较。

4.2.1　两旋转轴转动幅度相同

当 K 或 $\Delta\theta_{j,k}$ 的绝对值较小时，$\theta_{j,k}$ 的变化对平行类和非平行类机床刀具姿态误差的影响也较小，此时可以忽略 $\theta_{j,k}$ 对整体刀具姿态误差的影响，利用 $\theta_{j,k}=0$ 时对应的值近似估计刀具姿态误差。为简化问题，本节假设两旋转轴初始位置均为 0，考虑两旋转轴分别由 0°转到 $\Delta\theta_{i,k}$ 和 $\Delta\theta_{j,k}$ 的情况。

当采用平行类机床进行加工，两旋转轴分别由 0°转到 $\Delta\theta_{i,k}$ 和 $\Delta\theta_{j,k}$ 时，根据

表 3.2 中所述旋转轴位置与刀轴矢量间的关系可知，刀轴矢量转过角度为

$$\beta_{\mathrm{I},k} = \left|\arccos\left(\cos\Delta\theta_{j,k}\right)\right| = \left|\Delta\theta_{j,k}\right| \tag{4.46}$$

当采用非平行类机床进行加工，两旋转轴分别由 0°转到 $\Delta\theta_{i,k}$ 和 $\Delta\theta_{j,k}$ 时，根据表 3.2 中所述旋转轴位置与刀轴矢量间的关系可知，刀轴矢量转过角度为

$$\beta_{\mathrm{II},k} = \left|\arccos\left(\cos\Delta\theta_{i,k}\cos\Delta\theta_{j,k}\right)\right| \tag{4.47}$$

根据 $\Delta\theta_{i,k}$ 和 $\Delta\theta_{j,k}$ 的取值不同，$\beta_{\mathrm{I},k}$ 与 $\beta_{\mathrm{II},k}$ 存在如下关系：

$$\begin{cases} \beta_{\mathrm{I},k} < \beta_{\mathrm{II},k}, & \Delta\theta_{i,k} \neq 0 \text{且} \Delta\theta_{j,k} \in \left(-\dfrac{1}{2}\pi, \dfrac{1}{2}\pi\right) \\ \beta_{\mathrm{I},k} > \beta_{\mathrm{II},k}, & \Delta\theta_{i,k} \neq 0 \text{且} \Delta\theta_{j,k} \in \left[-\pi, -\dfrac{1}{2}\pi\right) \cup \left(\dfrac{1}{2}\pi, \pi\right] \\ \beta_{\mathrm{I},k} = \beta_{\mathrm{II},k}, & \Delta\theta_{i,k} = 0 \text{或} \Delta\theta_{j,k} = \pm\dfrac{1}{2}\pi \end{cases} \tag{4.48}$$

图 4.17 为两类机床在两旋转轴转动幅度相同条件下的刀具姿态误差曲线对比。可以看出，两旋转轴分别由 0°转到 $\Delta\theta_{i,k}$ 和 $\Delta\theta_{j,k}$ 时，采用平行类机床进行加工时产生的刀具姿态误差大于非平行类机床。

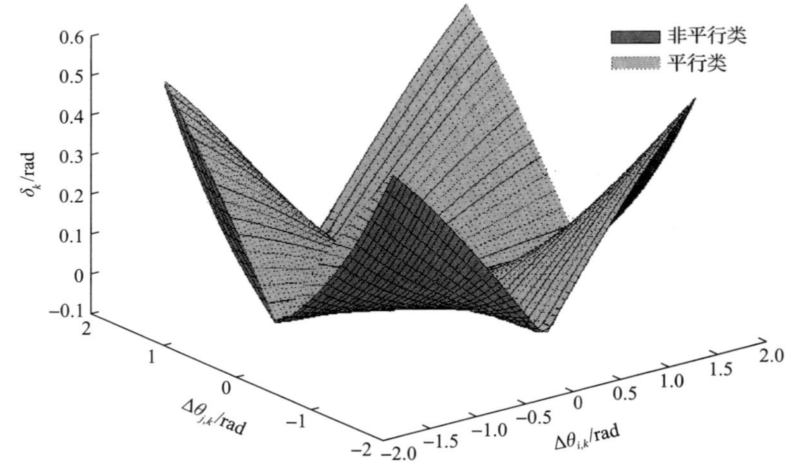

图 4.17　两类机床在两旋转轴转动幅度相同条件下的刀具姿态误差曲线对比

4.2.2　首末刀轴矢量相同

在五轴数控加工中，系统首先将工件坐标系下刀轴矢量通过后置处理程序转

化为机床坐标系下旋转轴坐标值，然后通过驱使旋转轴运动实现数控加工。当机床旋转轴配置情况不同时，其所对应的后置处理程序随之变化，对同一工件进行加工时产生的加工误差、加工效率等也往往不同。本节将着重讨论当刀具由初始刀轴矢量运动至同一末刀轴矢量，即执行同一加工任务时，不同结构机床产生的刀具姿态误差。首先对表 3.2 中初始刀轴矢量 $\boldsymbol{p}^{\mathrm{T}}=[0 \quad 1 \quad 0]$的四类机床(类型 5～8)进行分析，然后将分析过程推广到初始刀轴矢量不同的其他几种类型，对平行类机床间、非平行类机床间以及两类机床间刀具姿态误差变化规律进行讨论。

在初始刀轴矢量 $\boldsymbol{p}^{\mathrm{T}}=[0 \quad 1 \quad 0]$所对应的四类机床中，类型 6 和类型 7 均属于平行类机床，当采用这两类机床进行加工时，刀具由 $\boldsymbol{p}^{\mathrm{T}}=[0 \quad 1 \quad 0]$运动到 $\boldsymbol{V}=[V_x \quad V_y \quad V_z]$时所产生的刀具姿态误差可根据式(4.25)计算。为便于比较两类机床刀具运动至同一刀轴矢量过程中所产生的刀具姿态误差，将末刀轴矢量 $\boldsymbol{V}$ 用类型 7 机床两旋转轴转动幅度 $\Delta\theta_{7,i,k}$、$\Delta\theta_{7,j,k}$ 表示为

$$\boldsymbol{V}=\begin{bmatrix} -\cos\Delta\theta_{7,i,k}\sin\Delta\theta_{7,j,k} \\ \cos\Delta\theta_{7,j,k} \\ \sin\Delta\theta_{7,i,k}\sin\Delta\theta_{7,j,k} \end{bmatrix} \tag{4.49}$$

图 4.18 为类型 6 和类型 7 机床刀具姿态误差对比。可以看出，两类机床刀具姿态误差大小关系可根据 $\Delta\theta_{7,i,k}$ 值的不同划分为三个区域。

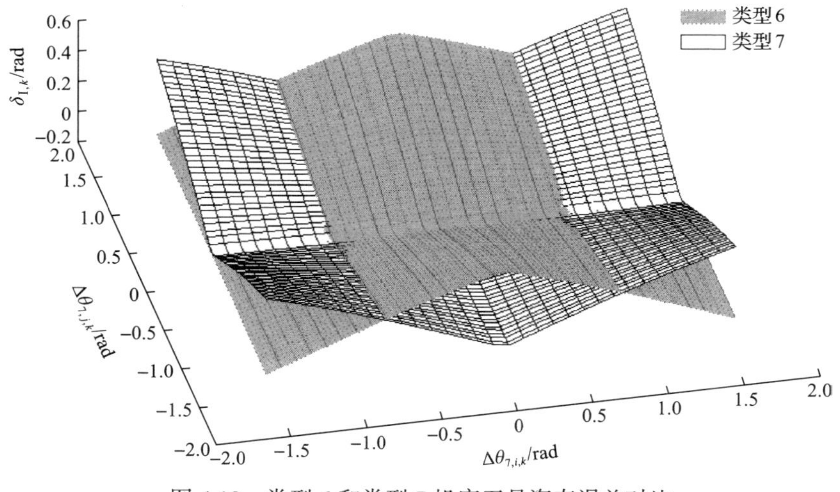

图 4.18　类型 6 和类型 7 机床刀具姿态误差对比

类型 5 和类型 8 是初始刀轴矢量均为 $\boldsymbol{p}^{\mathrm{T}}=[0 \quad 1 \quad 0]$的非平行类机床，当采用这两类机床进行加工时，刀具由 $\boldsymbol{p}^{\mathrm{T}}=[0 \quad 1 \quad 0]$运动到 $\boldsymbol{V}=[V_x \quad V_y \quad V_z]$所产生的刀具姿态误差可由式(4.39)计算。为便于与其他类型机床对比，仍根据式(4.49)用类型

7 机床两旋转轴转动幅度 $\Delta\theta_{7,i,k}$、$\Delta\theta_{7,j,k}$ 表示末刀轴矢量 $\boldsymbol{V}$。图 4.19 为类型 5 和类型 8 机床刀具姿态误差对比。在大多数加工任务中，刀轴矢量不会在相邻指令段间产生大幅变化，即 $\Delta\theta_{7,i,k}$ 和 $\Delta\theta_{7,j,k}$ 的变化幅度较小，该条件下两种类型机床加工时产生的刀具姿态误差较为接近。

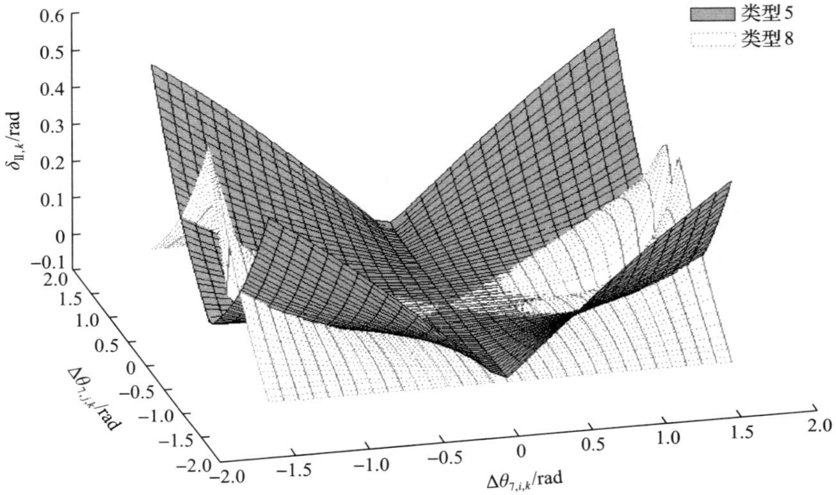

图 4.19 类型 5 和类型 8 机床刀具姿态误差对比

采用类型 5 和类型 6 机床、类型 7 和类型 8 机床执行同一加工任务时产生的刀具姿态误差曲线如图 4.20 和图 4.21 所示，末刀轴矢量 $\boldsymbol{V}$ 分别用类型 6 机床和类型 7 机床两旋转轴转动幅度表示。可以看出，当执行同一加工任务时，平行类机床

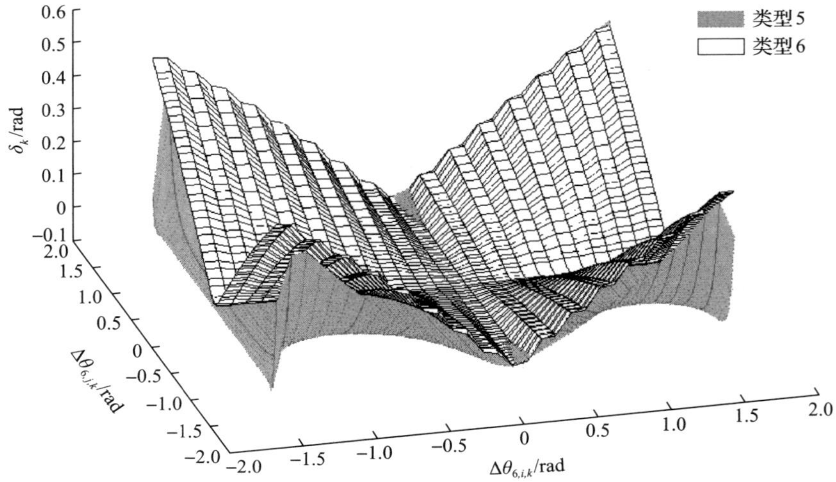

图 4.20 类型 5 和类型 6 机床刀具姿态误差对比

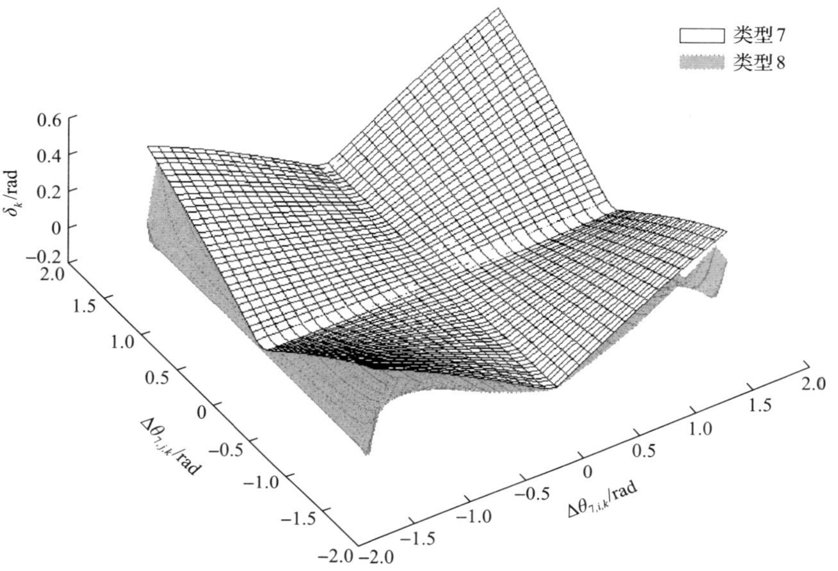

图 4.21　类型 7 和类型 8 机床刀具姿态误差对比

(类型 6 和类型 7)所产生的刀具姿态误差大于非平行类机床(类型 5 和类型 8)。

综上所述，当执行同一加工任务时，两个非平行类机床的加工效果相差不大，而两个平行类机床的加工效果存在差异，且平行类机床的加工效果优于非平行类机床。当机床初始刀轴矢量不同时，这一规律是否仍适用？本节将进一步对平行类和非平行类机床以及两类机床间的刀具姿态误差变化规律进行归纳。

1. 对平行类机床的讨论

根据初始刀轴矢量的不同，可将六种平行类机床分为三类，如表 4.7 所示。

将表 4.7 同一类中的两机床分别记为 A、B，当刀具由初始刀轴矢量 $\boldsymbol{p}^{\mathrm{T}}$ 运动到 $\boldsymbol{V}=[V_x \quad V_y \quad V_z]$时，两类机床旋转轴的转动幅度满足下述关系：

$$\Delta\theta_{\mathrm{A},j,k} = \Delta\theta_{\mathrm{B},j,k} \tag{4.50}$$

$$\Delta\theta_{\mathrm{B},i,k} - \Delta\theta_{\mathrm{A},i,k} = \begin{cases} -\dfrac{\pi}{2}, & \Delta\theta_{\mathrm{A},i,k} \in \left[-\pi, -\dfrac{1}{2}\pi\right) \cup \left[0, \dfrac{1}{2}\pi\right) \\ \dfrac{\pi}{2}, & \Delta\theta_{\mathrm{A},i,k} \in \left(-\dfrac{1}{2}\pi, 0\right] \cup \left(\dfrac{1}{2}\pi, \pi\right] \end{cases} \tag{4.51}$$

式中，$\Delta\theta_{\mathrm{A},i,k}$ 和 $\Delta\theta_{\mathrm{B},i,k}$ 分别表示采用表 4.7 所述同一类中机床 A 和机床 B 进行加工时 $\Delta\theta_{i,k}$ 的值；$\Delta\theta_{\mathrm{A},j,k}$ 和 $\Delta\theta_{\mathrm{B},j,k}$ 分别表示采用表 4.7 所述同一类中机床 A 和机床 B

进行加工时 $\Delta\theta_{j,k}$ 的值。

表 4.7　平行类机床分类

初始刀轴矢量	分类	序数	刀轴矢量与旋转轴位置关系
$\boldsymbol{p}^{\mathrm{T}}=[1\quad 0\quad 0]$	类型一	1	$\boldsymbol{V}=\begin{bmatrix}\cos\theta_y\\ \sin\theta_x\sin\theta_y\\ -\cos\theta_x\sin\theta_y\end{bmatrix}$
		2	$\boldsymbol{V}=\begin{bmatrix}\cos\theta_z\\ \cos\theta_x\sin\theta_z\\ \sin\theta_x\sin\theta_z\end{bmatrix}$
$\boldsymbol{p}^{\mathrm{T}}=[0\quad 1\quad 0]$	类型二	6	$\boldsymbol{V}=\begin{bmatrix}\sin\theta_x\sin\theta_y\\ \cos\theta_x\\ \sin\theta_x\cos\theta_y\end{bmatrix}$
		7	$\boldsymbol{V}=\begin{bmatrix}-\cos\theta_y\sin\theta_z\\ \cos\theta_z\\ \sin\theta_y\sin\theta_z\end{bmatrix}$
$\boldsymbol{p}^{\mathrm{T}}=[0\quad 0\quad 1]$	类型三	10	$\boldsymbol{V}=\begin{bmatrix}\sin\theta_x\sin\theta_z\\ -\sin\theta_x\cos\theta_z\\ \cos\theta_x\end{bmatrix}$
		12	$\boldsymbol{V}=\begin{bmatrix}\sin\theta_y\cos\theta_z\\ \sin\theta_y\sin\theta_z\\ \cos\theta_y\end{bmatrix}$

当刀具由初始刀轴矢量 $\boldsymbol{p}^{\mathrm{T}}$ 运动到同一末刀轴矢量 $\boldsymbol{V}=[V_x\quad V_y\quad V_z]$时，同一类中机床 A 和机床 B 的 $\Delta\theta_{i,k}$ 值相差 $\pi/2$，$\Delta\theta_{j,k}$ 值相同。若将机床 A 产生的刀具姿态误差表示为

$$\delta_{\mathrm{A,\ I},k}=\left|\sin\left(\frac{1}{2}\Delta\theta_{\mathrm{A},j,k}\right)\sin\left(\frac{1}{2}\Delta\theta_{\mathrm{A},i,k}\right)\right| \tag{4.52}$$

则采用机床 B 进行加工时产生的刀具姿态误差为

$$\begin{aligned}\delta_{\mathrm{B,\ I},k}&=\left|\sin\left(\frac{1}{2}\Delta\theta_{\mathrm{B},j,k}\right)\sin\left(\frac{1}{2}\Delta\theta_{\mathrm{B},i,k}\right)\right|\\ &=\begin{cases}\left|\sin\left(\frac{1}{2}\Delta\theta_{\mathrm{A},j,k}\right)\sin\left(\frac{1}{2}\Delta\theta_{\mathrm{A},i,k}-\frac{\pi}{4}\right)\right|, & \Delta\theta_{\mathrm{A},i,k}\in\left[-\pi,-\frac{1}{2}\pi\right)\cup\left[0,\frac{1}{2}\pi\right)\\ \left|\sin\left(\frac{1}{2}\Delta\theta_{\mathrm{A},j,k}\right)\sin\left(\frac{1}{2}\Delta\theta_{\mathrm{A},i,k}+\frac{\pi}{4}\right)\right|, & \Delta\theta_{\mathrm{A},i,k}\in\left[-\frac{1}{2}\pi,0\right)\cup\left[\frac{1}{2}\pi,\pi\right]\end{cases}\end{aligned} \tag{4.53}$$

当 $\Delta\theta_{A,i,k} \in [-\pi, -\pi/2) \cup [0, \pi/2)$ 时，采用机床 A、B 执行同一加工任务时产生的刀具姿态误差满足

$$\begin{cases} \delta_{A,I,k} < \delta_{B,I,k}, & \Delta\theta_{A,i,k} \in \left(-\dfrac{3}{4}\pi, -\dfrac{1}{2}\pi\right) \cup \left[0, \dfrac{1}{4}\pi\right) \\ \delta_{A,I,k} > \delta_{B,I,k}, & \Delta\theta_{A,i,k} \in \left[-\pi, -\dfrac{3}{4}\pi\right) \cup \left(\dfrac{1}{4}\pi, \dfrac{1}{2}\pi\right) \\ \delta_{A,I,k} = \delta_{B,I,k}, & \Delta\theta_{A,i,k} = -\dfrac{3}{4}\pi, \dfrac{1}{4}\pi \end{cases} \tag{4.54}$$

当 $\Delta\theta_{A,i,k} \in [-\pi/2, 0) \cup [\pi/2, \pi]$ 时，采用机床 A、B 执行同一加工任务时产生的刀具姿态误差满足

$$\begin{cases} \delta_{A,I,k} < \delta_{B,I,k}, & \Delta\theta_{A,i,k} \in \left(-\dfrac{1}{4}\pi, 0\right) \cup \left[\dfrac{1}{2}\pi, \dfrac{3}{4}\pi\right) \\ \delta_{A,I,k} > \delta_{B,I,k}, & \Delta\theta_{A,i,k} \in \left[-\dfrac{1}{2}\pi, -\dfrac{1}{4}\pi\right) \cup \left(\dfrac{3}{4}\pi, \pi\right] \\ \delta_{A,I,k} = \delta_{B,I,k}, & \Delta\theta_{A,i,k} = -\dfrac{1}{4}\pi, \dfrac{3}{4}\pi \end{cases} \tag{4.55}$$

综上所述，表 4.7 所述同一类中机床 A、B 执行相同加工任务，刀具由初始刀轴矢量 $\boldsymbol{p}^{\mathrm{T}}$ 运动到同一末刀轴向量 $\boldsymbol{V}=[V_x \quad V_y \quad V_z]$ 时，两机床产生的刀具姿态误差的关系为

$$\begin{cases} \delta_{A,I,k} < \delta_{B,I,k}, & \Delta\theta_{A,i,k} \in \left(-\dfrac{3}{4}\pi, -\dfrac{1}{2}\pi\right) \cup \left(-\dfrac{1}{4}\pi, \dfrac{1}{4}\pi\right) \cup \left[\dfrac{1}{2}\pi, \dfrac{3}{4}\pi\right) \\ \delta_{A,I,k} > \delta_{B,I,k}, & \Delta\theta_{A,i,k} \in \left[-\pi, -\dfrac{3}{4}\pi\right) \cup \left[-\dfrac{1}{2}\pi, -\dfrac{1}{4}\pi\right) \cup \left(\dfrac{1}{4}\pi, \dfrac{1}{2}\pi\right) \cup \left(\dfrac{3}{4}\pi, \pi\right] \\ \delta_{A,I,k} = \delta_{B,I,k}, & \Delta\theta_{A,i,k} = \pm\dfrac{1}{4}\pi, \pm\dfrac{3}{4}\pi \end{cases} \tag{4.56}$$

图 4.22 为平行类机床 A 和 B 刀具姿态误差对比。可以看出，采用初始刀轴矢量相同的两台平行类机床执行同一生产任务时，产生的刀具姿态误差大小关系存在一定规律。

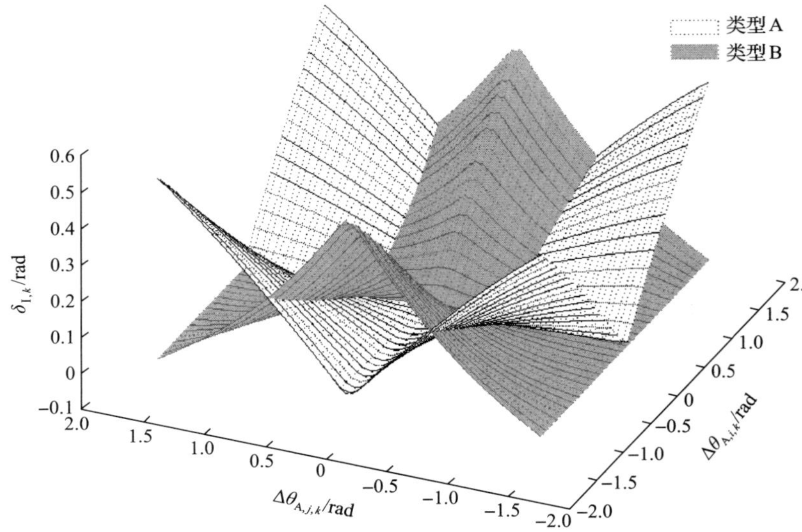

图 4.22　平行类机床 A 和 B 刀具姿态误差对比

2. 对非平行类机床的讨论

根据初始刀轴矢量的不同，将六种非平行类机床进行分类，如表 4.8 所示。

将表 4.8 同一类中的两机床分别记为 A、B，在刀具由初始刀轴矢量 $\boldsymbol{p}^{\mathrm{T}}$ 运动到 $\boldsymbol{V}=[V_x \quad V_y \quad V_z]$的过程中，两类机床旋转轴的转动幅度满足下述关系：

$$\Delta\theta_{B,i,k}=\arctan\frac{\sin\Delta\theta_{A,j,k}}{\cos\Delta\theta_{A,j,k}\cos\Delta\theta_{A,i,k}} \tag{4.57}$$

$$\Delta\theta_{B,j,k}=\arcsin\left(\sin\Delta\theta_{A,i,k}\cos\Delta\theta_{A,j,k}\right) \tag{4.58}$$

表 4.8　非平行类机床分类

初始刀轴矢量	分类	序数	刀轴矢量与旋转轴位置关系
$\boldsymbol{p}^{\mathrm{T}}=[1 \quad 0 \quad 0]$	类型一	3	$\boldsymbol{V}=\begin{bmatrix}\cos\theta_y\cos\theta_z\\ \sin\theta_z\\ -\sin\theta_y\cos\theta_z\end{bmatrix}$
		4	$\boldsymbol{V}=\begin{bmatrix}\cos\theta_y\cos\theta_z\\ \sin\theta_z\cos\theta_y\\ -\sin\theta_y\end{bmatrix}$

续表

初始刀轴矢量	分类	序数	刀轴矢量与旋转轴位置关系
$\boldsymbol{p}^{\mathrm{T}}=[0\quad 1\quad 0]$	类型二	5	$\boldsymbol{V}=\begin{bmatrix}-\sin\theta_z\\ \cos\theta_x\cos\theta_z\\ \sin\theta_x\cos\theta_z\end{bmatrix}$
		8	$\boldsymbol{V}=\begin{bmatrix}-\cos\theta_x\sin\theta_z\\ \cos\theta_x\cos\theta_z\\ \sin\theta_x\end{bmatrix}$
$\boldsymbol{p}^{\mathrm{T}}=[0\quad 0\quad 1]$	类型三	9	$\boldsymbol{V}=\begin{bmatrix}\cos\theta_x\sin\theta_y\\ -\sin\theta_x\\ \cos\theta_x\cos\theta_y\end{bmatrix}$
		11	$\boldsymbol{V}=\begin{bmatrix}\sin\theta_y\\ -\sin\theta_x\cos\theta_y\\ \cos\theta_x\cos\theta_y\end{bmatrix}$

图 4.23 为非平行类机床 A 和 B 刀具姿态误差对比。在大多数加工任务中，刀轴矢量不会在相邻指令段间产生大幅变化。因此，在这一前提下，采用两类型机床进行加工时产生的刀具姿态误差较为接近。

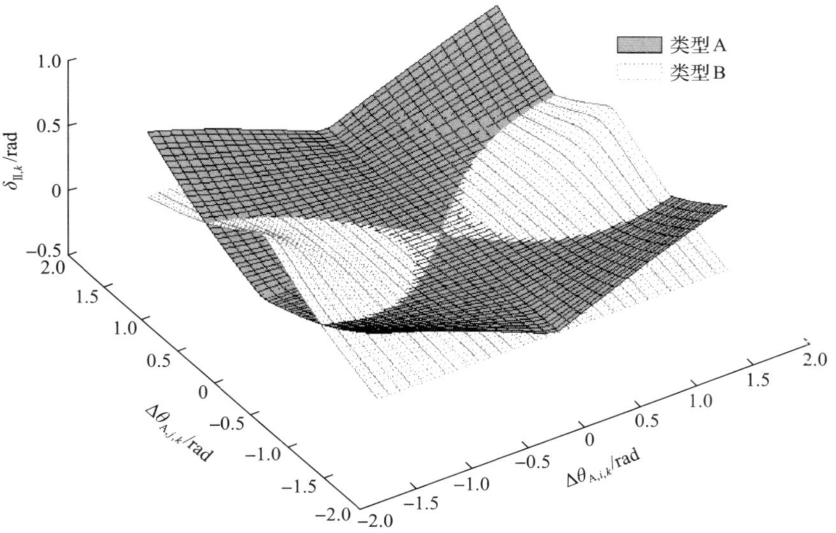

图 4.23　非平行类机床 A 和 B 刀具姿态误差对比

3. 两类机床的讨论

根据初始刀轴矢量的不同，表 3.2 将 12 种旋转轴配置情况分为三大类，每一类型包括四种情况。表 4.9 将各个大类中的四种情况划分为两小类，每个小类中均包括一个平行类机床 A 和一个非平行类机床 B。其中，机床 A 所对应矩阵 $\boldsymbol{R}_j(\theta_j)$ 与机床 B 所对应矩阵 $\boldsymbol{R}_i(\theta_i)$ 为绕同一线性轴转动的旋转矩阵。

表 4.9　12 种旋转轴配置情况分类

初始刀轴矢量	分类	序数	$\boldsymbol{R}_i(\theta_i)\boldsymbol{R}_j(\theta_j)$
$\boldsymbol{p}^{\mathrm{T}}=[1\quad 0\quad 0]$	类型一	1	$\boldsymbol{R}_x(\theta_x)\boldsymbol{R}_y(\theta_y)$
		3	$\boldsymbol{R}_y(\theta_y)\boldsymbol{R}_z(\theta_z)$
	类型二	2	$\boldsymbol{R}_x(\theta_x)\boldsymbol{R}_z(\theta_z)$
		4	$\boldsymbol{R}_z(\theta_z)\boldsymbol{R}_y(\theta_y)$
$\boldsymbol{p}^{\mathrm{T}}=[0\quad 1\quad 0]$	类型三	5	$\boldsymbol{R}_x(\theta_x)\boldsymbol{R}_z(\theta_z)$
		6	$\boldsymbol{R}_y(\theta_y)\boldsymbol{R}_x(\theta_x)$
	类型四	7	$\boldsymbol{R}_y(\theta_y)\boldsymbol{R}_z(\theta_z)$
		8	$\boldsymbol{R}_z(\theta_z)\boldsymbol{R}_x(\theta_x)$
$\boldsymbol{p}^{\mathrm{T}}=[0\quad 0\quad 1]$	类型五	10	$\boldsymbol{R}_z(\theta_z)\boldsymbol{R}_x(\theta_x)$
		11	$\boldsymbol{R}_x(\theta_x)\boldsymbol{R}_y(\theta_y)$
	类型六	9	$\boldsymbol{R}_y(\theta_y)\boldsymbol{R}_x(\theta_x)$
		12	$\boldsymbol{R}_z(\theta_z)\boldsymbol{R}_y(\theta_y)$

对于同一类型中平行类机床 A 和非平行类机床 B，当刀具由初始刀轴矢量 $\boldsymbol{p}^{\mathrm{T}}$ 运动到 $\boldsymbol{V}=[V_x\quad V_y\quad V_z]$时，可发现两类机床旋转轴的转动幅度满足

$$\Delta\theta_{\mathrm{B},i,k}=\arctan\frac{\sin\Delta\theta_{\mathrm{A},j,k}\cos\Delta\theta_{\mathrm{A},i,k}}{\cos\Delta\theta_{\mathrm{A},j,k}}\tag{4.59}$$

$$\Delta\theta_{\mathrm{B},j,k}=\arcsin\left(\sin\Delta\theta_{\mathrm{A},i,k}\sin\Delta\theta_{\mathrm{A},j,k}\right)\tag{4.60}$$

平行类机床 A 和非平行类机床 B 刀具姿态误差对比如图 4.24 所示。当 $\Delta\theta_{\mathrm{A},i,k}$ 和 $\Delta\theta_{\mathrm{A},j,k}$ 均在[−π/2, π/2]变化时，平行类机床 A 产生的刀具姿态误差大于非平行类机床 B。

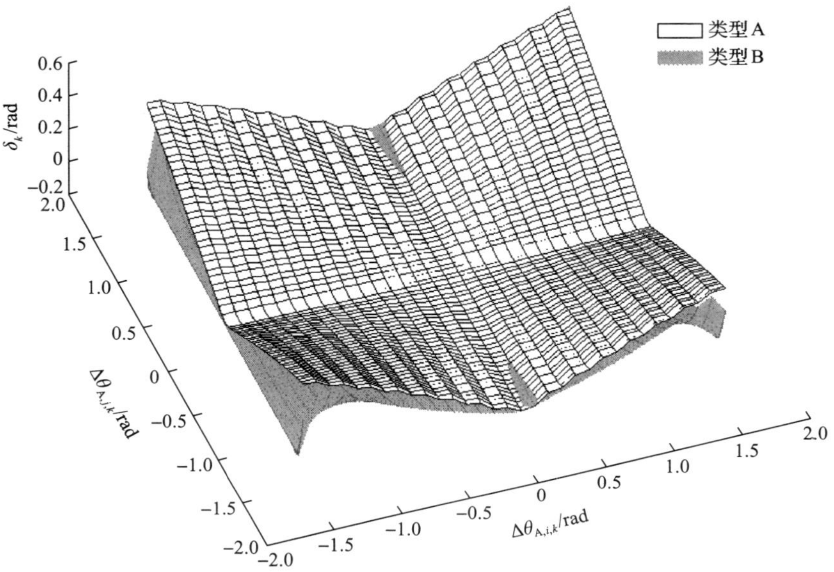

图 4.24　平行类机床 A 和非平行类机床 B 刀具姿态误差对比

4.3　刀轴矢量与旋转轴间速度的映射关系

为进一步说明刀轴矢量的变化对机床加工速度和加工效率的影响，基于得到的刀轴矢量与旋转轴坐标间的关系，进一步分析刀轴矢量的改变对机床旋转轴速度和加速度曲线产生的波动。

五轴数控机床种类繁多，结构构成复杂，采用不同结构机床进行加工时刀轴矢量与旋转轴位置的映射关系往往各不相同。不失一般性，以表 3.2 中类型 9 为例对刀轴矢量与旋转轴速度和加速度间的函数关系进行说明。采用该类型机床进行加工时，工件坐标系下刀轴矢量 $\boldsymbol{V}=[V_x \quad V_y \quad V_z]$与机床坐标系下旋转轴位置坐标$(\theta_y, \theta_x)$间满足下述关系：

$$\begin{aligned}\begin{bmatrix}V_x\\V_y\\V_z\end{bmatrix}&=\boldsymbol{R}_y\left(\theta_y\right)\boldsymbol{R}_x\left(\theta_x\right)\boldsymbol{p}\\&=\begin{bmatrix}\cos\theta_y & 0 & \sin\theta_y\\0 & 1 & 0\\-\sin\theta_y & 0 & \cos\theta_y\end{bmatrix}\begin{bmatrix}1 & 0 & 0\\0 & \cos\theta_x & -\sin\theta_x\\0 & \sin\theta_x & \cos\theta_x\end{bmatrix}\begin{bmatrix}0\\0\\1\end{bmatrix}\end{aligned} \tag{4.61}$$

进一步得到

$$\begin{cases}V_x = \cos\theta_x \sin\theta_y \\ V_y = -\sin\theta_x \\ V_z = \cos\theta_x \cos\theta_y\end{cases} \tag{4.62}$$

为得到工件坐标系下刀轴矢量与机床坐标系下旋转轴间速度的映射关系，采用复合函数的链式求导法则求导，得到两旋转轴速度表达式为[10,11]

$$\begin{cases}\dfrac{d\theta_x}{dt} = \dfrac{d\theta_x}{dV_y}\dfrac{dV_y}{dt} \\ \dfrac{d\theta_y}{dt} = \dfrac{\partial\theta_y}{\partial V_z}\dfrac{dV_z}{dt} + \dfrac{\partial\theta_y}{\partial V_x}\dfrac{dV_x}{dt}\end{cases} \tag{4.63}$$

两旋转轴加速度表达式为

$$\begin{cases}\dfrac{d^2\theta_x}{dt^2} = \dfrac{d^2\theta_x}{dV_y^2}\left(\dfrac{dV_y}{dt}\right)^2 + \dfrac{d\theta_x}{dV_y}\dfrac{d^2V_y}{dt^2} \\ \dfrac{d^2\theta_y}{dt^2} = \dfrac{\partial^2\theta_y}{\partial V_z^2}\left(\dfrac{dV_z}{dt}\right)^2 + \dfrac{\partial^2\theta_y}{\partial V_x^2}\left(\dfrac{dV_x}{dt}\right)^2 + 2\dfrac{\partial^2\theta_y}{\partial V_x \partial V_z}\dfrac{dV_x}{dt}\dfrac{dV_z}{dt}\end{cases} \tag{4.64}$$

对于表 3.2 中其他几种旋转轴配置情况，也可通过上述过程确定两旋转轴速度、加速度表达式。表 4.10 为各类型机床旋转轴速度与加速度。

通过对表 4.10 中所述旋转轴速度和加速度表达式进行分析可知，保证刀具姿态曲线在 X、Y、Z 方向各分量及其一、二阶导数的连续性是实现加工过程中机床

表 4.10　各类型机床旋转轴速度与加速度

序数	旋转轴速度	旋转轴加速度
1	$\begin{cases}\dfrac{d\theta_y}{dt} = \dfrac{d\theta_y}{dV_x}\dfrac{dV_x}{dt} \\ \dfrac{d\theta_x}{dt} = \dfrac{\partial\theta_x}{\partial V_y}\dfrac{dV_y}{dt} + \dfrac{\partial\theta_x}{\partial V_z}\dfrac{dV_z}{dt}\end{cases}$	$\begin{cases}\dfrac{d^2\theta_y}{dt^2} = \dfrac{d^2\theta_y}{dV_x^2}\left(\dfrac{dV_x}{dt}\right)^2 + \dfrac{d\theta_y}{dV_x}\dfrac{d^2V_x}{dt^2} \\ \dfrac{d^2\theta_x}{dt^2} = \dfrac{\partial^2\theta_x}{\partial V_y^2}\left(\dfrac{dV_y}{dt}\right)^2 + \dfrac{\partial^2\theta_x}{\partial V_z^2}\left(\dfrac{dV_z}{dt}\right)^2 + 2\dfrac{\partial^2\theta_x}{\partial V_y \partial V_z}\dfrac{dV_y}{dt}\dfrac{dV_z}{dt}\end{cases}$
2	$\begin{cases}\dfrac{d\theta_z}{dt} = \dfrac{d\theta_z}{dV_x}\dfrac{dV_x}{dt} \\ \dfrac{d\theta_x}{dt} = \dfrac{\partial\theta_x}{\partial V_z}\dfrac{dV_z}{dt} + \dfrac{\partial\theta_x}{\partial V_y}\dfrac{dV_y}{dt}\end{cases}$	$\begin{cases}\dfrac{d^2\theta_z}{dt^2} = \dfrac{d^2\theta_z}{dV_x^2}\left(\dfrac{dV_x}{dt}\right)^2 + \dfrac{d\theta_z}{dV_x}\dfrac{d^2V_x}{dt^2} \\ \dfrac{d^2\theta_x}{dt^2} = \dfrac{\partial^2\theta_x}{\partial V_z^2}\left(\dfrac{dV_z}{dt}\right)^2 + \dfrac{\partial^2\theta_x}{\partial V_y^2}\left(\dfrac{dV_y}{dt}\right)^2 + 2\dfrac{\partial^2\theta_x}{\partial V_y \partial V_z}\dfrac{dV_y}{dt}\dfrac{dV_z}{dt}\end{cases}$

续表

序数	旋转轴速度	旋转轴加速度
3	$\begin{cases}\dfrac{\mathrm{d}\theta_z}{\mathrm{d}t}=\dfrac{\mathrm{d}\theta_z}{\mathrm{d}V_y}\dfrac{\mathrm{d}V_y}{\mathrm{d}t}\\ \dfrac{\mathrm{d}\theta_y}{\mathrm{d}t}=\dfrac{\partial\theta_y}{\partial V_x}\dfrac{\mathrm{d}V_x}{\mathrm{d}t}+\dfrac{\partial\theta_y}{\partial V_z}\dfrac{\mathrm{d}V_z}{\mathrm{d}t}\end{cases}$	$\begin{cases}\dfrac{\mathrm{d}^2\theta_z}{\mathrm{d}t^2}=\dfrac{\mathrm{d}^2\theta_z}{\mathrm{d}V_y^2}\left(\dfrac{\mathrm{d}V_y}{\mathrm{d}t}\right)^2+\dfrac{\mathrm{d}\theta_z}{\mathrm{d}V_y}\dfrac{\mathrm{d}^2V_y}{\mathrm{d}t^2}\\ \dfrac{\mathrm{d}^2\theta_y}{\mathrm{d}t^2}=\dfrac{\partial^2\theta_y}{\partial V_x^2}\left(\dfrac{\mathrm{d}V_x}{\mathrm{d}t}\right)^2+\dfrac{\partial^2\theta_y}{\partial V_z^2}\left(\dfrac{\mathrm{d}V_z}{\mathrm{d}t}\right)^2+2\dfrac{\partial^2\theta_y}{\partial V_x\partial V_z}\dfrac{\mathrm{d}V_x}{\mathrm{d}t}\dfrac{\mathrm{d}V_z}{\mathrm{d}t}\end{cases}$
4	$\begin{cases}\dfrac{\mathrm{d}\theta_y}{\mathrm{d}t}=\dfrac{\mathrm{d}\theta_y}{\mathrm{d}V_z}\dfrac{\mathrm{d}V_z}{\mathrm{d}t}\\ \dfrac{\mathrm{d}\theta_z}{\mathrm{d}t}=\dfrac{\partial\theta_z}{\partial V_x}\dfrac{\mathrm{d}V_x}{\mathrm{d}t}+\dfrac{\partial\theta_z}{\partial V_y}\dfrac{\mathrm{d}V_y}{\mathrm{d}t}\end{cases}$	$\begin{cases}\dfrac{\mathrm{d}^2\theta_y}{\mathrm{d}t^2}=\dfrac{\mathrm{d}^2\theta_y}{\mathrm{d}V_z^2}\left(\dfrac{\mathrm{d}V_z}{\mathrm{d}t}\right)^2+\dfrac{\mathrm{d}\theta_y}{\mathrm{d}V_z}\dfrac{\mathrm{d}^2V_z}{\mathrm{d}t^2}\\ \dfrac{\mathrm{d}^2\theta_z}{\mathrm{d}t^2}=\dfrac{\partial^2\theta_z}{\partial V_x^2}\left(\dfrac{\mathrm{d}V_x}{\mathrm{d}t}\right)^2+\dfrac{\partial^2\theta_z}{\partial V_y^2}\left(\dfrac{\mathrm{d}V_y}{\mathrm{d}t}\right)^2+2\dfrac{\partial^2\theta_z}{\partial V_x\partial V_y}\dfrac{\mathrm{d}V_x}{\mathrm{d}t}\dfrac{\mathrm{d}V_y}{\mathrm{d}t}\end{cases}$
5	$\begin{cases}\dfrac{\mathrm{d}\theta_z}{\mathrm{d}t}=\dfrac{\mathrm{d}\theta_z}{\mathrm{d}V_x}\dfrac{\mathrm{d}V_x}{\mathrm{d}t}\\ \dfrac{\mathrm{d}\theta_x}{\mathrm{d}t}=\dfrac{\partial\theta_x}{\partial V_y}\dfrac{\mathrm{d}V_y}{\mathrm{d}t}+\dfrac{\partial\theta_x}{\partial V_z}\dfrac{\mathrm{d}V_z}{\mathrm{d}t}\end{cases}$	$\begin{cases}\dfrac{\mathrm{d}^2\theta_z}{\mathrm{d}t^2}=\dfrac{\mathrm{d}^2\theta_z}{\mathrm{d}V_x^2}\left(\dfrac{\mathrm{d}V_x}{\mathrm{d}t}\right)^2+\dfrac{\mathrm{d}\theta_z}{\mathrm{d}V_x}\dfrac{\mathrm{d}^2V_x}{\mathrm{d}t^2}\\ \dfrac{\mathrm{d}^2\theta_x}{\mathrm{d}t^2}=\dfrac{\partial^2\theta_x}{\partial V_y^2}\left(\dfrac{\mathrm{d}V_y}{\mathrm{d}t}\right)^2+\dfrac{\partial^2\theta_x}{\partial V_z^2}\left(\dfrac{\mathrm{d}V_z}{\mathrm{d}t}\right)^2+2\dfrac{\partial^2\theta_x}{\partial V_y\partial V_z}\dfrac{\mathrm{d}V_y}{\mathrm{d}t}\dfrac{\mathrm{d}V_z}{\mathrm{d}t}\end{cases}$
6	$\begin{cases}\dfrac{\mathrm{d}\theta_x}{\mathrm{d}t}=\dfrac{\mathrm{d}\theta_x}{\mathrm{d}V_y}\dfrac{\mathrm{d}V_y}{\mathrm{d}t}\\ \dfrac{\mathrm{d}\theta_y}{\mathrm{d}t}=\dfrac{\partial\theta_y}{\partial V_z}\dfrac{\mathrm{d}V_z}{\mathrm{d}t}+\dfrac{\partial\theta_y}{\partial V_x}\dfrac{\mathrm{d}V_x}{\mathrm{d}t}\end{cases}$	$\begin{cases}\dfrac{\mathrm{d}^2\theta_x}{\mathrm{d}t^2}=\dfrac{\mathrm{d}^2\theta_x}{\mathrm{d}V_y^2}\left(\dfrac{\mathrm{d}V_y}{\mathrm{d}t}\right)^2+\dfrac{\mathrm{d}\theta_x}{\mathrm{d}V_y}\dfrac{\mathrm{d}^2V_y}{\mathrm{d}t^2}\\ \dfrac{\mathrm{d}^2\theta_y}{\mathrm{d}t^2}=\dfrac{\partial^2\theta_y}{\partial V_z^2}\left(\dfrac{\mathrm{d}V_z}{\mathrm{d}t}\right)^2+\dfrac{\partial^2\theta_y}{\partial V_x^2}\left(\dfrac{\mathrm{d}V_x}{\mathrm{d}t}\right)^2+2\dfrac{\partial^2\theta_y}{\partial V_x\partial V_z}\dfrac{\mathrm{d}V_x}{\mathrm{d}t}\dfrac{\mathrm{d}V_z}{\mathrm{d}t}\end{cases}$
7	$\begin{cases}\dfrac{\mathrm{d}\theta_z}{\mathrm{d}t}=\dfrac{\mathrm{d}\theta_z}{\mathrm{d}V_y}\dfrac{\mathrm{d}V_y}{\mathrm{d}t}\\ \dfrac{\mathrm{d}\theta_y}{\mathrm{d}t}=\dfrac{\partial\theta_y}{\partial V_x}\dfrac{\mathrm{d}V_x}{\mathrm{d}t}+\dfrac{\partial\theta_y}{\partial V_z}\dfrac{\mathrm{d}V_z}{\mathrm{d}t}\end{cases}$	$\begin{cases}\dfrac{\mathrm{d}^2\theta_z}{\mathrm{d}t^2}=\dfrac{\mathrm{d}^2\theta_z}{\mathrm{d}V_y^2}\left(\dfrac{\mathrm{d}V_y}{\mathrm{d}t}\right)^2+\dfrac{\mathrm{d}\theta_z}{\mathrm{d}V_y}\dfrac{\mathrm{d}^2V_y}{\mathrm{d}t^2}\\ \dfrac{\mathrm{d}^2\theta_y}{\mathrm{d}t^2}=\dfrac{\partial^2\theta_y}{\partial V_x^2}\left(\dfrac{\mathrm{d}V_x}{\mathrm{d}t}\right)^2+\dfrac{\partial^2\theta_y}{\partial V_z^2}\left(\dfrac{\mathrm{d}V_z}{\mathrm{d}t}\right)^2+2\dfrac{\partial^2\theta_y}{\partial V_x\partial V_z}\dfrac{\mathrm{d}V_x}{\mathrm{d}t}\dfrac{\mathrm{d}V_z}{\mathrm{d}t}\end{cases}$
8	$\begin{cases}\dfrac{\mathrm{d}\theta_x}{\mathrm{d}t}=\dfrac{\mathrm{d}\theta_x}{\mathrm{d}V_z}\dfrac{\mathrm{d}V_z}{\mathrm{d}t}\\ \dfrac{\mathrm{d}\theta_z}{\mathrm{d}t}=\dfrac{\partial\theta_z}{\partial V_x}\dfrac{\mathrm{d}V_x}{\mathrm{d}t}+\dfrac{\partial\theta_z}{\partial V_y}\dfrac{\mathrm{d}V_y}{\mathrm{d}t}\end{cases}$	$\begin{cases}\dfrac{\mathrm{d}^2\theta_x}{\mathrm{d}t^2}=\dfrac{\mathrm{d}^2\theta_x}{\mathrm{d}V_z^2}\left(\dfrac{\mathrm{d}V_z}{\mathrm{d}t}\right)^2+\dfrac{\mathrm{d}\theta_x}{\mathrm{d}V_z}\dfrac{\mathrm{d}^2V_z}{\mathrm{d}t^2}\\ \dfrac{\mathrm{d}^2\theta_z}{\mathrm{d}t^2}=\dfrac{\partial^2\theta_z}{\partial V_x^2}\left(\dfrac{\mathrm{d}V_x}{\mathrm{d}t}\right)^2+\dfrac{\partial^2\theta_z}{\partial V_y^2}\left(\dfrac{\mathrm{d}V_y}{\mathrm{d}t}\right)^2+2\dfrac{\partial^2\theta_z}{\partial V_x\partial V_y}\dfrac{\mathrm{d}V_x}{\mathrm{d}t}\dfrac{\mathrm{d}V_y}{\mathrm{d}t}\end{cases}$
9	$\begin{cases}\dfrac{\mathrm{d}\theta_x}{\mathrm{d}t}=\dfrac{\mathrm{d}\theta_x}{\mathrm{d}V_y}\dfrac{\mathrm{d}V_y}{\mathrm{d}t}\\ \dfrac{\mathrm{d}\theta_y}{\mathrm{d}t}=\dfrac{\partial\theta_y}{\partial V_z}\dfrac{\mathrm{d}V_z}{\mathrm{d}t}+\dfrac{\partial\theta_y}{\partial V_x}\dfrac{\mathrm{d}V_x}{\mathrm{d}t}\end{cases}$	$\begin{cases}\dfrac{\mathrm{d}^2\theta_x}{\mathrm{d}t^2}=\dfrac{\mathrm{d}^2\theta_x}{\mathrm{d}V_y^2}\left(\dfrac{\mathrm{d}V_y}{\mathrm{d}t}\right)^2+\dfrac{\mathrm{d}\theta_x}{\mathrm{d}V_y}\dfrac{\mathrm{d}^2V_y}{\mathrm{d}t^2}\\ \dfrac{\mathrm{d}^2\theta_y}{\mathrm{d}t^2}=\dfrac{\partial^2\theta_y}{\partial V_z^2}\left(\dfrac{\mathrm{d}V_z}{\mathrm{d}t}\right)^2+\dfrac{\partial^2\theta_y}{\partial V_x^2}\left(\dfrac{\mathrm{d}V_x}{\mathrm{d}t}\right)^2+2\dfrac{\partial^2\theta_y}{\partial V_x\partial V_z}\dfrac{\mathrm{d}V_x}{\mathrm{d}t}\dfrac{\mathrm{d}V_z}{\mathrm{d}t}\end{cases}$
10	$\begin{cases}\dfrac{\mathrm{d}\theta_x}{\mathrm{d}t}=\dfrac{\mathrm{d}\theta_x}{\mathrm{d}V_z}\dfrac{\mathrm{d}V_z}{\mathrm{d}t}\\ \dfrac{\mathrm{d}\theta_z}{\mathrm{d}t}=\dfrac{\partial\theta_z}{\partial V_x}\dfrac{\mathrm{d}V_x}{\mathrm{d}t}+\dfrac{\partial\theta_z}{\partial V_y}\dfrac{\mathrm{d}V_y}{\mathrm{d}t}\end{cases}$	$\begin{cases}\dfrac{\mathrm{d}^2\theta_x}{\mathrm{d}t^2}=\dfrac{\mathrm{d}^2\theta_x}{\mathrm{d}V_z^2}\left(\dfrac{\mathrm{d}V_z}{\mathrm{d}t}\right)^2+\dfrac{\mathrm{d}\theta_x}{\mathrm{d}V_z}\dfrac{\mathrm{d}^2V_z}{\mathrm{d}t^2}\\ \dfrac{\mathrm{d}^2\theta_z}{\mathrm{d}t^2}=\dfrac{\partial^2\theta_z}{\partial V_x^2}\left(\dfrac{\mathrm{d}V_x}{\mathrm{d}t}\right)^2+\dfrac{\partial^2\theta_z}{\partial V_y^2}\left(\dfrac{\mathrm{d}V_y}{\mathrm{d}t}\right)^2+2\dfrac{\partial^2\theta_z}{\partial V_x\partial V_y}\dfrac{\mathrm{d}V_x}{\mathrm{d}t}\dfrac{\mathrm{d}V_y}{\mathrm{d}t}\end{cases}$

续表

序数	旋转轴速度	旋转轴加速度
11	$\begin{cases}\dfrac{\mathrm{d}\theta_y}{\mathrm{d}t}=\dfrac{\mathrm{d}\theta_y}{\mathrm{d}V_x}\dfrac{\mathrm{d}V_x}{\mathrm{d}t}\\ \dfrac{\mathrm{d}\theta_x}{\mathrm{d}t}=\dfrac{\partial\theta_x}{\partial V_y}\dfrac{\mathrm{d}V_y}{\mathrm{d}t}+\dfrac{\partial\theta_x}{\partial V_z}\dfrac{\mathrm{d}V_z}{\mathrm{d}t}\end{cases}$	$\begin{cases}\dfrac{\mathrm{d}^2\theta_y}{\mathrm{d}t^2}=\dfrac{\mathrm{d}^2\theta_y}{\mathrm{d}V_x^2}\left(\dfrac{\mathrm{d}V_x}{\mathrm{d}t}\right)^2+\dfrac{\mathrm{d}\theta_y}{\mathrm{d}V_x}\dfrac{\mathrm{d}^2V_x}{\mathrm{d}t^2}\\ \dfrac{\mathrm{d}^2\theta_x}{\mathrm{d}t^2}=\dfrac{\partial^2\theta_x}{\partial V_y^2}\left(\dfrac{\mathrm{d}V_y}{\mathrm{d}t}\right)^2+\dfrac{\partial^2\theta_x}{\partial V_z^2}\left(\dfrac{\mathrm{d}V_z}{\mathrm{d}t}\right)^2+2\dfrac{\partial^2\theta_x}{\partial V_y\partial V_z}\dfrac{\mathrm{d}V_y}{\mathrm{d}t}\dfrac{\mathrm{d}V_z}{\mathrm{d}t}\end{cases}$
12	$\begin{cases}\dfrac{\mathrm{d}\theta_y}{\mathrm{d}t}=\dfrac{\mathrm{d}\theta_y}{\mathrm{d}V_z}\dfrac{\mathrm{d}V_z}{\mathrm{d}t}\\ \dfrac{\mathrm{d}\theta_z}{\mathrm{d}t}=\dfrac{\partial\theta_z}{\partial V_x}\dfrac{\mathrm{d}V_x}{\mathrm{d}t}+\dfrac{\partial\theta_z}{\partial V_y}\dfrac{\mathrm{d}V_y}{\mathrm{d}t}\end{cases}$	$\begin{cases}\dfrac{\mathrm{d}^2\theta_y}{\mathrm{d}t^2}=\dfrac{\mathrm{d}^2\theta_y}{\mathrm{d}V_z^2}\left(\dfrac{\mathrm{d}V_z}{\mathrm{d}t}\right)^2+\dfrac{\mathrm{d}\theta_y}{\mathrm{d}V_z}\dfrac{\mathrm{d}^2V_z}{\mathrm{d}t^2}\\ \dfrac{\mathrm{d}^2\theta_z}{\mathrm{d}t^2}=\dfrac{\partial^2\theta_z}{\partial V_x^2}\left(\dfrac{\mathrm{d}V_x}{\mathrm{d}t}\right)^2+\dfrac{\partial^2\theta_z}{\partial V_y^2}\left(\dfrac{\mathrm{d}V_y}{\mathrm{d}t}\right)^2+2\dfrac{\partial^2\theta_z}{\partial V_x\partial V_y}\dfrac{\mathrm{d}V_x}{\mathrm{d}t}\dfrac{\mathrm{d}V_y}{\mathrm{d}t}\end{cases}$

旋转轴速度和加速度连续的关键。因此，在五轴数控加工刀具姿态控制方法的研究中，实现加工中刀具姿态曲线的二阶连续对保证加工中旋转轴速度与加速度的连续性、提高加工表面光洁度和加工效率具有十分重要的意义。

参 考 文 献

[1] 杨旭静, 周元生, 陈泽忠, 等. 五轴数控加工中旋转轴运动引起的非线性误差分析及控制[J]. 机械工程学报, 2012, 48(3): 140-146.

[2] 朱利民, 丁汉, 熊有伦. 非球头刀宽行五轴数控加工自由曲面的三阶切触法(Ⅱ): 刀位规划算法[J]. 中国科学: 技术科学, 2010, 40(12): 1460-1467.

[3] 吴玉厚, 王凯, 姜庆凯, 等. 基于比磨削能的花岗岩内圆磨削的正交实验[J]. 沈阳建筑大学学报(自然科学版), 2009, 25(3): 556-560.

[4] Wan M, Liu Y, Xing W J, et al. Singularity avoidance for five-axis machine tools through introducing geometrical constraints[J]. International Journal of Machine Tools and Manufacture, 2018, 127(4): 1-13.

[5] 徐世昌, 杨文安, 鄢雪风. 五轴机床后处理非线性误差精确插补算法[J]. 机械制造与自动化, 2024, 53(6): 47-52.

[6] Zhang L, Lu J, Ou C Y, et al. Smoothing and compressing algorithm of toolpath with complex contour in NC machining[J]. The International Journal of Advanced Manufacturing Technology, 2023, 125(9): 4841-4854.

[7] 冯松涛, 吴玉厚, 侯宝佳, 等. 基于 VERICUT 的刀具切削参数的仿真优化[J]. 制造业自动化, 2010, 32(6): 47-49, 118.

[8] Hu Y F, Jiang X, Huo G Y, et al. Enhancing five-axis CNC toolpath smoothing: Overlap elimination with asymmetrical B-splines[J]. CIRP Journal of Manufacturing Science and Technology, 2024, 52(1): 36-57.

[9] Tang Q C, Yin S H, Chen F J, et al. Development of a postprocessor for head tilting-head rotation type five-axis machine tool with double limit rotation axis[J]. The International Journal of Advanced Manufacturing Technology, 2018, 97(9): 3523-3534.

[10] Lee C H, Yang F Z, Zhou H C, et al. Cross-directional feed rate optimization using tool-path surface[J]. The International Journal of Advanced Manufacturing Technology, 2020, 108(7): 2645-2660.

[11] Bagal D K, Parida B, Barua A. Multi-parametric optimization in CNC dry turning of chromoly steel using taguchi coupled desirability function analysis and utility concept[J]. International Journal of Advanced Materials Science, 2023, 14(1): 21-35.

第 5 章　异型石材制品五轴数控加工的指令点插补方法

异型石材制品曲面造型复杂，与三轴数控机床相比，五轴数控机床在该类制品加工中展现出明显的精度与效率优势。这主要得益于两个旋转轴的引入，使刀具姿态可动态调整，从而提升加工区域可达性并有效避免局部干涉问题[1-3]。然而，旋转轴的增加也导致指令点插补复杂度显著上升，如何针对石材加工特性选择最优插补方法，逐渐成为发挥石材制品五轴数控加工潜力需要解决的关键问题。

本章首先介绍在五轴数控加工中得到广泛应用的指令点插补方法——线性插补方法。该方法采用线性插值的方式对旋转轴指令点进行密化，确定旋转轴的运动过程，从而实现刀具姿态控制。这种插补方式实现过程简单，但会导致刀具偏离加工所要求的平面，带来非线性误差问题。基于此，本章提出基于平面刀具姿态控制的指令点插补方法。该方法能够令刀轴矢量运动形成的曲面与首末端点处刀轴矢量确定的平面重合，避免产生刀具姿态误差，显著提高加工精度。然而，该方法无法保证刀具姿态曲线的二阶连续，进而带来旋转轴速度和加速度不连续等现象。为解决这一问题，本章进一步构建刀具姿态平滑插值模型，从而确保刀具姿态曲线在 X、Y、Z 方向各分量及其一、二阶导数连续，并据此开发新型指令点插补方法。此外，针对复杂零件设计中常见的圆锥面-参数曲线复合轮廓，本章还提出一种基于圆锥面刀具姿态控制的指令点插补方法。

锯切具有加工效率高、切割速度快等优势，是石材制品数控机床的一种独特加工形式。然而，与数控车、铣加工刀具相比，圆锯片刀具结构特殊，无法直接应用传统指令点插补方法完成切割。目前，圆锯片刀具仅局限于直线加工场景，限制了其加工潜力的进一步发挥。为此，本章针对圆柱直纹面和椭圆柱直纹面的不同几何特征，提出相应的指令点插补方法，在保证加工精度的同时，显著拓展圆锯片的加工应用范围。

5.1　线性插补方法

对于 CAD/CAM 系统生成的一段待加工轨迹，其首末端点处刀尖点位置和刀轴矢量可分别记为 $\boldsymbol{P}_k$、$\boldsymbol{P}_{k+1}$ 和 $\boldsymbol{V}_k$、$\boldsymbol{V}_{k+1}$。根据加工机床的具体结构建立运动学模型后，可将工件坐标系下刀尖点位置和刀轴矢量坐标转换为机床五轴位置坐标[X_k

$Y_k \quad Z_k \quad R_{1,k} \quad R_{2,k}]^{\mathrm{T}}$ 和$[X_{k+1} \quad Y_{k+1} \quad Z_{k+1} \quad R_{1,k+1} \quad R_{2,k+1}]^{\mathrm{T}}$，生成如下程序段：

N0100　XX_k　YY_k　ZZ_k　$R_1R_{1,k}$　$R_2R_{2,k}$；

N0110　G01　XX_{k+1}　YY_{k+1}　ZZ_{k+1}　$R_1R_{1,k+1}$　$R_2R_{2,k+1}$；

将上述程序段输入数控系统后，由系统的插补模块确定各插补周期机床轴位置坐标，完成该段轨迹的加工。在五轴数控系统插补模块中，线性插补是较为常用的轨迹控制方法，该方法多通过三轴扩展或直接计算的方式实现[4-6]。下面将对这两种实现方式分别进行介绍。

1. 三轴扩展方式

当采用三轴扩展方式实现待加工轨迹的线性插补时，机床轴在各插补周期的位置坐标可通过以下过程确定。

(1) 计算线性轴由 $\boldsymbol{P}_k=[X_k \quad Y_k \quad Z_k]^{\mathrm{T}}$ 运动到 $\boldsymbol{P}_{k+1}=[X_{k+1} \quad Y_{k+1} \quad Z_{k+1}]^{\mathrm{T}}$ 的轨迹长度 L_k：

$$L_k = \sqrt{\left(X_k - X_{k+1}\right)^2 + \left(Y_k - Y_{k+1}\right)^2 + \left(Z_k - Z_{k+1}\right)^2} \tag{5.1}$$

(2) 计算机床各轴位置坐标进给比例系数：

$$\begin{cases} K_{k,x} = \dfrac{X_{k+1} - X_k}{L_k} \\ K_{k,y} = \dfrac{Y_{k+1} - Y_k}{L_k} \\ K_{k,z} = \dfrac{Z_{k+1} - Z_k}{L_k} \\ K_{k,1} = \dfrac{R_{1,k+1} - R_{1,k}}{L_k} \\ K_{k,2} = \dfrac{R_{2,k+1} - R_{2,k}}{L_k} \end{cases} \tag{5.2}$$

(3) 根据机床进给速度 F 和插补周期 T 计算得到第 i 个插补周期插补点距程序段端点的距离 $D_{k,i}$：

$$\begin{cases} D_{k,0} = 0 \\ D_{k,i} = iFT, \quad i = 1, 2, \cdots, n-1 \\ D_{k,n} = L_k \end{cases} \tag{5.3}$$

(4) 根据机床各轴位置坐标进给比例系数得到第 i 个插补周期插补点的位置

坐标：

$$
\begin{cases}
X_{k,i} = X_k + D_{k,i}K_{k,x} \\
Y_{k,i} = Y_k + D_{k,i}K_{k,y} \\
Z_{k,i} = Z_k + D_{k,i}K_{k,z} \\
R_{k,1,i} = R_{1,k} + D_{k,i}K_{k,1} \\
R_{k,2,i} = R_{2,k} + D_{k,i}K_{k,2}
\end{cases}
\tag{5.4}
$$

2. 直接计算方式

除三轴扩展方式外，还可通过直接计算的方式实现五轴线性插补。采用直接计算方式计算机床五个运动轴各插补周期的位置坐标时，整个插补过程可划分为下述几个步骤。

(1) 代入加工一个程序段所需时间 t 和插补周期 T，得到完成该段轨迹加工所需插补周期个数 n：

$$
n = \frac{t}{T}
\tag{5.5}
$$

(2) 求得各机床轴在一个插补周期内的移动距离：

$$
\begin{cases}
\Delta X = \dfrac{X_{k+1} - X_k}{n} \\
\Delta Y = \dfrac{Y_{k+1} - Y_k}{n} \\
\Delta Z = \dfrac{Z_{k+1} - Z_k}{n} \\
\Delta R_1 = \dfrac{R_{1,k+1} - R_{1,k}}{n} \\
\Delta R_2 = \dfrac{R_{2,k+1} - R_{2,k}}{n}
\end{cases}
\tag{5.6}
$$

(3) 计算第 i 个插补周期插补点的位置坐标：

$$
\begin{cases}
X_{k,i} = X_k + i\Delta X \\
Y_{k,i} = Y_k + i\Delta Y \\
Z_{k,i} = Z_k + i\Delta Z \qquad , \quad i = 1, 2, \cdots, n \\
R_{k,1,i} = R_{1,k} + i\Delta R_1 \\
R_{k,2,i} = R_{2,k} + i\Delta R_2
\end{cases}
\tag{5.7}
$$

综上所述，无论采用何种方式实现由$[X_k \quad Y_k \quad Z_k \quad R_{1,k} \quad R_{2,k}]^{\mathrm{T}}$到$[X_{k+1} \quad Y_{k+1} \quad Z_{k+1} \quad R_{1,k+1} \quad R_{2,k+1}]^{\mathrm{T}}$轨迹段的线性插补，机床各轴指令点的变化均可表示为

$$\begin{bmatrix} X_{k,i} \\ Y_{k,i} \\ Z_{k,i} \\ R_{k,1,i} \\ R_{k,2,i} \end{bmatrix} = (1-u)\begin{bmatrix} X_k \\ Y_k \\ Z_k \\ R_{1,k} \\ R_{2,k} \end{bmatrix} + u\begin{bmatrix} X_{k+1} \\ Y_{k+1} \\ Z_{k+1} \\ R_{1,k+1} \\ R_{2,k+1} \end{bmatrix}, \quad 0 \leqslant u \leqslant 1 \tag{5.8}$$

由于刀轴矢量与旋转轴位置间存在非线性关系，直接对旋转轴位置坐标进行线性插值会带来刀轴矢量的非线性运动，引起刀具姿态误差，进而导致刀尖点偏离加工轨迹，产生非线性误差。

5.2　基于平面刀具姿态控制的指令点插补方法

当采用线性插补方法实现五轴数控加工时，刀具会偏离首末刀轴矢量确定的平面，带来非线性误差，影响加工精度。本节通过对五轴数控加工刀具姿态控制方法进行研究，建立一种能够保证加工中刀轴矢量始终在所要求平面上运动的平面刀具姿态控制模型，并在该模型的基础上提出一种指令点插补方法。该方法主要由四个功能模块组成，分别是刀具轨迹规划模块、坐标系转换模块、中间指令点拟合模块以及实时插补模块。图 5.1 为基于平面刀具姿态控制的指令点插补方法功能模块图。

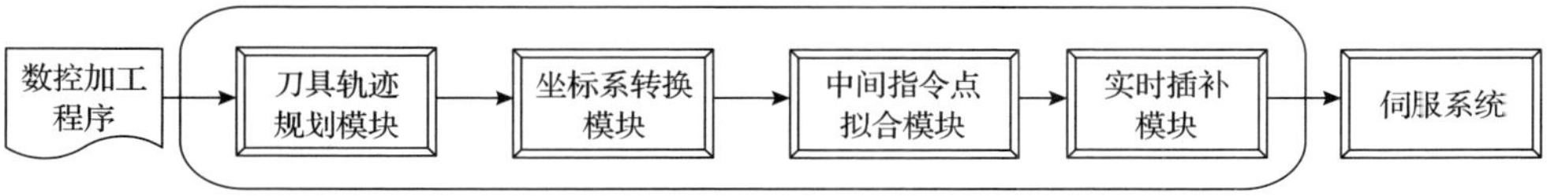

图 5.1　基于平面刀具姿态控制的指令点插补方法功能模块图

5.2.1　刀具轨迹规划模块

1. 刀具轨迹规划模块的功能

在基于平面刀具姿态控制的指令点插补方法中，刀具轨迹规划模块是核心内容。该模块针对任意类型工件的五轴数控加工运动控制过程中所需考虑的两个首要问题——刀尖点轨迹的控制和对应刀轴矢量的确定，分别对工件坐标系下相邻两个刀尖点的位置和对应的刀轴矢量进行计算，获得刀尖点位置坐标和对应的刀轴矢量，从而实现对刀尖点轨迹和刀轴矢量的控制。在刀轴矢量的控制过程中，

该模块根据所提出的平面刀具姿态控制模型，依据首末刀轴矢量建立一个局部旋转坐标系，加工过程中的刀轴矢量可以在已建立的局部旋转坐标系中通过对首末刀轴矢量插值得到。与传统线性插补方法得到的刀轴矢量不同，采用该方法得到的刀轴矢量能够满足以下条件：

(1) 加工过程中的刀轴矢量始终在程序段首末端点处刀轴矢量确定的平面上。

(2) 首末端点处的刀轴矢量等于给定的首末刀轴矢量。

(3) 加工过程中的刀轴矢量与首端点处刀轴矢量间的角度呈线性变化。

上述条件限定刀具始终在首末端点处刀轴矢量确定的平面上，避免刀具偏离期望的加工平面，使刀具偏离产生的非线性误差为零，对加工精度的提高具有显著的作用。

2. 刀具轨迹规划模块的实现

对于刀位文件中两段相邻的刀位数据[$\boldsymbol{P}_k \quad \boldsymbol{V}_k$]和[$\boldsymbol{P}_{k+1} \quad \boldsymbol{V}_{k+1}$]，刀具轨迹规划模块采用线性插值方式确定刀尖点从该段段首位置 $\boldsymbol{P}_k=[X_k \quad Y_k \quad Z_k]^{\mathrm{T}}$ 到段末位置 $\boldsymbol{P}_{k+1}=[X_{k+1} \quad Y_{k+1} \quad Z_{k+1}]^{\mathrm{T}}$ 的运动过程：

$$\begin{cases} X_{k,i} = (1-u_i)X_k + u_i X_{k+1} \\ Y_{k,i} = (1-u_i)Y_k + u_i Y_{k+1} \\ Z_{k,i} = (1-u_i)Z_k + u_i Z_{k+1} \\ u_i = \dfrac{i}{n}, \qquad i = 0,1,\cdots,n \end{cases} \tag{5.9}$$

为避免非线性误差的产生，必须保证加工中刀轴矢量运动形成的曲面与首末刀轴矢量确定的平面重合，即刀轴矢量运动形成的曲面就是首末刀轴矢量确定的平面[7]。为此，该模块首先根据首末刀轴矢量建立局部旋转坐标系，对于插值过程中得到的每个刀尖点位置坐标，其所对应的刀轴矢量可在该局部旋转坐标系中用与段首刀轴矢量 $\boldsymbol{V}_k$ 所成的角度唯一表示。

如图 5.2 所示，对于首末端点处刀轴矢量 $\boldsymbol{V}_k$ 和 $\boldsymbol{V}_{k+1}$，可建立局部旋转坐标系 $O\boldsymbol{V}_k\boldsymbol{W}_k\boldsymbol{N}_k$：

$$\boldsymbol{N}_k = \frac{\boldsymbol{V}_k \times \boldsymbol{V}_{k+1}}{\left\| \boldsymbol{V}_k \times \boldsymbol{V}_{k+1} \right\|} \tag{5.10}$$

$$\boldsymbol{W}_k = \frac{\boldsymbol{N}_k \times \boldsymbol{V}_k}{\left\| \boldsymbol{N}_k \times \boldsymbol{V}_k \right\|} \tag{5.11}$$

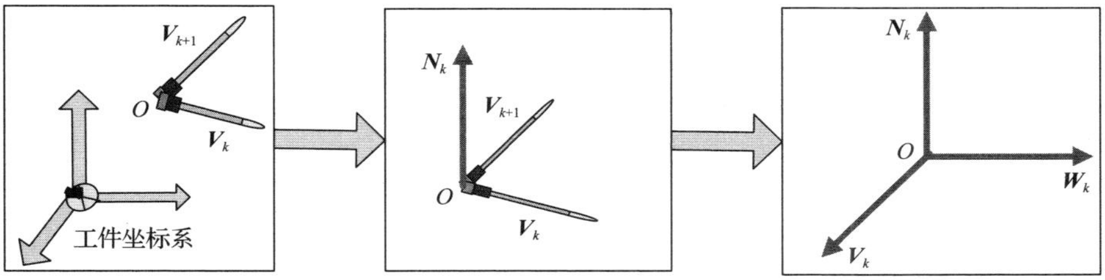

图 5.2　局部旋转坐标系 $OV_kW_kN_k$ 建立过程

为使加工中刀轴矢量只在首末刀轴矢量确定的平面 V_k-W_k 上变化，将插补过程中的刀轴矢量 $U_{k,i}$ 表示为

$$U_{k,i}=U(\phi_{k,i})=\sin\phi_{k,i}W_k+\cos\phi_{k,i}V_k,\quad i=0,1,\cdots,n \tag{5.12}$$

式中，$\phi_{k,i}$ 为位于首末刀轴矢量间的刀轴矢量 $U_{k,i}$ 与段首刀轴矢量 V_k 所形成的角度，可表示为以 u_i 为路径参数的多项式：

$$\phi_{k,i}=\phi_k(u_i)=\sum_{j=0}^{n}a_{k,j}u_i^j,\quad 0\leqslant u_i\leqslant 1 \tag{5.13}$$

为使式(5.12)所示函数在首末端点处的刀轴矢量等于给定的首末刀轴矢量 V_k 和 V_{k+1}，令式(5.13)在 u_i=0 和 1 时取得首末刀轴矢量所对应 $\phi_{k,i}$ 值：

$$\begin{cases}\phi_k(u_i)=0, & u_i=0\\ \phi_k(u_i)=\phi_{ke}=\arccos\dfrac{V_k\cdot V_{k+1}}{\|V_k\|\|V_{k+1}\|}, & u_i=1\end{cases} \tag{5.14}$$

为使刀轴矢量与段首刀轴矢量间角度 $\phi_{k,i}$ 与参数 u_i 满足线性关系，将 $\phi_{k,i}$ 表示为 $\phi_{ke}u_i$，则刀轴矢量插补方程为

$$\begin{cases}U(\phi_{k,i})=\sin(\phi_{ke}u_i)W_k+\cos(\phi_{ke}u_i)V_k\\ u_i=\dfrac{i}{n},\quad i=0,1,\cdots,n\end{cases} \tag{5.15}$$

对于任意 u_i，可根据式(5.9)和式(5.15)计算对应的刀尖点位置坐标和刀轴矢量，得到刀位点 W_i=[X_i　Y_i　Z_i　$U_{x,i}$　$U_{y,i}$　$U_{z,i}$]，从而得到工件坐标系下的点集 W，实现对两相邻刀位数据[P_k　V_k]和[P_{k+1}　V_{k+1}]的插值。

5.2.2 坐标系转换模块

1. 坐标系转换模块的功能

在刀位文件中，刀具的空间位置根据工件坐标系下的刀尖点位置坐标和刀轴矢量确定。当依据该刀位文件进行加工时，通过改变机床坐标系下三个线性轴和两个旋转轴的位置坐标驱动刀具运动，进而实现刀具空间位置的转变。因此，当刀具轨迹规划模块确定了两相邻刀位数据的插值，得到了工件坐标系下刀尖点位置坐标点集和对应刀轴矢量后，坐标系转换模块所需解决的问题就是怎样由工件坐标系下刀具位置坐标确定机床坐标系下各轴运动坐标。在坐标系转换模块中，将进行根据机床结构建立机床运动学方程的工作，实现刀具空间位置坐标到机床坐标系下对应轴运动坐标的转换。

2. 坐标系转换模块的实现

以 *AC* 双转台型五轴数控机床为例对该模块的实现过程进行说明，对于其他结构五轴数控机床也存在类似的过程。对于 *AC* 双转台型五轴数控机床，可建立如图 5.3 所示的运动坐标系。其中，$O_WX_WY_WZ_W$ 为与工件固联的工件坐标系，原点 O_W 位于工件中心点上；刀具坐标系 $O_tX_tY_tZ_t$ 与刀具固连，原点 O_t 位于刀具中心点上；坐标系 $O_MX_MY_MZ_M$ 与定轴 A 固连，$\boldsymbol{r}_m=[m_x \quad m_y \quad m_z]^T$ 为原点 O_M 在工件坐标系的位置矢量。

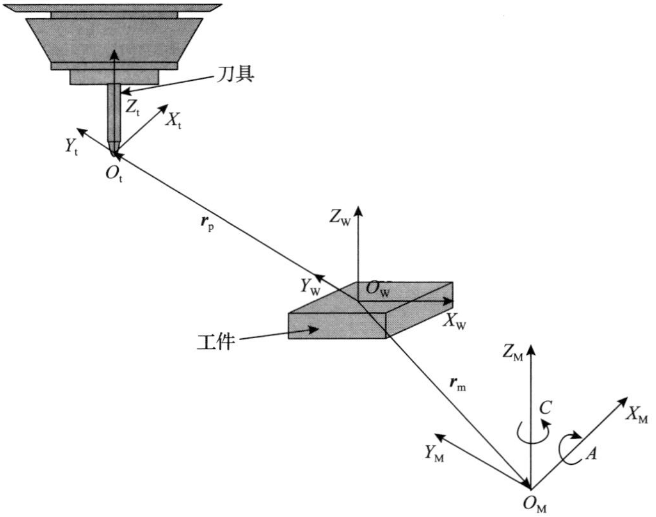

图 5.3　*AC* 双转台型机床各运动坐标系的建立

建立运动坐标系后，计算工件坐标系下任意刀位点 $\boldsymbol{W}_i=[\boldsymbol{P}_i \quad \boldsymbol{V}_i]\,(i=0,1,\cdots,n)$

对应的机床各轴位置 $\boldsymbol{M}_i=[M_{x,i} \quad M_{y,i} \quad M_{z,i} \quad A_i \quad C_i]^{\mathrm{T}}$：

$$\begin{cases} M_{x,i}=(X_i-m_x)\cos C_i-(Y_i-m_y)\sin C_i+m_x \\ M_{y,i}=(X_i-m_x)\cos A_i\sin C_i-(Y_i-m_y)\cos A_i\cos C_i-(Z_i-m_z)\sin A_i+m_y \\ M_{z,i}=(X_i-m_x)\sin A_i\sin C_i+(Y_i-m_y)\sin A_i\sin C_i+(Z_i-m_z)\cos A_i+m_z \end{cases} \tag{5.16}$$

式中，A_i 和 C_i 为机床坐标系下两旋转轴的旋转角度，可根据工件坐标系下刀轴矢量 $\boldsymbol{V}_i=[V_{x,i} \quad V_{y,i} \quad V_{z,i}]^{\mathrm{T}}$ 确定。

$$\begin{cases} A_i=\arccos V_{z,i} \\ C_i=\arctan\dfrac{V_{x,i}}{V_{y,i}} \end{cases} \tag{5.17}$$

5.2.3 中间指令点拟合模块

1. 中间指令点拟合模块的功能

在坐标系转换模块中得到了机床坐标系下点 $\boldsymbol{M}_i=[M_{x,i} \quad M_{y,i} \quad M_{z,i} \quad A_i \quad C_i]^{\mathrm{T}}$ 形成的集合 $\boldsymbol{M}$，若直接采用离散直线段对所形成的刀具轨迹进行逼近，会使得代码段数目随加工精度要求的提高而不断增多，加大数控系统的存储负担；此外，离散直线段会破坏待加工曲线的连续性，带来机床各轴速度和加速度的不连续。为避免上述问题，在中间指令点拟合模块中将集合 $\boldsymbol{M}$ 中的一系列离散指令点 $\boldsymbol{M}_i$ 拟合为一条光滑的 NURBS 曲线，具体拟合过程如下所述。

2. 中间指令点拟合模块的实现

1) NURBS 曲线介绍

NURBS 曲线 $\boldsymbol{C}(u)$ 可表示为分段有理多项式函数，其分子和分母分别为参数多项式和多项式函数[8]：

$$\boldsymbol{C}(u)=\frac{\sum_{i=0}^{n}N_{i,k}(u)w_i\boldsymbol{P}_i}{\sum_{i=0}^{n}N_{i,k}(u)w_i} \tag{5.18}$$

式中，$\boldsymbol{P}_i$ 为控制顶点，依次连接 $\boldsymbol{P}_i$ 可得到该 NURBS 曲线的控制多边形；w_i 为与控制顶点 $\boldsymbol{P}_i$ 相关的权或权因子，规定与首末顶点 $\boldsymbol{P}_i$ 相关的权因子为正数，其余权因子为非负数；$N_{i,k}(u)$ 为根据 de Boor-Cox 递推公式所确定的以节点矢量 $[u_i \quad u_{i+1} \quad \cdots \quad u_{i+k}]$ 为参数的 k 次 NURBS 基函数：

$$\begin{cases} N_{i,0}(u) = \begin{cases} 1, & u_i \leqslant u < u_{i+1} \\ 0, & \text{其他} \end{cases} \\ N_{i,k}(u) = \dfrac{u - u_i}{u_{i+k} - u_i} N_{i,k-1}(u) + \dfrac{u_{i+k+1} - u}{u_{i+k+1} - u_{i+1}} N_{i+1,k-1}(u) \end{cases} \tag{5.19}$$

由式(5.19)可知，当参数 u 不属于区间 $[u_i, u_{i+1})$ 时，其所对应基函数 $N_{i,k}(u)$ 值为 0。

综上所述，NURBS 曲线由控制顶点、权因子和节点矢量共同决定。为简化运算过程，假定该 NURBS 曲线所有权因子均为 1，如何确定节点矢量和控制顶点坐标成为确定经过机床坐标系下点集 $\boldsymbol{M}$ 的 NURBS 曲线表达式的关键。下面将对节点矢量和控制顶点坐标的确定过程分别进行介绍。

2）节点矢量的生成

为各个离散指令点设定对应的参数，完成中间指令点的参数化，是对中间离散指令点进行拟合前所需解决的问题。各个离散指令点对应的参数值应能体现离散指令点拟合曲线的折拐情况，以获得更好的拟合效果。在本部分中，采用向心参数化方法确定离散指令点 $\boldsymbol{M}_i$ 对应的参数 t_i：

$$\begin{cases} t_0 = 0 \\ t_i = t_{i-1} + \dfrac{\sqrt{\left\| \boldsymbol{M}_{i-1}\boldsymbol{M}_i \right\|}}{\sum\limits_{j=1}^{n} \sqrt{\left\| \boldsymbol{M}_{j-1}\boldsymbol{M}_j \right\|}}, \quad i = 1, 2, \cdots, n-1 \\ t_n = 1 \end{cases} \tag{5.20}$$

对于 k 次 NURBS 曲线，其两端节点值分别取 0 和 1，节点重复度为 $k+1$，即

$$u_i = \begin{cases} 0, & i = 0, 1, \cdots, k \\ 1, & i = n+1, n+2, \cdots, n+k+1 \end{cases} \tag{5.21}$$

其余节点值为

$$u_i = \frac{1}{k} \sum_{i=j}^{j+k-1} t_i, \quad j = k+1, k+2, \cdots, n \tag{5.22}$$

3）控制点生成

当根据式(5.20)～式(5.22)得到各离散指令点对应的参数值和节点矢量后，如何确定拟合曲线的控制顶点坐标就成为下面需解决的问题。要使离散指令点集合 $\boldsymbol{M}$ 中的各点均位于拟合后的 NURBS 曲线上，有

$$\boldsymbol{M}_k^{\mathrm{T}} = \boldsymbol{C}(t_k) = \sum_{i=0}^{n} N_{i,p}(t_k)\boldsymbol{P}_i^{\mathrm{T}} \tag{5.23}$$

即

$$\begin{bmatrix} N_{0,p}(t_0) & N_{1,p}(t_0) & \cdots & N_{n,p}(t_0) \\ N_{0,p}(t_1) & N_{1,p}(t_1) & \cdots & N_{n,p}(t_1) \\ \vdots & \vdots & & \vdots \\ N_{0,p}(t_n) & N_{1,p}(t_n) & \cdots & N_{n,p}(t_n) \end{bmatrix} \begin{bmatrix} \boldsymbol{P}_0^{\mathrm{T}} \\ \boldsymbol{P}_1^{\mathrm{T}} \\ \vdots \\ \boldsymbol{P}_n^{\mathrm{T}} \end{bmatrix} = \begin{bmatrix} \boldsymbol{M}_0^{\mathrm{T}} \\ \boldsymbol{M}_1^{\mathrm{T}} \\ \vdots \\ \boldsymbol{M}_n^{\mathrm{T}} \end{bmatrix} \tag{5.24}$$

式中，基函数 $N_{i,k}(u)$ 的值可根据式(5.19)计算。

对式(5.23)进行求解得到控制顶点 $\boldsymbol{P}_i$ 的坐标值，进而将离散指令点集合 $\boldsymbol{M}$ 拟合为一条光滑的 NURBS 曲线。

5.2.4　实时插补模块

1. 实时插补模块的功能

在实时插补模块中，根据当前位置点坐标和进给速度，确定下一插补周期插补点的位置。在 NURBS 曲线的实时插补中，该问题转换为如何根据当前位置点坐标所对应的 NURBS 曲线参数 u_{i-1} 得到经过一个插补周期后对应的曲线参数 u_i。当确定该参数值后，机床三个线性轴和两个旋转轴在下一插补周期的位置就可以确定，它们的值就是 NURBS 曲线上该参数对应的值。

2. 实时插补功能模块的实现

当得到 NURBS 曲线 $\boldsymbol{C}(u)$ 后，若第 i–1 个插补周期规划好的进给速度和加速度分别为 F_{i-1} 和 A_{i-1}，且数控系统插补周期为 T，则第 i 个插补周期插补点所对应的参数 u_i 可通过将 NURBS 曲线参数 u 对时间 t 求导并进行二阶泰勒级数展开获得[9]：

$$u_i = u_{i-1} + \frac{F_{i-1}T}{\left\|\boldsymbol{C}'(u_{i-1})\right\|} + \frac{T^2}{2}\left(\frac{A_{i-1}}{2\left\|\boldsymbol{C}'(u_{i-1})\right\|} - \frac{F_{i-1}^2\left\|\boldsymbol{C}'(u_{i-1})\right\|\left\|\boldsymbol{C}''(u_{i-1})\right\|}{2\left\|\boldsymbol{C}'(u_{i-1})\right\|^2}\right) \tag{5.25}$$

式中，$\boldsymbol{C}'(u_{i-1})$ 和 $\boldsymbol{C}''(u_{i-1})$ 分别为 $\boldsymbol{C}(u)$ 在 u_{i-1} 处的一、二阶导数；u_{i-1} 为第 i–1 个插补周期插补点所对应的参数值。

将各变量数值代入式(5.25)，可求得第 i 个插补周期插补点所对应的参数值，即可得到第 i 个插补周期插补点的位置坐标。

5.2.5 实例验证及分析

为验证基于平面刀具姿态控制的指令点插补方法的有效性，对叶轮叶片进行了试验验证。在试验中，设定机床插补周期为 2ms，编程进给速度为 1000mm/min，最大轮廓误差为 0.03mm，进给轴最大加速度为 $1000mm/s^2$，旋转轴最大加速度为 $1000mm/s^2$，分别采用基于平面刀具姿态控制的指令点插补方法和线性插补方法对叶轮进行加工，并对加工时产生的误差进行对比。图 5.4 为待加工叶轮三维模型。

图 5.4 待加工叶轮三维模型

采用基于平面刀具姿态控制的指令点插补方法进行加工得到的刀尖点轨迹如图 5.5 所示。为比较该方法与线性插补方法在加工中产生的轮廓误差，对图 5.5 中的曲线 1 进行了轮廓误差分析。图 5.6 为轮廓误差。试验结果表明，采用线性插补方法进行加工时不能满足数控系统设置的最大轮廓误差要求，需要密化指令点

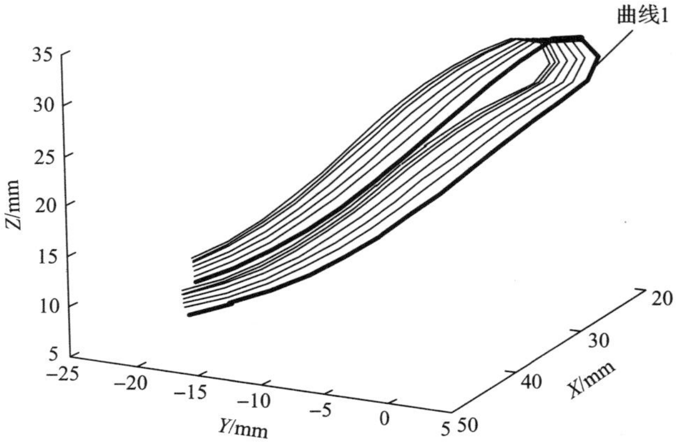

图 5.5 刀尖点轨迹

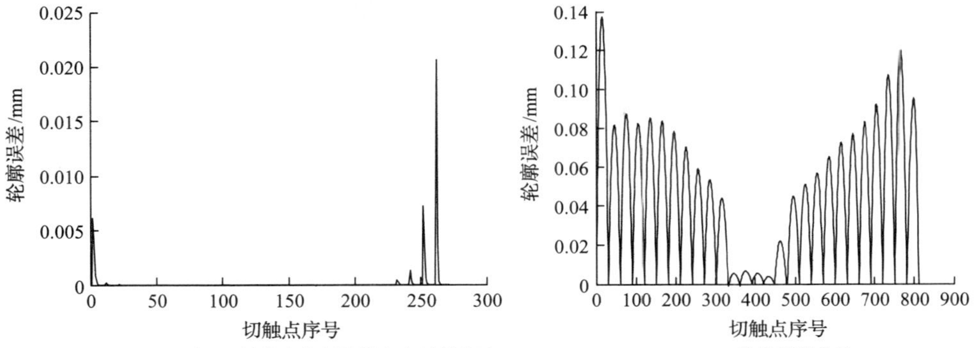

(a) 基于平面刀具姿态控制的指令点插补方法　(b) 线性插补方法

图 5.6　轮廓误差

以减少非线性误差的产生；而采用基于平面刀具姿态控制的指令点插补方法进行加工时可将曲线的轮廓误差控制在 0.022mm 内，显著提高了加工精度。

采用线性插补方法和基于平面刀具姿态控制的指令点插补方法对刀尖点轨迹曲线 1 进行加工的效果图分别如图 5.7 和图 5.8 所示。可以看出，采用线性插补方法进行加工时，刀轴矢量偏离了首末刀轴矢量确定的平面，在空间中发生了翻转，导致产生的刀尖点轨迹也不是所设定的直线，更不在要求的平面上，而是空间中的一条曲线。采用基于平面刀具姿态控制的指令点插补方法进行加工时，刀轴矢量运动形成的曲面与首末刀轴矢量确定的平面重合，与之对应的刀尖点轨迹始终在首末指令点确定的直线上。对比发现，基于平面刀具姿态控制的指令点插补方法能够显著提高加工精度，原因是该方法能够保证加工中刀轴矢量始终在所要求的平面上变化。

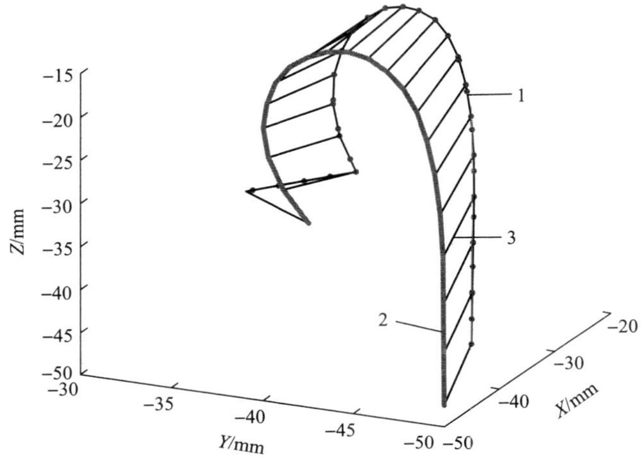

图 5.7　线性插补方法效果图

1. 刀轴矢量末端连线；2. 刀尖点轨迹；3. 刀轴矢量

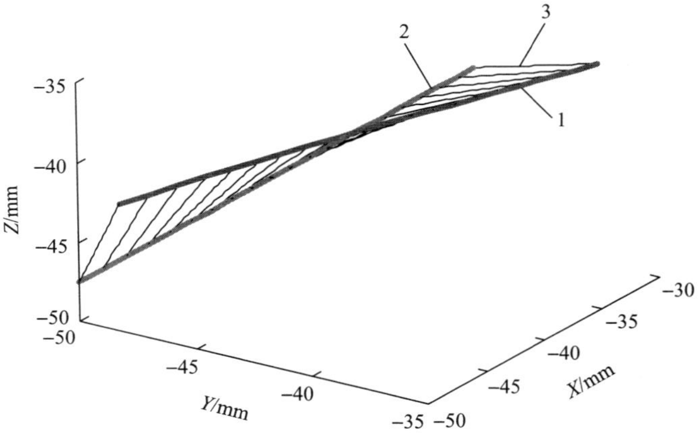

图 5.8　基于平面刀具姿态控制的指令点插补方法效果图

1. 刀轴矢量末端连线；2. 刀尖点轨迹；3. 刀轴矢量

分别采用线性插补方法和基于平面刀具姿态控制的指令点插补方法对图 5.4 所示叶轮叶片上任一刀尖点轨迹曲线上相邻两段指令点进行加工时产生的刀具姿态曲线在 X、Y、Z 方向分量及其一、二阶导数曲线图如图 5.9 所示。可以看出，这两种插补方法均无法保证加工中刀具姿态曲线在 X、Y、Z 方向分量及其一、二阶导数的连续性。

针对不同结构机床进行分析，得到工件坐标系下刀轴矢量与机床坐标系下旋转轴间一、二阶导数的关系后，对这些关系进行归纳，发现刀具姿态曲线在 X、Y、Z 方向上的各分量及其一、二阶导数的不连续会导致两程序段交点处旋转轴速度和加速度的不连续，带来旋转轴速度在两程序段交点处的大幅波动。图 5.10 为旋转轴位置、速度及加速度曲线。

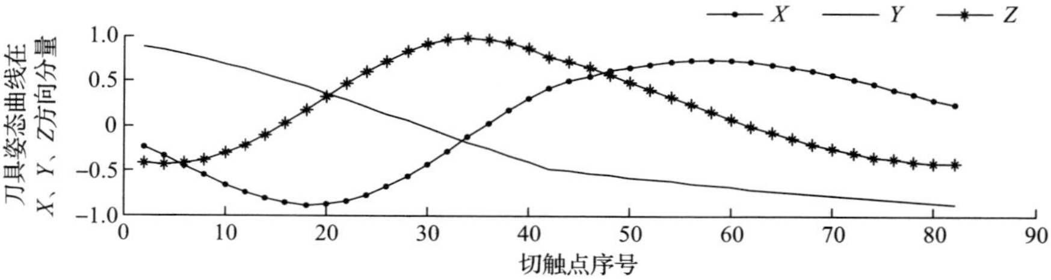

(a1) 刀具姿态曲线在X、Y、Z方向分量

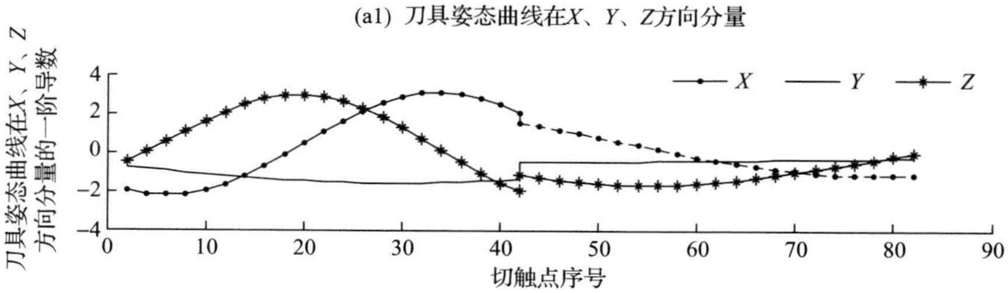

(a2) 刀具姿态曲线在X、Y、Z方向分量的一阶导数

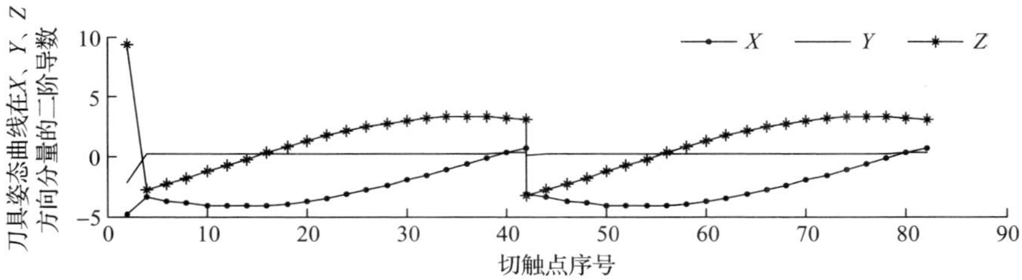

(a3) 刀具姿态曲线在 X、Y、Z 方向分量的二阶导数

(a) 线性插补方法

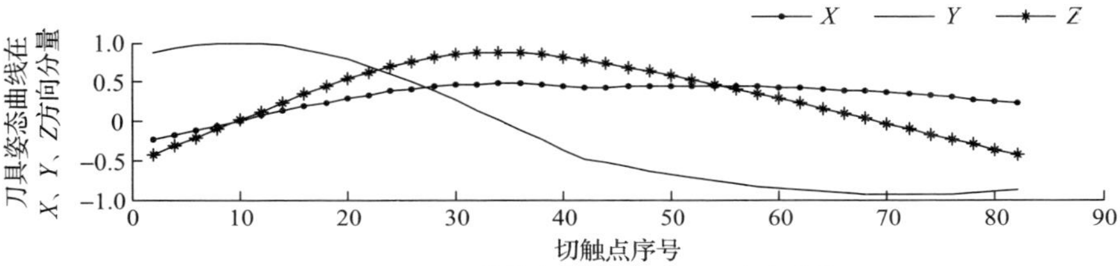

(b1) 刀具姿态曲线在 X、Y、Z 方向分量

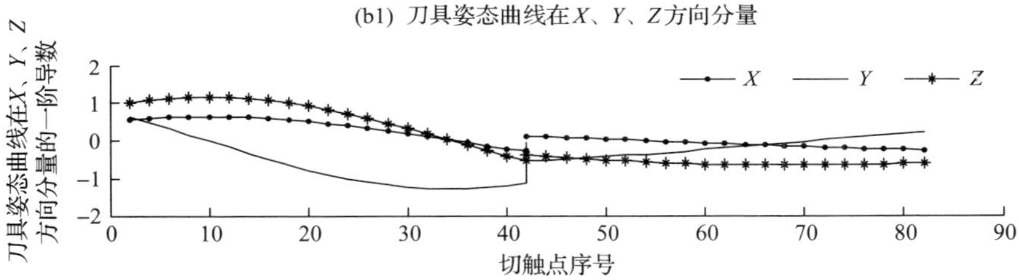

(b2) 刀具姿态曲线在 X、Y、Z 方向分量的一阶导数

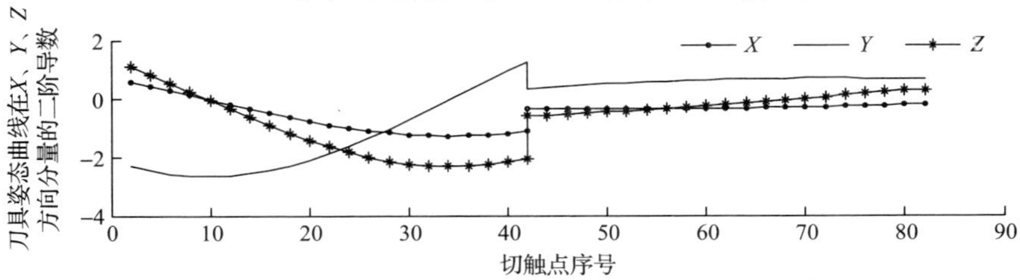

(b3) 刀具姿态曲线在 X、Y、Z 方向分量的二阶导数

(b) 基于平面刀具姿态控制的指令点插补方法

图 5.9　刀具姿态曲线在 X、Y、Z 方向分量及其一、二阶导数曲线图(线性插补方法和基于平面刀具姿态控制的指令点插补方法)

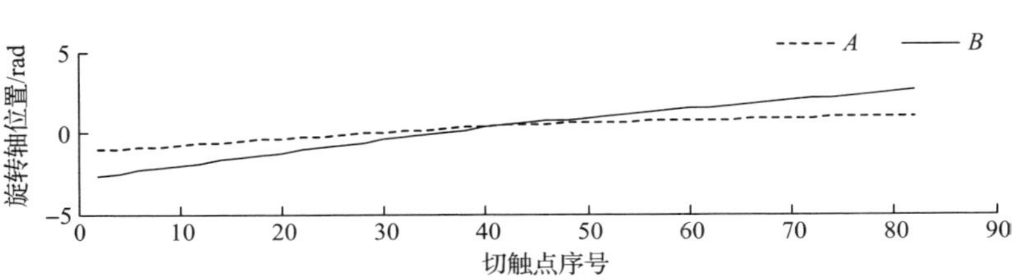

(a1) 旋转轴位置

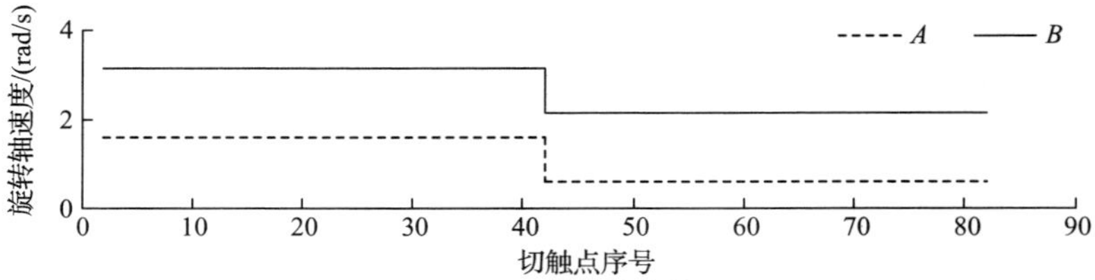

(a2) 旋转轴速度

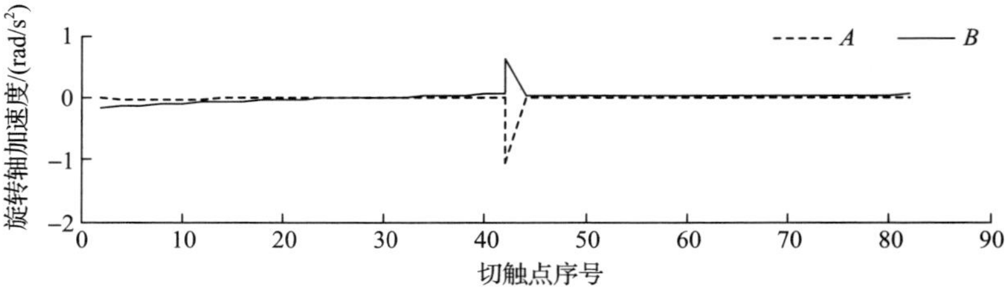

(a3) 旋转轴加速度

(a) 线性插补方法

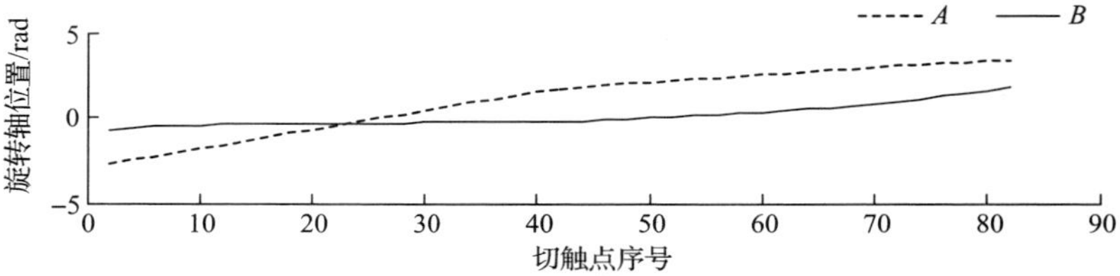

(b1) 旋转轴位置

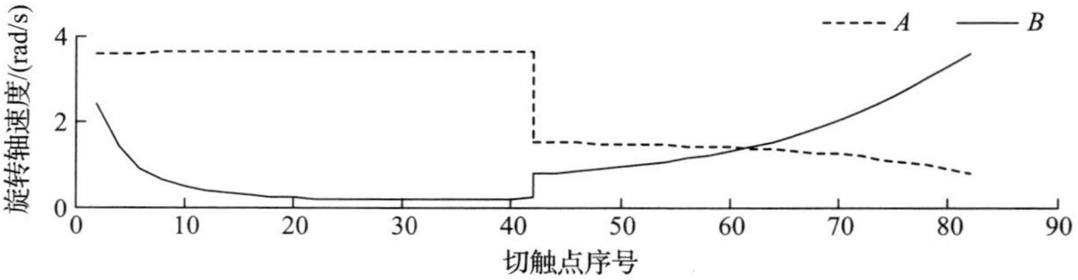

(b2) 旋转轴速度

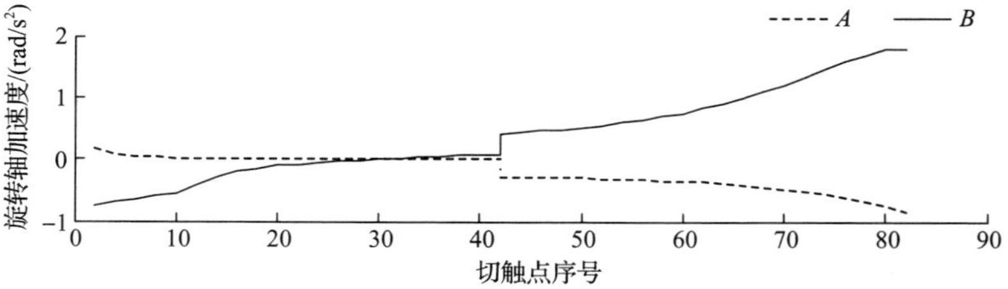

(b3) 旋转轴加速度

(b) 基于平面刀具姿态控制的指令点插补方法

图 5.10　旋转轴位置、速度及加速度曲线

综上所述，与线性插补方法相比，本节提出的基于平面刀具姿态控制的指令

点插补方法能够保证加工中刀轴矢量运动形成的曲面与首末刀轴矢量确定的平面重合，不会产生非线性误差，提高了加工精度，增强了五轴数控加工刀具姿态控制的灵活性。但两种插补方法均无法保证刀具姿态曲线各分量及其一、二阶导数的连续性，从而带来加工中旋转轴速度和加速度的不连续。在五轴数控加工中，旋转轴速度和加速度的波动会引发机床振动，进而导致加工质量和加工效率难以得到提高。因此，如何对刀具姿态进行灵活的控制，保证刀具姿态曲线在 X、Y、Z 方向分量及其一、二阶导数的连续性，是提高五轴数控加工效率所需解决的关键问题。

5.3　基于平滑刀具姿态控制的指令点插补方法

采用线性插补方法和基于平面刀具姿态控制的指令点插补方法进行加工时，均无法保证刀具姿态曲线各分量及其一、二阶导数的连续性，带来旋转轴速度和加速度在程序段交点处产生较大波动等问题，影响加工效率和加工效果。针对这些问题，本节建立一种刀具姿态平滑插值模型，以保证刀具姿态曲线各分量及其一、二阶导数的连续性，下面将对这一方法进行详细介绍。

与 5.2 节提出的基于平面刀具姿态控制的指令点插补方法类似，基于平滑刀具姿态控制的指令点插补方法也包括四个功能模块，分别为刀具轨迹规划模块、坐标系转换模块、中间指令点拟合模块及实时插补模块。不同的是，在刀具轨迹规划模块中，该方法根据各程序段首末端点处刀轴矢量信息建立刀轴矢量平滑插值模型，从而保证加工中所形成的刀具姿态曲线在各个位置点处都是二阶连续的。

5.3.1　刀轴矢量平滑插值模型

在刀轴矢量平滑插值模型中，首先通过对首末端点处刀轴矢量进行外积运算，得到一个满足右手定则的局部旋转坐标系；然后在首末刀轴矢量及其法向确定的局部旋转坐标系中，将各段刀具姿态曲线表示为与投影角和倾斜角相关的多项式函数；最后根据各程序段交点处刀具姿态曲线二阶连续性条件和首末刀轴矢量求解投影角和倾斜角表达式，实现刀轴矢量平滑插值。

1. 刀具姿态曲线的表示

对于刀位文件中相邻两段刀位数据[$\boldsymbol{P}_{k-1}$　$\boldsymbol{V}_{k-1}$]、[$\boldsymbol{P}_k$　$\boldsymbol{V}_k$]和[$\boldsymbol{P}_{k+1}$　$\boldsymbol{V}_{k+1}$]，当刀轴矢量由 $\boldsymbol{V}_{k-1}$ 变化至 $\boldsymbol{V}_k$ 时，可建立局部旋转坐标系 $O\boldsymbol{V}_{k-1}\boldsymbol{W}_{k-1}\boldsymbol{N}_{k-1}$：

$$\boldsymbol{N}_{k-1}=\frac{\boldsymbol{V}_{k-1}\times\boldsymbol{V}_k}{\left\|\boldsymbol{V}_{k-1}\times\boldsymbol{V}_k\right\|} \tag{5.26}$$

$$\boldsymbol{W}_{k-1}=\frac{\boldsymbol{N}_{k-1}\times\boldsymbol{V}_{k-1}}{\left\|\boldsymbol{N}_{k-1}\times\boldsymbol{V}_{k-1}\right\|}\tag{5.27}$$

在局部旋转坐标系 $O\boldsymbol{V}_{k-1}\boldsymbol{W}_{k-1}\boldsymbol{N}_{k-1}$ 中，刀轴矢量由 $\boldsymbol{V}_{k-1}$ 变化至 $\boldsymbol{V}_k$ 的刀具姿态曲线 $\boldsymbol{C}_{k-1}(u)$ 可表示为

$$\boldsymbol{C}_{k-1}(u)=\sin\beta_{k-1}(u)\boldsymbol{N}_{k-1}+\cos\beta_{k-1}(u)\cos\alpha_{k-1}(u)\boldsymbol{V}_{k-1}+\cos\beta_{k-1}(u)\sin\alpha_{k-1}(u)\boldsymbol{W}_{k-1}\tag{5.28}$$

式中，u 为刀具姿态曲线参数，其值在 0～1 内变化；$\alpha_{k-1}(u)$ 为该段刀具姿态曲线上任一刀轴矢量在平面 $\boldsymbol{V}_{k-1}$-$\boldsymbol{W}_{k-1}$ 上的投影角；$\beta_{k-1}(u)$ 为该段刀具姿态曲线上任一刀轴矢量相对于平面 $\boldsymbol{V}_{k-1}$-$\boldsymbol{W}_{k-1}$ 的倾斜角，其值由该刀轴矢量与平面 $\boldsymbol{V}_{k-1}$-$\boldsymbol{W}_{k-1}$ 间的夹角确定。

刀轴矢量的倾斜角与该刀轴矢量偏离刀位文件中所要求的加工曲面的程度相关，可表示为关于参数 u_i 的二次多项式：

$$\beta_{k-1}\left(u_i\right)=\arcsin\left(\boldsymbol{C}_{k-1}\left(u_i\right)\cdot\boldsymbol{N}_{k-1}\right)=\sum_{j=0}^{2}b_{k-1,j}u_i^{\,j}\tag{5.29}$$

刀轴矢量的投影角可通过计算刀轴矢量投影到平面 $\boldsymbol{V}_{k-1}$-$\boldsymbol{W}_{k-1}$ 上的矢量与起始刀轴矢量 $\boldsymbol{V}_{k-1}$ 间的夹角确定，也同样可表示为关于参数 u_i 的二次多项式：

$$\alpha_{k-1}\left(u_i\right)=\arccos\frac{\boldsymbol{V}_{k-1}\cdot\boldsymbol{C}_{k-1}\left(u_i\right)}{\sqrt{1-\left(\boldsymbol{N}_{k-1}\cdot\boldsymbol{C}_{k-1}\left(u_i\right)\right)^2}}=\sum_{j=0}^{2}a_{k-1,j}u_i^{\,j}\tag{5.30}$$

由于刀具姿态曲线 $\boldsymbol{C}_{k-1}(u)$ 依次经过该段首末刀轴矢量 $\boldsymbol{V}_{k-1}$ 和 $\boldsymbol{V}_k$：

$$\begin{cases}\boldsymbol{C}_{k-1}(u=0)=\boldsymbol{V}_{k-1}\\ \boldsymbol{C}_{k-1}(u=1)=\boldsymbol{V}_k\end{cases}\tag{5.31}$$

根据式(5.29)和式(5.30)可知，符合式(5.31)的投影角和倾斜角应满足下述条件：

$$\begin{cases}\alpha_{k-1}\left(u_i=0\right)=0\\ \alpha_{k-1}\left(u_i=1\right)=B_{k-1}\\ \beta_{k-1}\left(u_i=0\right)=\beta_{k-1}\left(u_i=1\right)=0\end{cases}\tag{5.32}$$

式中，B_{k-1} 为该段首末刀轴矢量 $\boldsymbol{V}_{k-1}$ 和 $\boldsymbol{V}_k$ 间的夹角。

$$B_{k-1}=\arccos\left(\boldsymbol{V}_{k-1}\cdot\boldsymbol{V}_{k}\right)\tag{5.33}$$

与上述过程类似，当刀轴矢量由 $\boldsymbol{V}_k$ 变化至 $\boldsymbol{V}_{k+1}$ 时，可建立局部旋转坐标系 $O\boldsymbol{V}_k\boldsymbol{W}_k\boldsymbol{N}_k$：

$$\boldsymbol{N}_k=\frac{\boldsymbol{V}_k\times\boldsymbol{V}_{k+1}}{\left\|\boldsymbol{V}_k\times\boldsymbol{V}_{k+1}\right\|}\tag{5.34}$$

$$\boldsymbol{W}_k=\frac{\boldsymbol{N}_k\times\boldsymbol{V}_k}{\left\|\boldsymbol{N}_k\times\boldsymbol{V}_k\right\|}\tag{5.35}$$

在局部旋转坐标系 $O\boldsymbol{V}_k\boldsymbol{W}_k\boldsymbol{N}_k$ 中，刀轴矢量由 $\boldsymbol{V}_k$ 变化至 $\boldsymbol{V}_{k+1}$ 的刀具姿态曲线 $\boldsymbol{C}_k(u)$ 可表示为

$$\boldsymbol{C}_k(u)=\sin\beta_k(u)\boldsymbol{N}_k+\cos\beta_k(u)\cos\alpha_k(u)\boldsymbol{V}_k+\cos\beta_k(u)\sin\alpha_k(u)\boldsymbol{W}_k\tag{5.36}$$

式中，u 为刀具姿态曲线参数，其值在 0～1 内变化；$\alpha_k(u)$ 和 $\beta_k(u)$ 分别为该段刀具姿态曲线上任一刀轴矢量的投影角和倾斜角，可表示为关于参数 u_i 的二次多项式，即

$$\begin{cases}\alpha_k\left(u_i\right)=\sum\limits_{j=0}^{2}a_{k,j}u_i^j\\ \beta_k\left(u_i\right)=\sum\limits_{j=0}^{2}b_{k,j}u_i^j\end{cases},\quad 0\leqslant u_i\leqslant 1\tag{5.37}$$

为使该段刀具姿态曲线 $\boldsymbol{C}_k(u)$ 经过该段首末刀轴矢量 $\boldsymbol{V}_k$ 和 $\boldsymbol{V}_{k+1}$，则投影角和倾斜角应满足下述条件：

$$\begin{cases}\alpha_k\left(u_i=0\right)=0\\ \alpha_k\left(u_i=1\right)=B_k\\ \beta_k\left(u_i=0\right)=\beta_k\left(u_i=1\right)=0\end{cases}\tag{5.38}$$

式中，B_k 为该段首末刀轴矢量 $\boldsymbol{V}_k$ 与 $\boldsymbol{V}_{k+1}$ 间的夹角。

$$B_k=\arccos\left(\boldsymbol{V}_k\cdot\boldsymbol{V}_{k+1}\right)\tag{5.39}$$

2. 刀具姿态曲线的求解

根据相邻两段程序各段首末端点处的刀轴矢量进行外积运算得到的结果，可以建立满足右手定则的局部旋转坐标系，并在这一直角坐标系中得到各段刀具姿态曲线的表达式。五轴数控加工中刀具姿态曲线是否能够满足二阶连续是两个旋

转轴的速度和加速度能否实现平滑连续的关键。因此，刀轴矢量平滑插值模型需要相邻两段刀具姿态曲线 $\boldsymbol{C}_{k-1}(u)$ 和 $\boldsymbol{C}_k(u)$ 在两程序段交点处满足[10]

$$\begin{cases} \left.\dfrac{\mathrm{d}\boldsymbol{C}_{k-1}(u)}{\mathrm{d}u}\right|_{u=1} = \left.\dfrac{\mathrm{d}\boldsymbol{C}_k(u)}{\mathrm{d}u}\right|_{u=0} \\ \left.\dfrac{\mathrm{d}\boldsymbol{C}_{k-1}^2(u)}{\mathrm{d}u^2}\right|_{u=1} = \left.\dfrac{\mathrm{d}\boldsymbol{C}_k^2(u)}{\mathrm{d}u^2}\right|_{u=0} \end{cases} \tag{5.40}$$

由于各段刀具姿态曲线分别用投影角和倾斜角表示，如何求得满足条件的投影角和倾斜角表达式，进而确定满足二阶连续性条件的刀具姿态曲线就成为本部分将要解决的问题。将式(5.28)～式(5.30)、式(5.36)和式(5.37)代入式(5.40)，并结合式(5.32)和式(5.38)进行求解，得到刀轴矢量由 $\boldsymbol{V}_{k-1}$ 变化至 $\boldsymbol{V}_k$ 时对应的投影角和倾斜角表达式为

$$\begin{cases} \alpha_{k-1}(u_i) = \left(-\dfrac{B_k}{2}\cos A_{k-1} + \dfrac{3}{2}B_{k-1}\right)u_i + \left(\dfrac{B_k}{2}\cos A_{k-1} - \dfrac{1}{2}B_{k-1}\right)u_i^2 \\ \beta_{k-1}(u_i) = \left(-\dfrac{B_k}{2}\sin A_{k-1}\right)u_i + \left(\dfrac{B_k}{2}\sin A_{k-1}\right)u_i^2 \end{cases} \tag{5.41}$$

刀轴矢量由 $\boldsymbol{V}_k$ 变化到 $\boldsymbol{V}_{k+1}$ 时对应的投影角与倾斜角表达式为

$$\begin{cases} \alpha_k(u_i) = \dfrac{1}{2}(B_{k-1}\cos A_{k-1} + B_k)u_i + \dfrac{1}{2}(B_k - B_{k-1}\cos A_{k-1})u_i^2 \\ \beta_k(u_i) = \left(-\dfrac{B_{k-1}}{2}\sin A_{k-1}\right)u_i + \left(\dfrac{B_{k-1}}{2}\sin A_{k-1}\right)u_i^2 \end{cases} \tag{5.42}$$

式中，A_{k-1} 为向量 $\boldsymbol{N}_{k-1}$ 与 $\boldsymbol{N}_k$ 间的夹角，其值为

$$A_{k-1} = \arccos\left(\boldsymbol{N}_{k-1} \cdot \boldsymbol{N}_k\right) \tag{5.43}$$

5.3.2　实例验证及分析

为验证方法的正确性与有效性，分别采用线性插补方法、基于平面刀具姿态控制的指令点插补方法和基于平滑刀具姿态控制的指令点插补方法加工图 5.4 中叶片上的两段相邻轨迹，比较和分析刀具姿态误差大小以及刀具姿态曲线和旋转轴运动在交点处的连续性。

采用线性插补方法、基于平面刀具姿态控制的指令点插补方法和基于平滑刀具姿态控制的指令点插补方法进行加工时产生的刀具姿态曲线如图 5.11 所示。可以直观看出，采用三种插补方法进行加工产生的刀具姿态曲线都经过所给定程序

段首末端点处对应的刀轴矢量，且得到的刀具姿态曲线均位于单位球面上，能够保证所产生的刀轴矢量均为单位向量。采用基于平面刀具姿态控制的指令点插补方法进行加工时不会引起刀具偏离首末刀轴矢量所确定的平面，不会产生刀具姿态误差；采用其余两种方法进行加工时，刀具不可避免地会偏离首末刀轴矢量所确定的平面，进而产生刀具姿态误差，但是采用基于平滑刀具姿态控制的指令点插补方法产生的刀具姿态误差远小于线性插补方法。

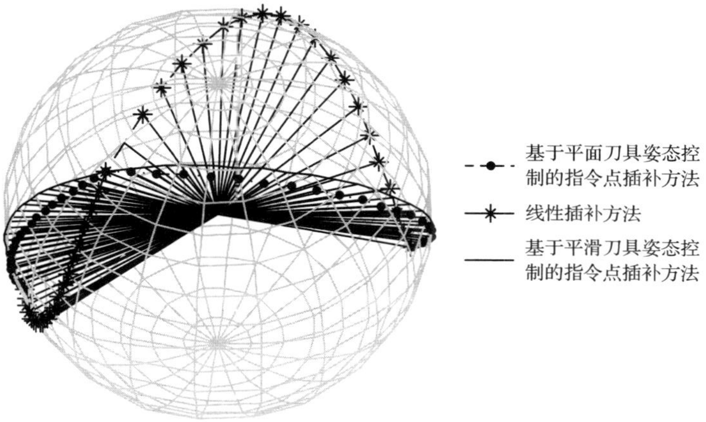

图 5.11　刀具姿态曲线

为了对采用上述方法得到的刀具姿态曲线进行更为精确的比较，分别对采用三种插补方法进行加工时产生的刀具姿态误差进行计算。图 5.12 为刀具姿态误差曲线。可以看出，基于平面刀具姿态控制的指令点插补方法产生的刀具姿态误

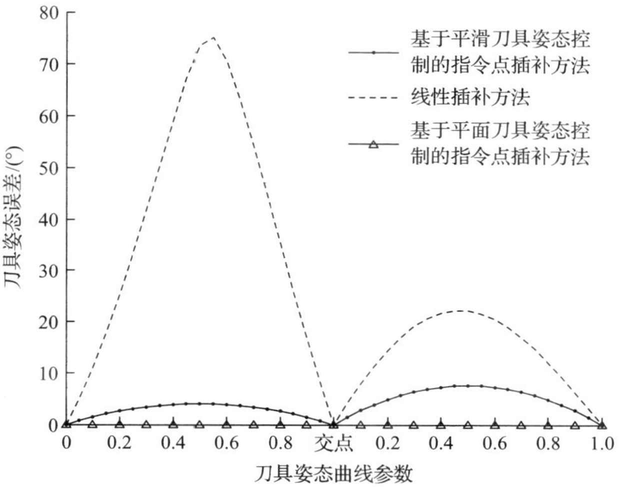

图 5.12　刀具姿态误差曲线

差恒定为零，这说明刀具姿态误差不会产生于这一过程中；采用基于平滑刀具姿态控制的指令点插补方法对这两段轨迹进行加工时会产生刀具姿态误差，最大值分别为 4.012°、7.571°；采用线性插补方法对这两段轨迹进行加工时产生的刀具姿态误差比基于平滑刀具姿态控制的指令点插补方法大，最大值分别为 75.16°、22.23°。

图 5.13 为基于平滑刀具姿态控制的指令点插补方法得到的刀具姿态曲线在 X、Y、Z 方向分量及其一、二阶导数曲线图。与线性插补方法和基于平面刀具姿态控制的指令点插补方法相比，基于平滑刀具姿态控制的指令点插补方法可以得到二阶连续的刀具姿态曲线，刀具的灵活控制和刀轴矢量的光顺变化均可在该方法中体现。

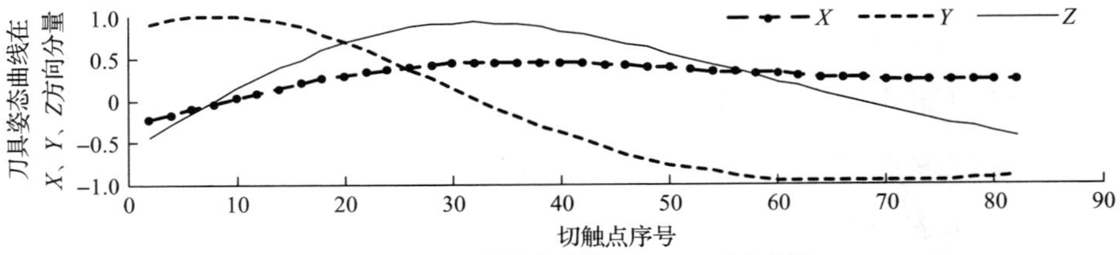

(a) 刀具姿态曲线在 X、Y、Z 方向分量

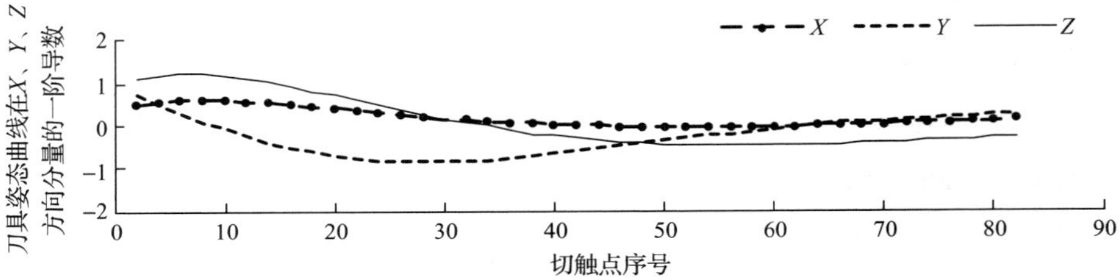

(b) 刀具姿态曲线在 X、Y、Z 方向分量的一阶导数

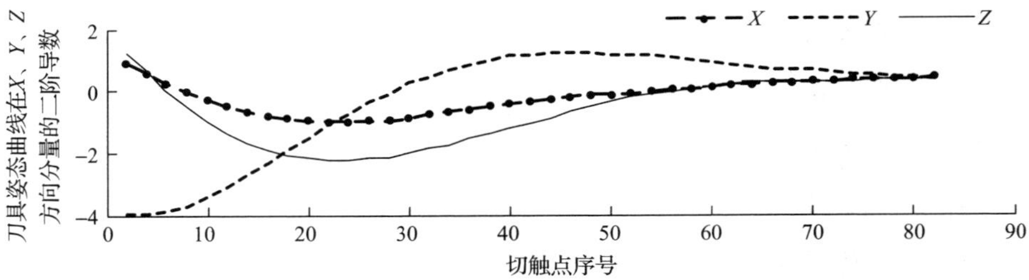

(c) 刀具姿态曲线在 X、Y、Z 方向分量的二阶导数

图 5.13　刀具姿态曲线在 X、Y、Z 方向分量及其一、二阶导数曲线图(基于平滑刀具姿态控制的指令点插补方法)

图 5.14 为基于平滑刀具姿态控制的指令点插补方法得到的旋转轴位置、速度及加速度曲线图。可以看出，采用基于平滑刀具姿态控制的指令点插补方法进行加工时时旋转轴速度和加速度不会大幅波动，可以保证连续变化。因此，采用基

于平滑刀具姿态控制的指令点插补方法能够实现机床旋转轴速度的平稳变化，提高机床运动的平稳性，从而更好地发挥五轴数控机床高速高精加工潜力。

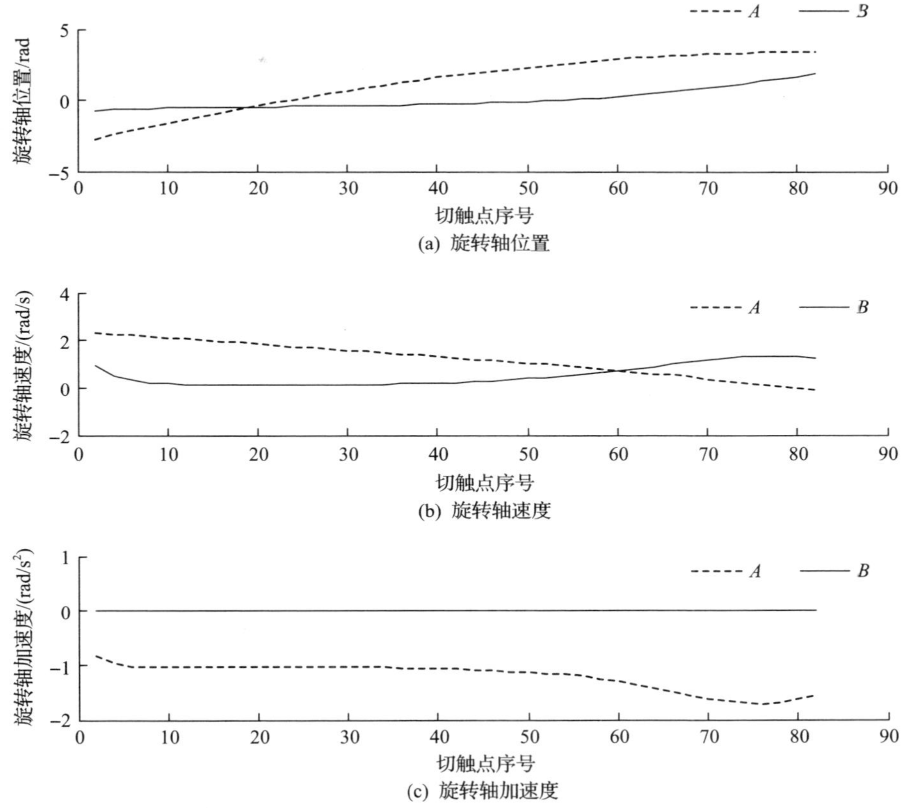

图 5.14　基于平滑刀具姿态控制的指令点插补方法得到的旋转轴位置、速度及加速度曲线

5.4　基于圆锥直纹面刀具姿态控制的指令点插补方法

在叶轮叶片和航空航天飞行器密封舱体等核心零件的设计中，多用圆锥面与参数曲线相结合的复杂模型描述零件轮廓[11]。随着该类模型的曲面造型日趋复杂、零件加工精度要求日益提高，其加工难度也不断提升，为加工带来挑战。五轴数控机床除具备与三轴机床相同的 X、Y、Z 三个线性轴外，还可以通过两个旋转轴实现绕三个线性轴的转动，使得五轴数控机床在加工中能够根据具体加工要求灵活控制刀具姿态，在该类零件的高速高精加工中表现出显著的优势。

线性插补方法在该类零件的五轴数控加工中得到广泛应用。该方法首先采用大量微小离散直线段不断逼近待加工轨迹，而后采用线性插补方式驱动刀具沿所得到的微小直线轨迹运动，完成零件的加工。在加工中发现，线性插补方法无法根据加工的不同需要对加工中刀具的姿态进行精确控制，刀轴矢量不能保证始终运动在所要求的圆锥直纹面上，加工中刀具不可避免会偏离所要求的曲面，引起刀具姿态误差，进而影响表面光洁度和质量。因此，如何提高刀具控制的精确性，使其始终在所要求的圆锥直纹面上运动，就成为实现该类零件五轴高精加工所需解决的关键问题。

针对这一问题，本节在分析圆锥直纹面与参数曲线相结合零件的几何特征后，实现了一种基于圆锥直纹面刀具姿态控制的指令点插补方法。该方法具有下述两方面优点：①根据给定的首末刀轴矢量和待加工圆锥直纹面的对称轴矢量等信息确定圆锥直纹面刀具姿态曲线表达式，通过对该刀具姿态曲线插补得到加工中的刀轴矢量，能够保证加工中刀具始终在所要求的圆锥直纹面上运动；②提出建立虚拟圆弧，确定所得到的圆锥直纹面刀具姿态曲线参数与刀尖点轨迹曲线参数间的一一映射关系，保证了刀尖点位置和刀轴矢量运动的协调性。

5.4.1 基本方法

基于圆锥直纹面刀具姿态控制的指令点插补方法的整体流程可分为下述几个步骤：首先，根据二阶泰勒展开式确定当前插补周期插补点对应的参数值，进而在刀尖点轨迹曲线上得到该插补周期对应的插补点位置坐标；然后，根据数控加工程序得到圆锥直纹面对称轴和首末刀轴矢量信息，并根据上述信息确定满足具体加工要求的圆锥直纹面刀具姿态曲线表达式；接着，构造一段虚拟圆弧，建立刀具姿态曲线参数与刀尖点轨迹曲线参数间的一一映射关系；最后，根据当前插补周期插补点位置坐标，在已建立的虚拟圆弧上计算得到对应的参数值，将该值代入圆锥直纹面刀具姿态曲线表达式计算该插补点对应的刀轴矢量，实现圆锥直纹面刀轴矢量插值。根据上述步骤，可将方法划分为两部分：参数曲线插补和刀具姿态控制。刀具姿态控制部分可进一步细分为三个步骤：①求解圆锥直纹面刀具姿态曲线表达式；②建立虚拟圆弧；③完成对刀轴矢量的插值计算。下面对参数曲线插补和刀具姿态控制两部分进行详细阐述。

5.4.2 参数曲线插补

在考虑机床各轴最大允许速度的情况下，根据当前插补点位置坐标所对应的曲线参数确定下一插补周期插补点对应的参数值，将这一参数值代入给定的参数曲线上进行计算，所得到的值就是下一个插补周期的插补点位置。

对于任意次数的多项式曲线、Bezier 曲线、B 样条曲线、NURBS 曲线或其他形式的参数曲线 $\boldsymbol{P}(u)$，均可表示为

$$\boldsymbol{P}(u)=[x(u)\quad y(u)\quad z(u)]^{\mathrm{T}},\quad u_0 \leqslant u \leqslant u_n \tag{5.44}$$

式中，u 为参数曲线 $\boldsymbol{P}(u)$ 的无量纲参数，其值与时间 t 的关系为

$$u\left(t_k\right)=u_k \tag{5.45}$$

第 k 个插补周期插补点对应的参数 u_k 可以通过二阶泰勒级数展开的方法近似计算：

$$u_k=u_{k-1}+\frac{F_{k-1}T}{\left\|\dfrac{\mathrm{d}\boldsymbol{P}(u)}{\mathrm{d}u}\right\|_{u=u_{k-1}}}-\frac{\left\|F_{k-1}^2T^2\left(\dfrac{\mathrm{d}\boldsymbol{P}(u)}{\mathrm{d}u}\dfrac{\mathrm{d}^2\boldsymbol{P}(u)}{\mathrm{d}u^2}\right)\right\|_{u=u_{k-1}}}{2\left\|\dfrac{\mathrm{d}\boldsymbol{P}(u)}{\mathrm{d}u}\right\|_{u=u_{k-1}}^4},\quad k=1,2,\cdots,n \tag{5.46}$$

式中，T 为插补周期；u_{k-1} 为第 k–1 个插补周期插补点对应的参数；F_{k-1} 为第 k–1 个插补周期的进给速度。

将各变量对应数值代入式(5.46)，可以得到下一插补周期的参数 u_k，进而可确定下一插补周期的插补点位置坐标 $\boldsymbol{P}\left(u_k\right)$。

5.4.3　刀具姿态控制

1. 刀具姿态控制模型

如图 5.15 所示，对于空间中任一圆锥直纹面 $\boldsymbol{r}(\theta_i,v)$，其对称轴为单位矢量 $\boldsymbol{d}$，

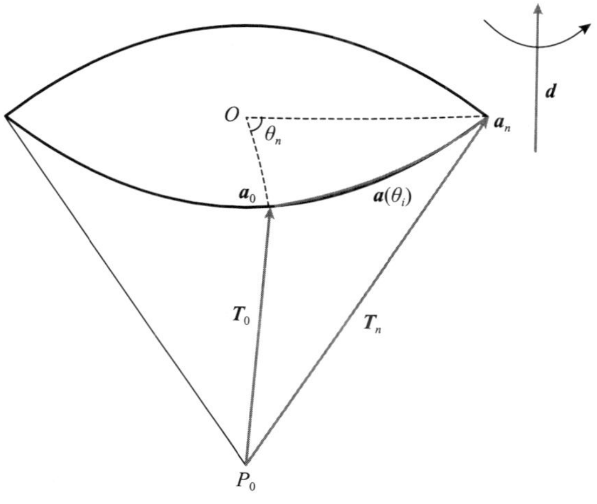

图 5.15　圆锥直纹面 R 示意图

O 为该圆锥直纹面 $\boldsymbol{r}(\theta_i,v)$ 的底面圆圆心，$\boldsymbol{a}_0$ 和 $\boldsymbol{a}_n$ 分别为首末刀轴矢量 $\boldsymbol{T}_0$ 和 $\boldsymbol{T}_n$ 在圆锥直纹面刀具姿态曲线上的对应点。该曲面形状可根据下述函数表示[12]：

$$\boldsymbol{r}(\theta_i,v)=\boldsymbol{a}(\theta_i)+v\boldsymbol{T}(\theta_i) \tag{5.47}$$

式中，$\boldsymbol{a}(\theta_i)$ 为圆锥准线 $\boldsymbol{r}^*$。

$$\boldsymbol{r}^*=\boldsymbol{a}(\theta_i) \tag{5.48}$$

向量 $\boldsymbol{T}(\theta_i)$ 为圆锥准线 $\boldsymbol{r}^*$ 上任一点 $\boldsymbol{a}(\theta_i)$ 处的单位矢量，其方向由点 $\boldsymbol{a}(\theta_i)$ 指向圆锥顶点。由于圆锥直纹面上任一点均位于圆锥准线上，圆锥各母线均相交于圆锥顶点，因而单位矢量 $\boldsymbol{T}(\theta_i)$ 体现了圆锥母线的变化：

$$\boldsymbol{T}(\theta_i)=\boldsymbol{T}_i=\frac{\boldsymbol{a}(\theta_i)-\boldsymbol{P}_0}{\left\|\boldsymbol{a}(\theta_i)-\boldsymbol{P}_0\right\|} \tag{5.49}$$

式中，$\boldsymbol{P}_0$ 表示圆锥直纹面 $\boldsymbol{r}(\theta_i,v)$ 顶点的坐标。

空间中任一圆锥直纹面的函数表达式可由式(5.47)～式(5.49)得到。

2. 刀具姿态曲线

五轴数控机床的刀具姿态通过改变刀轴矢量进行控制。由于刀轴矢量是单位矢量，将加工中各个刀轴矢量的起点均移动到直角坐标系原点上，将刀轴矢量的终点依次连接所得到的曲线就是刀具姿态曲线，该曲线位于单位球面上。在圆锥直纹面与复杂曲线相结合的复杂零件加工中，实现刀具姿态控制的关键就是确定圆锥直纹面刀具姿态曲线表达式。这条曲线不仅在单位球面上，而且是圆锥直纹面上的一条准线。

以图 5.15 中圆锥直纹面 $\boldsymbol{r}(\theta_i,v)$ 的底面圆圆心 O 为原点，建立新的直角坐标系 $O\boldsymbol{V}_0\boldsymbol{p}\boldsymbol{d}$，如图 5.16 所示。在该直角坐标系中，规定 $\boldsymbol{V}_0$ 为起始刀轴矢量 $\boldsymbol{T}_0$ 在底面圆的投影，$\boldsymbol{d}$ 为圆锥直纹面对称轴方向，根据右手定则可确定 $\boldsymbol{V}_0$ 和 $\boldsymbol{p}$：

$$\begin{cases}\boldsymbol{V}_0=\dfrac{\boldsymbol{T}_0-(\boldsymbol{T}_0\cdot\boldsymbol{d})\boldsymbol{d}}{\sqrt{1-(\boldsymbol{T}_0\cdot\boldsymbol{d})^2}}\\ \boldsymbol{p}=\boldsymbol{d}\times\boldsymbol{V}_0\end{cases} \tag{5.50}$$

刀轴矢量 $\boldsymbol{T}_i$ 在圆锥直纹面刀具姿态曲线上的充分必要条件为

$$\arccos(\boldsymbol{T}_i\cdot\boldsymbol{d})=\beta \tag{5.51}$$

β 满足

$$\beta = \arccos\frac{\boldsymbol{T}_0 \cdot \boldsymbol{d}}{\|\boldsymbol{T}_0\|\|\boldsymbol{d}\|} \tag{5.52}$$

则位于圆锥直纹面 $\boldsymbol{r}(\theta_i, v)$ 上的刀具姿态曲线可表示为

$$\boldsymbol{a}(\theta_i) = \boldsymbol{a}_i = \begin{bmatrix} \boldsymbol{V}_0 & \boldsymbol{p} & \boldsymbol{d} \end{bmatrix} \begin{bmatrix} \sin\beta\cos\theta_i \\ \sin\beta\sin\theta_i \\ \cos\beta \end{bmatrix} \tag{5.53}$$

式中，θ_i 为待加工圆锥直纹面 $\boldsymbol{r}(\theta_i, v)$ 上刀轴矢量 $\boldsymbol{T}_i$ 在底面圆上的投影 $\boldsymbol{V}_i$ 与起始刀轴矢量 $\boldsymbol{T}_0$ 在底面圆上的投影 $\boldsymbol{V}_0$ 之间的夹角。

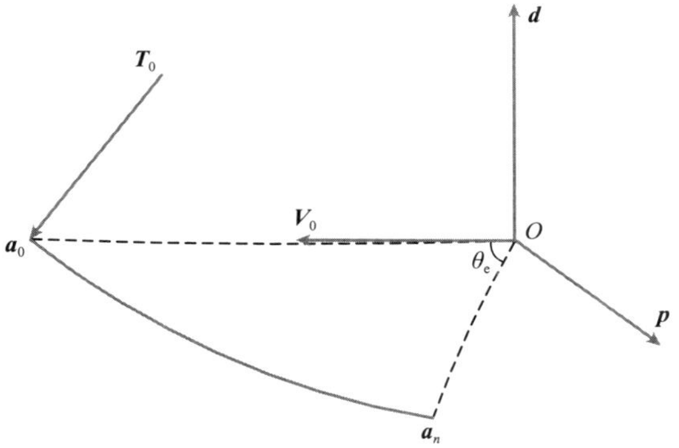

图 5.16　$O\boldsymbol{V}_0\boldsymbol{pd}$ 坐标系的建立

由式(5.53)可知，位于待加工圆锥直纹面 $\boldsymbol{r}(\theta_i, v)$ 上的刀具姿态曲线表达式是以 θ_i 为参数的函数，因而当给定 θ_i 的值后，即可根据式(5.53)确定圆锥直纹面刀具姿态曲线上点的位置，代入式(5.49)就可以得到 θ_i 对应的刀轴矢量 $\boldsymbol{T}_i$。

3. 虚拟圆弧的建立

在给定的刀尖点轨迹曲线上进行插补得到下一插补周期插补点位置坐标后，接下来需要解决的关键问题就是计算角度 θ_i，通过建立虚拟圆弧可以得到插补点位置坐标对应的 θ_i。虚拟圆弧法计算过程简便，时间复杂度与插补点数目无关，不会随着插补点数目的增多而不断变大。

图 5.17 为虚拟圆弧建立示意图。从图中可以看出，对于任意参数曲线 $\boldsymbol{P}(u)$，$\boldsymbol{AB}$ 为经过首末端点 A、B 的矢量，$\boldsymbol{F}_\mathrm{a}$ 和 $\boldsymbol{F}_\mathrm{b}$ 分别为参数曲线 $\boldsymbol{P}(u)$ 在首末端点 A、B 处沿加工方向的切线方向，M 为 AB 的中点。以 M 为原点，建立直角坐标系 $M\boldsymbol{M}_\mathrm{v}\boldsymbol{M}_\mathrm{h}\boldsymbol{M}_\mathrm{n}$：

$$\begin{cases} \boldsymbol{M}_{\mathrm{h}} = \dfrac{\boldsymbol{AB}}{\left\|\boldsymbol{AB}\right\|} \\ \boldsymbol{M}_{\mathrm{n}} = \dfrac{\boldsymbol{F}_{\mathrm{a}} \times \boldsymbol{F}_{\mathrm{b}}}{\left\|\boldsymbol{F}_{\mathrm{a}} \times \boldsymbol{F}_{\mathrm{b}}\right\|} \\ \boldsymbol{M}_{\mathrm{v}} = \dfrac{\boldsymbol{M}_{\mathrm{n}} \times \boldsymbol{M}_{\mathrm{h}}}{\left\|\boldsymbol{M}_{\mathrm{n}} \times \boldsymbol{M}_{\mathrm{h}}\right\|} \end{cases} \tag{5.54}$$

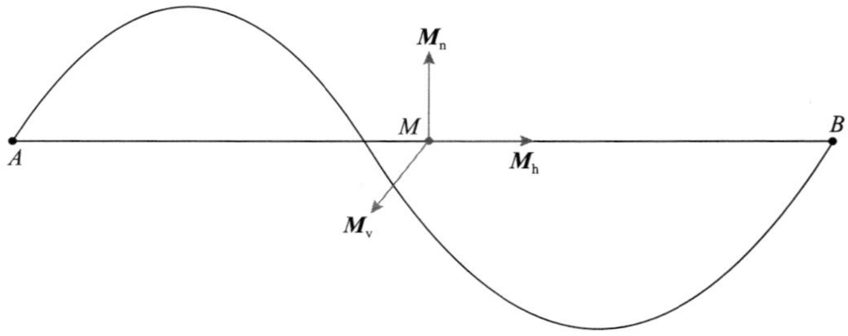

图 5.17　虚拟圆弧建立示意图

在直角坐标系 $M\boldsymbol{M}_{\mathrm{v}}\boldsymbol{M}_{\mathrm{h}}\boldsymbol{M}_{\mathrm{n}}$ 中，可确定圆弧圆心 Q 坐标：

$$\boldsymbol{Q} = \frac{\left\|\boldsymbol{AB}\right\|}{2\tan\left(\dfrac{1}{2}\theta_{\mathrm{e}}\right)}\boldsymbol{M}_{\mathrm{v}} + \frac{1}{2}(\boldsymbol{A}+\boldsymbol{B}) \tag{5.55}$$

式中，θ_{e} 为待加工圆锥直纹面上起始刀轴矢量在底面上投影间的夹角。

$$\theta_{\mathrm{e}} = \arccos\frac{\boldsymbol{V}_{\boldsymbol{n}} \cdot \boldsymbol{V}_0}{\left\|\boldsymbol{V}_{\boldsymbol{n}}\right\|\left\|\boldsymbol{V}_0\right\|} \tag{5.56}$$

通过式(5.54)～式(5.56)可确定一段圆弧，该圆弧经过 A、B 两点，圆弧圆心为 Q，圆弧的度数为 θ_{e}。

4. 刀轴矢量插值

建立虚拟圆弧后，就确定了刀具姿态曲线参数与刀尖点轨迹曲线参数间的一一映射关系。当得到插补点位置坐标后，通过虚拟圆弧法确定该插补点对应的投影角度，而后将投影角度代入刀具姿态曲线表达式进行计算，就可以确定该插补点对应的刀轴矢量。在第 i 个插补周期中，设插补点位置坐标为 $\boldsymbol{P}_i$，矢量 $\boldsymbol{QA}$ 从 Q 点出发，到 A 点结束，矢量 $\boldsymbol{QP}_i$ 从 Q 点出发，到 P_i 点结束。通过在虚拟圆弧上进行计算，可得到该插补点对应的角度 θ_i，即

$$\theta_i = \arccos \frac{\boldsymbol{QA} \cdot \boldsymbol{QP}_i}{\|\boldsymbol{QA}\| \|\boldsymbol{QP}_i\|}, \quad i = 1, 2, \cdots, n \tag{5.57}$$

因此，通过求解式(5.49)、式(5.53)与式(5.57)可以确定与插补点 $\boldsymbol{P}_i$ 对应的圆锥直纹面 $\boldsymbol{r}(\theta_i, v)$ 上的刀轴矢量 $\boldsymbol{T}_i$，圆锥直纹面刀轴矢量插值得以实现。

5.4.4　具体实现

1. 数据描述格式

当进行参数曲线加工时，现有系统采用下述数控加工程序将多段离散刀尖点和刀轴矢量组成的微小直线段数据传入数控系统，通过对这些数据进行插补得到各插补周期对应的机床各轴运动坐标，实现参数曲线的五轴加工：

*X_Y_Z_U_V_W_F_*;

其中，插补点在各线性坐标轴上的坐标通过 *X_*、*Y_*、*Z_* 后的数值确定，插补点对应的刀轴矢量通过 *U_*、*V_*、*W_* 后的数值确定，机床进给速度由 *F_* 后的数值确定。当待加工曲线较为复杂时，以这一格式编写程序，需将刀尖点和刀轴矢量坐标依次输入，程序代码数目较为庞大。

本节提出的基于圆锥直纹面刀具姿态控制的指令点插补方法在给定首末刀轴矢量、待加工圆锥直纹面对称轴以及刀尖点轨迹曲线表达式等信息后，能够在保证刀尖点始终在所定义的空间参数曲线上运动的同时，使刀轴矢量始终在所要求的圆锥直纹面上协调运动。适用于本方法的数控加工信息包括：

*T0_T1_F_*;

*A0_A1_A2_A3_*;

*B0_B1_B2_B3_*;

*C0_C1_C2_C3_*;

*SX_SY_SZ_*;

*EX_EY_EZ_*;

*DX_DY_DZ_*;

其中，待加工刀尖点轨迹曲线的参数最小值和最大值分别由 *T0_*、*T1_* 后的数值确定，机床进给速度由 *F_* 后的数值确定；三个线性轴方向坐标分量所满足的参数多项式第 i 次(i=1, 2, 3)项系数分别由 *Ai_*、*Bi_*、*Ci_* 后的数值确定，该部分也可由系统原有插补指令代替。例如，当沿用 NURBS 曲线插补格式传递参数曲线信息时，

程序指令表示为

$$P\_K\_X\_Y\_Z\_W\_F\_;$$

$$SX\_SY\_SZ\_;$$

$$EX\_EY\_EZ\_;$$

$$DX\_DY\_DZ\_;$$

其中，曲线节点向量由 $K_$后的数值确定，NURBS 曲线的阶数由 $P_$后的数值确定，权重由 $W_$后的数值确定，曲线控制点在线性轴方向的坐标由 $X\_$、$Y\_$、$Z_$后的数值确定，待加工圆锥直纹面起始刀轴矢量在线性轴方向上的坐标值分别由 $SX\_$、$SY_$和 $SZ_$后的数值确定；待加工圆锥直纹面末刀轴矢量在线性轴方向上的坐标值则分别由 $EX\_$、$EY\_$、$EZ_$后的数值确定；待加工圆锥直纹面的对称轴由 $DX\_$、$DY\_$、$DZ_$后的数值确定。

2. 控制流程

图 5.18 为基于圆锥直纹面刀具姿态控制的指令点插补方法流程，可划分为代码解释阶段、参数曲线插补阶段和圆锥直纹面刀具姿态控制阶段三部分。在代码解释阶段中，根据读入的数控加工程序，确定待插补的刀尖点轨迹曲线信息、待加工圆锥直纹面的对称轴和首末刀轴矢量信息；在参数曲线插补阶段，根据二阶泰勒展开式确定下一插补周期插补点位置坐标；在圆锥直纹面刀具姿态控制阶段，根据读入的圆锥直纹面对称轴等方面信息，确定满足加工要求的圆锥直纹面刀具姿态曲线，刀轴矢量和插补点间参数关系通过求解虚拟圆弧来确定，进而确定插补点所对应的刀轴矢量。

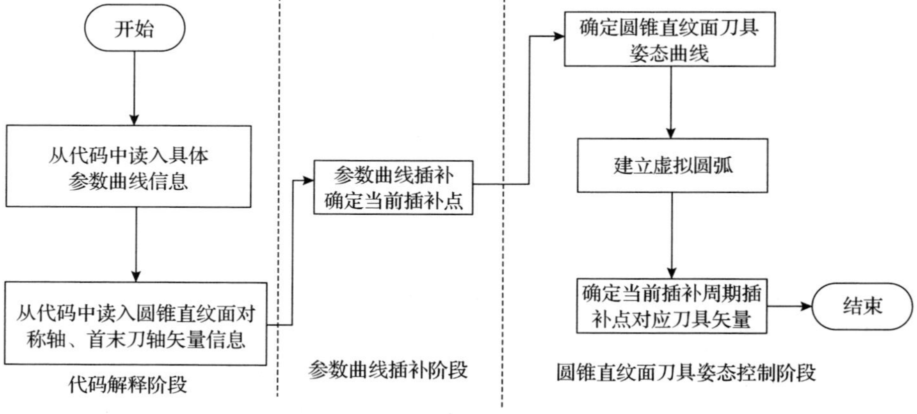

图 5.18　基于圆锥直纹面刀具姿态控制的指令点插补方法流程

5.4.5　实例验证及分析

为验证本节所提出的基于圆锥直纹面刀具姿态控制的指令点插补方法的可行性，在 Vericut 环境下对此方法进行仿真验证。在试验中，刀轴矢量始终在对称轴 $\boldsymbol{d}=[0\quad 0\quad 1]^{\mathrm{T}}$ 的圆锥直纹面上变化，起始刀轴矢量为 $[-0.7071\quad 0\quad 0.7071]^{\mathrm{T}}$，刀尖点运动轨迹分别为满足下述参数曲线的星形线和圆：

$$\begin{cases} x=\cos^3 u \\ y=\sin^3 u \\ z=0 \end{cases} \tag{5.58}$$

$$\begin{cases} x=\cos\theta \\ y=\sin\theta \\ z=0 \end{cases} \tag{5.59}$$

图 5.19 为基于圆锥直纹面刀具姿态控制的指令点插补方法生成的刀具姿态曲线。可以看出，采用基于圆锥直纹面刀具姿态控制的指令点插补方法得到的刀具姿态曲线是加工要求圆锥直纹面和单位球面的交线。图 5.20 为加工效果图。可以看出，该方法能够保证刀尖点和刀轴矢量分别在所要求的刀尖点轨迹曲线和圆锥直纹面上运动。

为进一步验证方法的有效性，采用双 NURBS 曲线插补方法、线性插补方法以及基于圆锥直纹面刀具姿态控制的指令点插补方法对叶轮叶片进行加工，并分别从刀尖点误差、刀具姿态误差、加工所需程序段数目及重参数化所耗费的计算时间等方面对三种方法的加工效果进行对比。

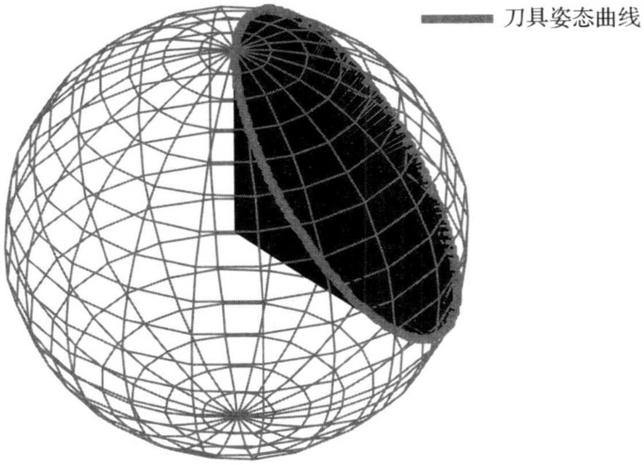

图 5.19　基于圆锥直纹面刀具姿态控制的指令点插补方法生成的刀具姿态曲线

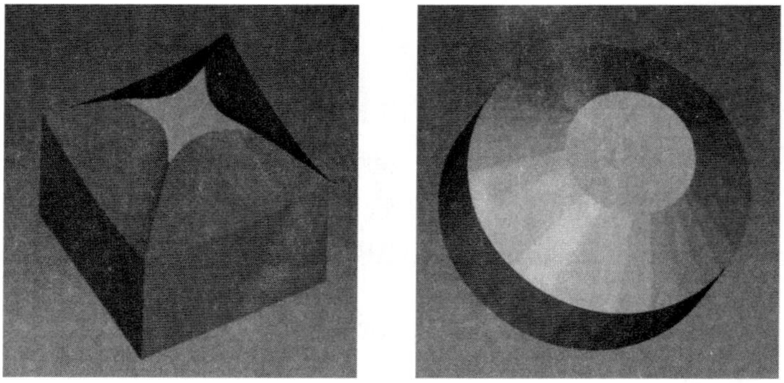

(a) 星形线-圆锥　　(b) 圆形-圆锥

图 5.20　基于圆锥直纹面刀具姿态控制的指令点插补方法效果图

图 5.21 为基于圆锥直纹面刀具姿态控制的指令点插补方法得到的刀尖点轨迹曲线与刀具姿态曲线。考虑到叶轮加工轨迹的对称性，将对图 5.21(a)中曲线 1 的加工效果进行对比分析。从图 5.21(b)可以看出，所得到的刀具姿态曲线位于单位

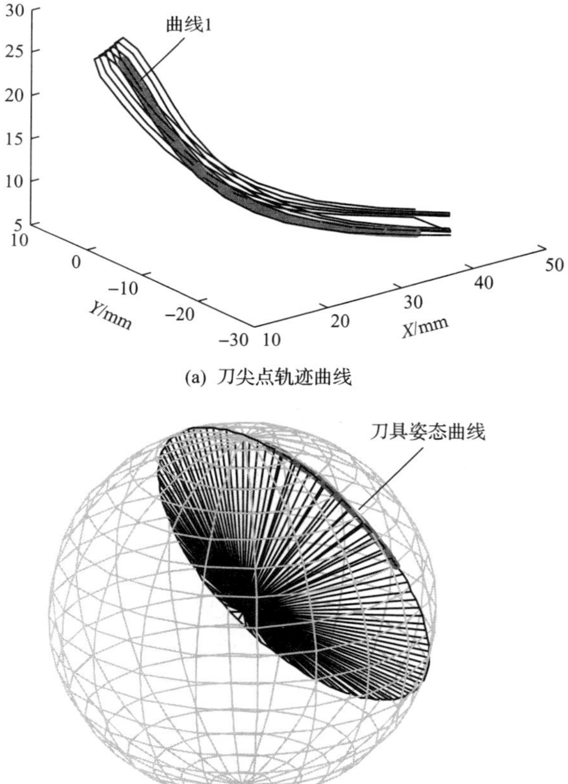

(a) 刀尖点轨迹曲线

(b) 刀具姿态曲线

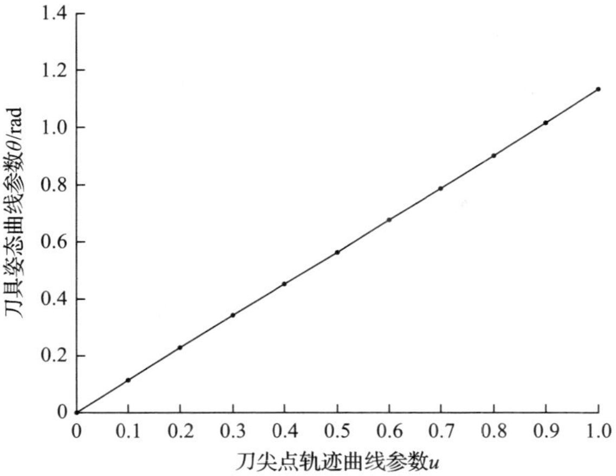

(c) 两曲线参数关系

图 5.21　基于圆锥直纹面刀具姿态控制的指令点插补方法得到的刀尖点轨迹曲线与刀具姿态曲线

球面上，说明刀轴矢量是单位向量。此外，得到的刀具姿态曲线是圆锥直纹面上的准线，符合该类圆锥直纹面与参数曲线结合零件的加工要求。从图 5.21(c)可以看出刀具姿态曲线参数与刀尖点轨迹曲线参数间的一一对应关系，这一关系是通过求解虚拟圆弧得到的。

采用基于圆锥直纹面刀具姿态控制的指令点插补方法对图 5.21(a)中曲线 1 进行加工时产生的刀尖点误差和刀具姿态误差如图 5.22 所示。可以看出，使用基于圆锥直纹面刀具姿态控制的指令点插补方法进行加工时，可将刀尖点误差与刀具姿态误差分别控制在 10^{-14}、10^{-16} 数量级内，能够满足加工精度要求。

采用线性插补方法对该段轨迹进行加工时产生的刀尖点误差和刀具姿态误差如图 5.23 所示。可以看出，对曲线 1 进行线性插补时，产生的刀尖点误差和刀具

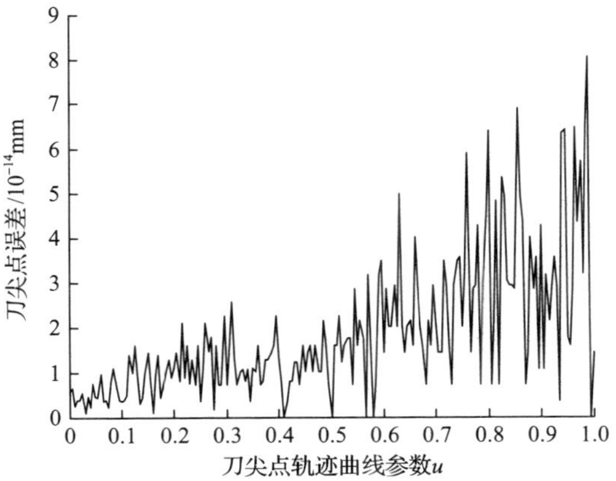

(a) 刀尖点误差

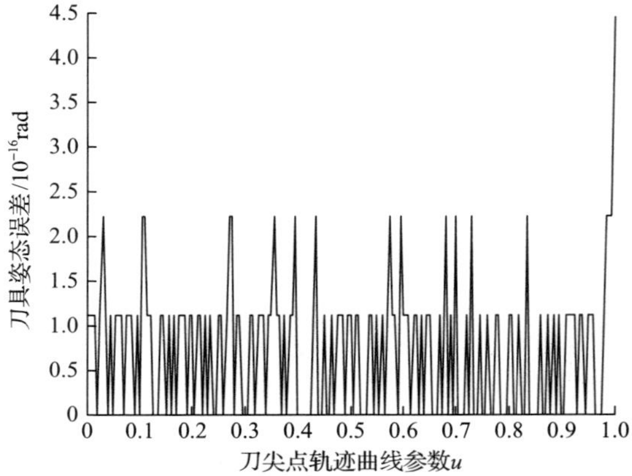

(b) 刀具姿态误差

图 5.22　基于圆锥直纹面刀具姿态控制的指令点插补方法加工误差

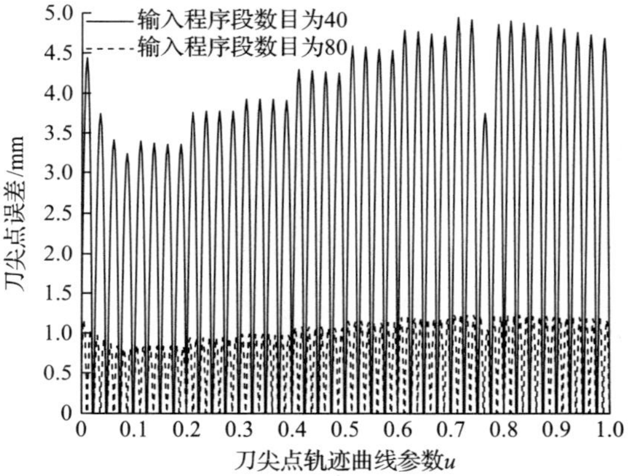

(a) 刀尖点误差

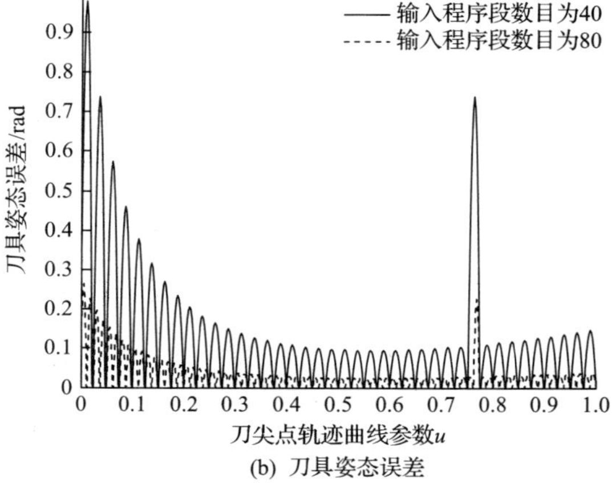

(b) 刀具姿态误差

图 5.23　线性插补方法加工误差

姿态误差会随着程序段数目的增多而不断减小。因此，为满足加工精度要求，代码量也会成倍增加。

当对曲线 1 进行双 NURBS 曲线插补时产生的刀尖点误差和刀具姿态误差如图 5.24 所示。可以看出：①与线性插补方法相比，双 NURBS 曲线插补方法的加工精度更高；②与线性插补方法相似，采用双 NURBS 曲线插补方法进行加工时产生的刀尖点误差和刀具姿态误差也会随着程序段数目的增多而不断减小。因此，为减小加工误差以满足加工精度要求，双 NURBS 曲线插补方法也需要增加程序段数目。

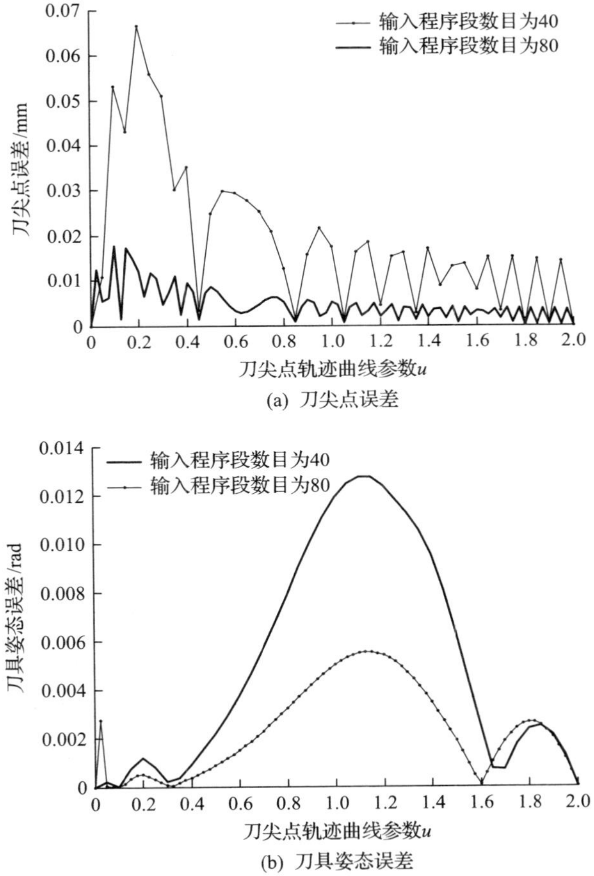

图 5.24　双 NURBS 曲线插补方法加工误差

表 5.1 为不同方法的加工效果对比。可以看出：

(1) 在相同的加工条件下对同一段轨迹进行加工时，基于圆锥直纹面刀具姿态控制的指令点插补方法产生的刀尖点误差最大值远小于其余两种方法。原因在于该方法能够控制刀具，使其始终在加工所要求的刀尖点轨迹和刀具姿态曲线上协调运动，避免了加工轨迹离散化误差和多重拟合误差的产生。

(2) 在相同的加工条件下对同一段轨迹进行加工时，基于圆锥直纹面刀具姿态控制的指令点插补方法产生的刀具姿态误差最大值远小于其余两种方法。原因在于该方法能够灵活控制刀轴矢量，使其始终在所要求的圆锥直纹面上运动，避免了非线性误差的产生。

(3) 与双 NURBS 曲线插补方法和线性插补方法相比，采用基于圆锥直纹面刀具姿态控制的指令点插补方法进行加工时，所需传输的程序段数目更少，重参数化耗时明显缩短。

表 5.1　不同方法加工效果对比

方法	程序段数目	刀具姿态误差最大值/rad	刀尖点误差最大值/mm	重参数化耗时/s
基于圆锥直纹面刀具姿态控制的指令点插补方法	43	4.4409×10^{-16}	8.0702×10^{-14}	0.016
双 NURBS 曲线插补方法	40	0.0127	0.0665	0.031
	80	0.0055	0.0179	0.062
线性插补方法	40	0.9701	4.77	—
	80	0.2859	1.19	

5.5　基于刀具姿态控制的指令点插补方法

线性插补方法是五轴数控系统常用的指令点插补方法，该方法通过对机床各轴首末点位置坐标进行线性分割，实现刀具位姿变化。在加工中发现，线性插补方式会产生如下问题：①五轴数控加工工件几何造型复杂，采用直线段对复杂曲线离散化，不仅会增加数据传输负担，而且在离散化过程中会产生不必要的误差；②由于刀轴矢量与旋转轴位置坐标间存在非线性映射，采用线性插补方法进行五轴数控加工时无法控制刀具姿态；③线性插补方法无法保证机床各轴速度和加速度的连续性，影响加工表面光洁度。

针对上述问题，本节提出一种基于刀具姿态控制的指令点插补方法。该方法包括代码预处理、连续加工区域识别、指令点压缩和实时插补四部分。代码预处理部分通过读取五轴数控加工程序，获得刀尖点位置、刀轴矢量以及进给速度等信息。连续加工区域识别部分根据相邻刀尖点和刀轴矢量变化确定特征点和特征刀轴矢量，将待加工表面划分为连续加工区域和非连续加工区域。指令点压缩部分主要包括刀尖点压缩和刀轴矢量压缩两方面，其中，刀尖点压缩部分采用基于弦长的三次多项式构造经过同一连续加工区域各指令点的二阶连续曲线，刀轴矢量压缩部分根据连续加工区域的首末刀轴矢量值建立局部直角坐标系，进而形成二阶连续的刀具姿态曲线。实时插补部分采用二阶泰勒展开式确定各插补周期刀尖点位置坐标对应参数，建立刀尖点轨迹曲线参数和刀具姿态曲线参数间的对应关系，确定每一插补周期刀尖点对应的刀轴矢量。

5.5.1 代码预处理

代码预处理部分是后续刀具姿态曲线和刀尖点轨迹曲线拟合的基础，该部分结合读取的五轴数控程序确定刀具运动信息。

在五轴数控加工中，旋转轴角度编程和刀轴矢量编程是常见的两种编程方式。旋转轴角度编程根据具体机床结构确定三个进给轴和两个旋转轴的坐标值，生成加工程序。采用这一方式进行编程时，同一工件在不同机床上加工时对应的加工程序往往不同，代码通用性较差。

刀轴矢量编程能够直接根据刀具在工件坐标系下的刀尖点位置坐标和方向矢量生成加工程序，使得同一段程序能够在不同结构机床上互换使用，代码通用性较好。采用刀轴矢量编程方式形成的数控加工程序可表示为

$$\text{G05.0}\ X\_Y\_Z\_U\_V\_W\_F\_;$$

其中，刀尖点在 X、Y、Z 方向的坐标分量分别由 $X\_$、$Y\_$、$Z_$后的数值确定，刀轴矢量在 X、Y、Z 方向的坐标分量分别由 $U\_$、$V\_$、$W_$后的数值确定，F 为该段程序对应的刀具进给速度。

代码预处理部分将读取采用刀轴矢量编程方式形成的数控加工程序，确定刀尖点位置和刀轴矢量。

5.5.2 连续加工区域识别

对于由刀尖点集合 $\boldsymbol{P}=\{\boldsymbol{P}_0,\boldsymbol{P}_1,\cdots,\boldsymbol{P}_n\}$和刀轴矢量集合 $\boldsymbol{V}=\{\boldsymbol{V}_0,\boldsymbol{V}_1,\cdots,\boldsymbol{V}_n\}$确定的数控加工曲面 Ω，连续加工区域识别部分将判断任意相邻刀尖点和刀轴矢量是否满足连续加工的条件，确定特征点和特征刀轴矢量，以特征点或特征刀轴矢量对应位置点为分隔点，将待加工区域划分为若干非连续加工区域和连续加工区域。

1. 特征点的确定

在刀尖点集合 $\boldsymbol{P}$ 中，首先标记首末刀尖点 $\boldsymbol{P}_0$ 和 $\boldsymbol{P}_n$ 为特征点。对于任意相邻三个刀尖点 $\boldsymbol{P}_{i-1}$、$\boldsymbol{P}_i$ 和 $\boldsymbol{P}_{i+1}$，可以确定矢量 $\boldsymbol{Q}_i$：

$$\boldsymbol{Q}_i = \boldsymbol{P}_{i-1}\boldsymbol{P}_i \times \boldsymbol{P}_i\boldsymbol{P}_{i+1},\quad i=1,2,\cdots,n-1 \tag{5.60}$$

由 i=1 且 j=2 开始，依次计算矢量 $\boldsymbol{Q}_i$ 与 $\boldsymbol{Q}_j$ 间的夹角 α_{ij}：

$$\alpha_{ij} = \arccos\frac{\boldsymbol{Q}_i \cdot \boldsymbol{Q}_j}{\left\|\boldsymbol{Q}_i\right\|\left\|\boldsymbol{Q}_j\right\|} \tag{5.61}$$

若 $\alpha_{ij} < 90°$，则将刀尖点 $\boldsymbol{P}_j$ 划为 $\boldsymbol{P}_i$ 所在加工区域中，重复上述步骤判别刀尖点 $\boldsymbol{P}_{j+1}$ 是否属于该区域；若 $\alpha_{ij} \geqslant 90°$，则刀尖点 $\boldsymbol{P}_j$ 与 $\boldsymbol{P}_i$ 所在加工区域不同，标记刀尖点 $\boldsymbol{P}_j$ 为特征点，将该点作为新加工区域的起始点继续判断。图 5.25 为特征点确定流程。

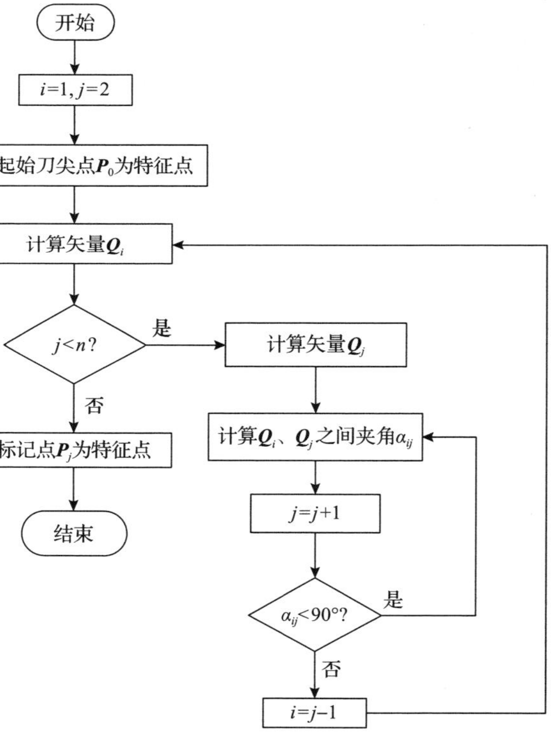

图 5.25　特征点确定流程

2. 特征刀轴矢量的确定

确定特征点后，加工区域 Ω 被特征点分隔为若干子区域。在任意子加工区域 $\boldsymbol{\Omega}_{\text{sub},i,j}=\{[\boldsymbol{P}_i \quad \boldsymbol{V}_i],[\boldsymbol{P}_{i+1} \quad \boldsymbol{V}_{i+1}],\cdots,[\boldsymbol{P}_j \quad \boldsymbol{V}_j]\}$ 中，首先标记刀轴矢量 $\boldsymbol{V}_i$ 和 $\boldsymbol{V}_j$ 为特征刀轴矢量，定义 $\boldsymbol{V}_i$ 和 $\boldsymbol{V}_{i+1}$ 位于同一加工区域，对于其后任意刀轴矢量 $\boldsymbol{V}_k$，计算其前加工区域 $\boldsymbol{\Omega}_{\text{sub},i,k-1}=\{[\boldsymbol{P}_i \quad \boldsymbol{V}_i],[\boldsymbol{P}_{i+1} \quad \boldsymbol{V}_{i+1}],\cdots,[\boldsymbol{P}_{k-1} \quad \boldsymbol{V}_{k-1}]\}$ 中任意刀轴矢量 $\boldsymbol{V}_m$ 与平面 $\boldsymbol{V}_i$-$\boldsymbol{V}_k$ 间的夹角 β_m：

$$\beta_m = \arccos\left(\boldsymbol{V}_m \cdot \frac{\boldsymbol{V}_i \times \boldsymbol{V}_k}{\left\| \boldsymbol{V}_i \times \boldsymbol{V}_k \right\|} \right), \quad m = i+1, i+2, \cdots, k-1 \tag{5.62}$$

若 $\beta_m \leqslant \beta_{\max}$（$\beta_{\max}$ 为数控装置所设置的最大弧度误差），则说明$[\boldsymbol{P}_k,\boldsymbol{V}_k]$和加工区域 $\boldsymbol{\Omega}_{\text{sub},i,k-1}$ 之间满足连续加工的条件，继续判断 $\boldsymbol{V}_{k+1}$ 是否满足连续加工条件。若 $\beta_m > \beta_{\max}$，则说明$[\boldsymbol{P}_k,\boldsymbol{V}_k]$和加工区域 $\boldsymbol{\Omega}_{\text{sub},i,k-1}$ 之间不满足连续加工的条件，将 $\boldsymbol{V}_{k-1}$ 标记为特征刀轴矢量，从而使子加工区域 $\boldsymbol{\Omega}_{\text{sub},i,j}$ 划分为 $\boldsymbol{\Omega}_{\text{sub},i,k-1}$ 和 $\boldsymbol{\Omega}_{\text{sub},k-1,j}$。依次重复上述过程，可将数控加工程序划分为非连续加工区域和连续加工区域。图 5.26 为特征刀轴矢量确定流程。

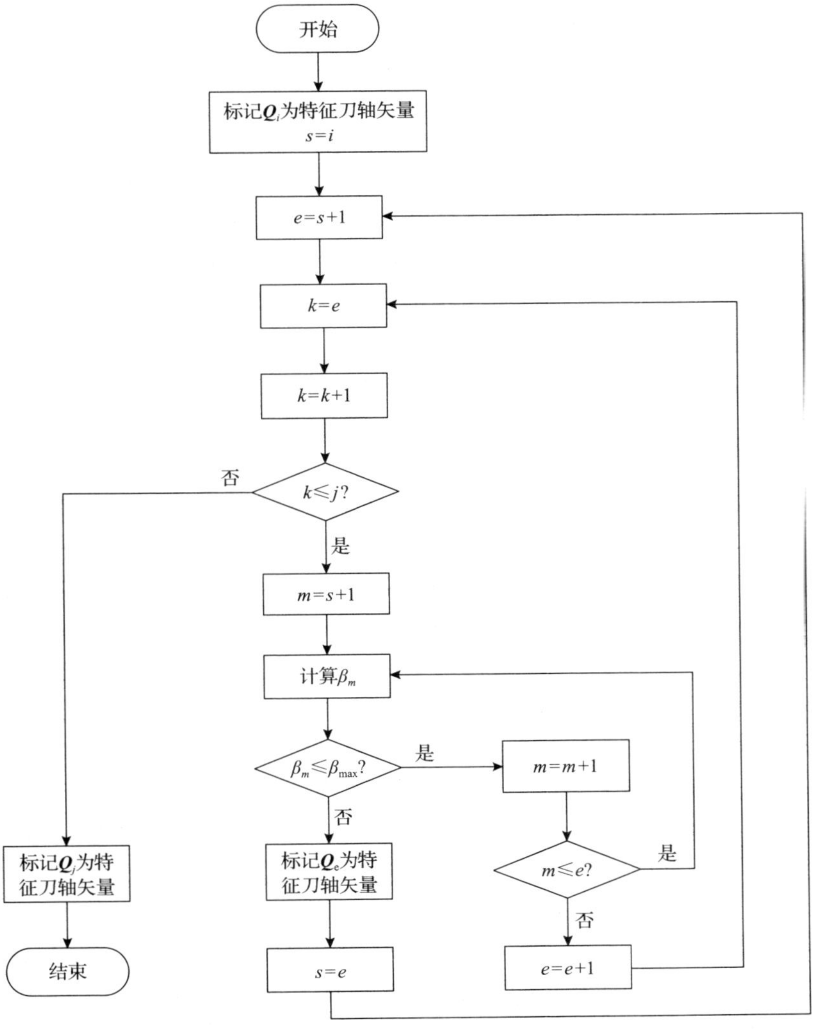

图 5.26　特征刀轴矢量确定流程

5.5.3 指令点压缩

指令点压缩是本节方法的核心部分。将刀尖点集合 $\boldsymbol{P}=\{\boldsymbol{P}_0,\boldsymbol{P}_1,\cdots,\boldsymbol{P}_n\}$ 和刀轴矢量集合 $\boldsymbol{V}=\{\boldsymbol{V}_0,\boldsymbol{V}_1,\cdots,\boldsymbol{V}_n\}$ 确定的数控加工曲面划分为连续加工与非连续加工区域后，指令点压缩部分通过对同一连续加工区域中刀尖点位置和刀轴矢量分别进行拟合，得到经过各指令点的刀尖点轨迹曲线和刀具姿态曲线。在编程过程中，将曲线各参数输入系统即可确定加工轨迹，达到减少代码数目的目的。

1. 刀尖点压缩

刀尖点压缩部分针对连续加工区域识别部分得到的各个连续子加工区域刀尖点序列进行拟合，采用基于弦长的三次多项式构造一条经过各指令点的二阶连续刀尖点轨迹曲线[13]。

在对特征点进行拟合前，首先需要进行参数化，以确保每个刀尖点都有与之对应的参数。对于任意连续加工区域 $\boldsymbol{\Omega}_{\text{sub},i,j}$ 中的刀尖点序列 $\{\boldsymbol{P}_i,\boldsymbol{P}_{i+1},\cdots,\boldsymbol{P}_j\}$，采用弦长参数化法求得对应参数，即

$$\begin{cases} u_i = 0 \\ u_k = u_{k-1} + \left\| \boldsymbol{P}_{k-1}\boldsymbol{P}_k \right\| \end{cases}, \quad k = i+1, i+2, \cdots, j \tag{5.63}$$

在根据式(5.63)确定各刀尖点对应参数后，连续加工区域 $\boldsymbol{\Omega}_{\text{sub},i,j}$ 中任意相邻两节点 $\boldsymbol{P}_{k-1}$ 和 $\boldsymbol{P}_k$ 间的刀尖点轨迹曲线 $\boldsymbol{P}_{k-1}(u)$ 可表示为

$$\boldsymbol{P}_{k-1}(u) = \boldsymbol{A}_{k-1}\left(u-u_{k-1}\right)^3 + \boldsymbol{B}_{k-1}\left(u-u_{k-1}\right)^2 + \boldsymbol{C}_{k-1}\left(u-u_{k-1}\right) + \boldsymbol{D}_{k-1}, \quad u \in \left[u_{k-1}, u_k\right] \tag{5.64}$$

式中，$\boldsymbol{A}_{k-1}$、$\boldsymbol{B}_{k-1}$、$\boldsymbol{C}_{k-1}$、$\boldsymbol{D}_{k-1}$ 为曲线 $\boldsymbol{P}_{k-1}(u)$ 的系数；u 为参数。

$$\begin{cases} \boldsymbol{A}_{k-1} = \dfrac{\boldsymbol{P}_k'' - \boldsymbol{P}_{k-1}''}{6\left(u_k - u_{k-1}\right)} \\ \boldsymbol{B}_{k-1} = \dfrac{\boldsymbol{P}_{k-1}''}{2} \\ \boldsymbol{C}_{k-1} = \dfrac{\boldsymbol{P}_k - \boldsymbol{P}_{k-1}}{\left(u_k - u_{k-1}\right)} - \dfrac{\left(u_k - u_{k-1}\right)\left(\boldsymbol{P}_k'' + 2\boldsymbol{P}_{k-1}''\right)}{6} \\ \boldsymbol{D}_{k-1} = \boldsymbol{P}_{k-1} \end{cases} \tag{5.65}$$

由式(5.65)可知，要确定刀尖点轨迹曲线的系数，除需确定各刀尖点位置坐标外，还需确定各刀尖点对应的二阶导数值：

$$
\begin{bmatrix}
-\frac{u_{i+1}-u_i}{3} & -\frac{u_{i+1}-u_i}{6} & 0 & \cdots & 0 & 0 & 0 \\
\frac{u_{i+1}-u_i}{6} & \frac{u_{i+2}-u_i}{3} & \frac{u_{i+2}-u_{i+1}}{3} & \cdots & 0 & 0 & 0 \\
\vdots & \vdots & \vdots & & \vdots & \vdots & \vdots \\
0 & 0 & 0 & \cdots & \frac{u_{j-1}-u_{j-2}}{6} & \frac{u_j-u_{j-2}}{3} & \frac{u_j-u_{j-1}}{6} \\
0 & 0 & 0 & \cdots & 0 & \frac{u_j-u_{j-1}}{6} & \frac{u_j-u_{j-1}}{3}
\end{bmatrix}
\begin{bmatrix} \boldsymbol{P}_i'' \\ \boldsymbol{P}_{i+1}'' \\ \vdots \\ \boldsymbol{P}_{j-1}'' \\ \boldsymbol{P}_j'' \end{bmatrix}
=
\begin{bmatrix}
\boldsymbol{P}_i' - \frac{\boldsymbol{P}_{i+1}-\boldsymbol{P}_i}{u_{i+1}-u_i} \\
\frac{\boldsymbol{P}_{i+2}-\boldsymbol{P}_{i+1}}{u_{i+2}-u_{i+1}} - \frac{\boldsymbol{P}_{i+1}-\boldsymbol{P}_i}{u_{i+1}-u_i} \\
\vdots \\
\frac{\boldsymbol{P}_{j-1}-\boldsymbol{P}_{j-2}}{u_{j-1}-u_{j-2}} - \frac{\boldsymbol{P}_{j-2}-\boldsymbol{P}_{j-3}}{u_{j-2}-u_{j-3}} \\
\boldsymbol{P}_j' - \frac{\boldsymbol{P}_j-\boldsymbol{P}_{j-1}}{u_j-u_{j-1}}
\end{bmatrix}
\tag{5.66}
$$

式中，

$$
\begin{cases}
\boldsymbol{P}_i' = \boldsymbol{P}_{i+1} - \boldsymbol{P}_i \\
\boldsymbol{P}_j' = \boldsymbol{P}_j - \boldsymbol{P}_{j-1}
\end{cases}
\tag{5.67}
$$

与现有编程方法需要输入连续加工区域 $\boldsymbol{\Omega}_{\text{sub},i,j}$ 中各刀尖点位置坐标在三个线性轴方向上的坐标分量不同，对连续加工区域内离散刀尖点压缩后，只需输入刀尖点轨迹曲线参数最小值和最大值以及参数多项式系数就可以确定待加工轨迹，显著减少了代码数目。

2. 刀轴矢量压缩

1)压缩曲线表达式

经过代码预处理和连续加工区域识别后，通过读取数控程序，可确定待插补曲线起点 $\boldsymbol{P}_0$ 和终点 $\boldsymbol{P}_n$ 对应的刀轴矢量 $\boldsymbol{V}_0$ 和 $\boldsymbol{V}_n$。由刀轴矢量集合的定义可知，$\boldsymbol{V}_0$ 和 $\boldsymbol{V}_n$ 均为单位向量，可建立局部旋转坐标系 $O\boldsymbol{V}_0\boldsymbol{W}\boldsymbol{N}$：

$$
\boldsymbol{N} = \frac{\boldsymbol{V}_0 \times \boldsymbol{V}_n}{\left\| \boldsymbol{V}_0 \times \boldsymbol{V}_n \right\|}
\tag{5.68}
$$

$$
\boldsymbol{W} = \frac{\boldsymbol{N} \times \boldsymbol{V}_0}{\left\| \boldsymbol{N} \times \boldsymbol{V}_0 \right\|}
\tag{5.69}
$$

对于任意点 $\boldsymbol{P}_k \in \boldsymbol{P}$，其对应的刀轴矢量 $\boldsymbol{V}_k$ 可表示为

$$
\boldsymbol{V}_k = \begin{bmatrix} \boldsymbol{V}_0 & \boldsymbol{W} & \boldsymbol{N} \end{bmatrix}
\begin{bmatrix} \cos\psi_k \cos\phi_k \\ \cos\psi_k \sin\phi_k \\ \sin\psi_k \end{bmatrix}
\tag{5.70}
$$

式中，ψ_k 为刀轴矢量 $\boldsymbol{V}_k$ 与平面 $\boldsymbol{N}$-$\boldsymbol{V}_0$ 的夹角；ϕ_k 为刀轴矢量 $\boldsymbol{V}_k$ 在平面 $\boldsymbol{N}$-$\boldsymbol{V}_0$ 上的

投影与起始刀轴矢量 $\boldsymbol{V}_0$ 间的夹角。

$$\psi_k = \arcsin\left(\boldsymbol{V}_k \cdot \boldsymbol{N}\right) \tag{5.71}$$

$$\phi_k = \arccos\frac{\boldsymbol{V}_k \cdot \boldsymbol{V}_0}{\sqrt{1-\left(\boldsymbol{V}_k \cdot \boldsymbol{N}\right)^2}} \tag{5.72}$$

2) 曲线参数确定

刀具姿态曲线的二阶连续性是保证旋转轴速度和加速度连续的前提，因此需要将离散刀轴矢量拟合成满足二阶连续性条件的刀具姿态曲线。在所建立的刀具姿态控制模型中，可将任意刀轴矢量 $\boldsymbol{V}_k$ 表示为与 ψ_k 和 ϕ_k 相关的函数。因此，如何将同一连续加工区域中的角度集合 $\boldsymbol{\Psi}=\{\psi_1,\psi_2,\cdots,\psi_n\}$ 和 $\boldsymbol{\Phi}=\{\phi_0,\phi_1,\cdots,\phi_n\}$ 拟合为二阶连续的曲线，就成为刀具姿态曲线拟合部分需要解决的主要问题。

在进行曲线拟合前，首先采用向心参数化方法确定 ψ_k 和 ϕ_k 对应的参数 u_k：

$$u_k = \begin{cases} 0, & k=0 \\ u_{k-1} + \dfrac{\sqrt{\left(\phi_k-\phi_{k-1}\right)^2+\left(\psi_k-\psi_{k-1}\right)^2}}{\sum\limits_{j=1}^{n}\sqrt{\left(\phi_j-\phi_{j-1}\right)^2+\left(\psi_j-\psi_{j-1}\right)^2}}, & k=1,2,\cdots,n \end{cases} \tag{5.73}$$

当确定 ψ_k 和 ϕ_k 对应的参数 u_k 后，将构造经过 ψ_k 和 ϕ_k 的三次样条曲线，确定参数 u_k 处对应值的一、二阶导数。在此基础上，采用五次样条曲线构造满足二阶连续的曲线 $\psi(u)$ 和 $\phi(u)$。本节以 $\{\psi_0,\psi_1,\cdots,\psi_n\}$ 的拟合过程为例进行说明，$\{\phi_0,\phi_1,\cdots,\phi_n\}$ 的拟合过程类似。

由点 ψ_{i-2}、ψ_{i-1}、ψ_i、ψ_{i+1} 和 ψ_{i+2} 确定的三次样条曲线 $\psi_i(u)(i=2,3,\cdots,n-2)$ 表示为

$$\psi_i(u) = b_{3,i}u^3 + b_{2,i}u^2 + b_{1,i}u + b_{0,i},\quad u_{i-2} \leqslant u \leqslant u_{i+2} \tag{5.74}$$

式中，$b_{3,i}$、$b_{2,i}$、$b_{1,i}$ 和 $b_{0,i}$ 为三次样条曲线 $\psi_i(u)$ 的系数。

令 I_i 表示点 ψ_{i-2}、ψ_{i-1}、ψ_i、ψ_{i+1}、ψ_{i+2} 与三次样条曲线 $\psi_i(u)$ 参数 u_{i-2}、u_{i-1}、u_i、u_{i+1}、u_{i+2} 对应点间距离的平方和：

$$I_i = \sum_{j=i-2}^{i+2}\left(\sum_{k=0}^{3} b_{k,i}u_j^k - \psi_j\right)^2 \tag{5.75}$$

式中，I_i 为以 $b_{k,i}$ 为变量的函数。

为使函数 I_i 达到最小值，I_i 对各变量 $b_{k,i}$ 的偏导数应满足

$$\frac{\partial I_i}{\partial b_{k,i}} = 2\sum_{j=i-2}^{i+2}\left(\sum_{k=0}^{3} b_{k,i}u_j^k - \psi_j\right)u_j^k = 0 \tag{5.76}$$

进而得到

$$\begin{bmatrix} \sum_{j=i-2}^{i+2} u_j^0 & \sum_{j=i-2}^{i+2} u_j & \sum_{j=i-2}^{i+2} u_j^2 & \sum_{j=i-2}^{i+2} u_j^3 \\ \sum_{j=i-2}^{i+2} u_j & \sum_{j=i-2}^{i+2} u_j^2 & \sum_{j=i-2}^{i+2} u_j^3 & \sum_{j=i-2}^{i+2} u_j^4 \\ \sum_{j=i-2}^{i+2} u_j^2 & \sum_{j=i-2}^{i+2} u_j^3 & \sum_{j=i-2}^{i+2} u_j^4 & \sum_{j=i-2}^{i+2} u_j^5 \\ \sum_{j=i-2}^{i+2} u_j^3 & \sum_{j=i-2}^{i+2} u_j^4 & \sum_{j=i-2}^{i+2} u_j^5 & \sum_{j=i-2}^{i+2} u_j^6 \end{bmatrix}\begin{bmatrix} b_{0,i} \\ b_{1,i} \\ b_{2,i} \\ b_{3,i} \end{bmatrix} = \begin{bmatrix} \sum_{j=i-2}^{i+2} \psi_j \\ \sum_{j=i-2}^{i+2} \psi_j u_j \\ \sum_{j=i-2}^{i+2} \psi_j u_j^2 \\ \sum_{j=i-2}^{i+2} \psi_j u_j^3 \end{bmatrix} \tag{5.77}$$

由式(5.76)和式(5.77)可知，在给定各参数和对应的函数值后，即可确定 $b_{k,i}(k=0,1,2,3)$的值，进而得到参数 u_i 处对应值的一、二阶导数：

$$\begin{cases} \psi_i'(u_i) = 3b_{3,i}u_i^2 + 2b_{2,i}u_i + b_{1,i} \\ \psi_i''(u_i) = 6b_{3,i}u_i + 2b_{2,i} \end{cases} \tag{5.78}$$

式中，参数 u_0 和 u_1 处对应值的一、二阶导数分别等于 $\psi_2(u_0)$ 和 $\psi_2(u_1)$ 处一、二阶导数，参数 u_n 和 u_{n-1} 处对应值的一、二阶导数分别等于 $\psi_{n-2}(u_n)$ 和 $\psi_{n-2}(u_{n-1})$ 处一、二阶导数。

当确定参数 u_k 对应点 ψ_k 的一、二阶导数后，刀轴矢量由 $\boldsymbol{V}_k$ 变化至 $\boldsymbol{V}_{k+1}$ 的过程中，刀轴矢量与平面 $\boldsymbol{N}$-$\boldsymbol{V}_0$ 间的夹角 $\psi_k(u)$ 为

$$\psi_k(u) = \begin{bmatrix} \psi_k & \psi_{k+1} & \psi_k' & \psi_{k+1}' & \psi_k'' & \psi_{k+1}'' \end{bmatrix}\begin{bmatrix} \alpha_k(u) \\ \alpha_{k+1}(u) \\ \beta_k(u) \\ \beta_{k+1}(u) \\ \gamma_k(u) \\ \gamma_{k+1}(u) \end{bmatrix}, \quad u \in [u_k, u_{k+1}] \tag{5.79}$$

式中，$\alpha_k(u)$、$\alpha_{k+1}(u)$、$\beta_k(u)$、$\beta_{k+1}(u)$、$\gamma_k(u)$ 和 $\gamma_{k+1}(u)$ 为五次样条曲线 $\psi_k(u)$ 的系数。

$$\begin{cases}\alpha_k(u)=\dfrac{(u-u_{k+1})^3}{(u_k-u_{k+1})^3}-\dfrac{3(u-u_k)(u-u_{k+1})^3}{(u_k-u_{k+1})^4}+\dfrac{6(u-u_i)^2(u-u_{k+1})^3}{(u_k-u_{k+1})^5}\\ \alpha_{k+1}(u)=\dfrac{(u-u_k)^3}{(u_{k+1}-u_k)^3}-\dfrac{3(u-u_{k+1})(u-u_k)^3}{(u_{k+1}-u_k)^4}+\dfrac{6(u-u_{k+1})^2(u-u_k)^3}{(u_{k+1}-u_k)^5}\\ \beta_k(u)=\dfrac{(u-u_k)(u-u_{k+1})^3}{(u_k-u_{k+1})^3}-\dfrac{3(u-u_k)^2(u-u_{k+1})^3}{(u_k-u_{k+1})^4}\\ \beta_{k+1}(u)=\dfrac{(u-u_{k+1})(u-u_k)^3}{(u_{k+1}-u_k)^3}-\dfrac{3(u-u_{k+1})^2(u-u_k)^3}{(u_{k+1}-u_k)^4}\\ \gamma_k(u)=\dfrac{(u-u_k)^2(u-u_{k+1})^3}{2(u_k-u_{k+1})^3}\\ \gamma_{k+1}(u)=\dfrac{(u-u_{k+1})^2(u-u_k)^3}{2(u_{k+1}-u_k)^3}\end{cases}\tag{5.80}$$

5.5.4 实时插补

本部分在考虑机床各轴最大允许速度的基础上，首先采用二阶泰勒展开式计算得到各插补周期插补点对应的参数，从而在刀尖点轨迹曲线上确定对应位置坐标；然后建立刀尖点轨迹曲线参数与刀具姿态曲线参数间的一一映射关系，保证加工中刀轴矢量与刀尖点的协调运动；最后根据计算得到的插补点对应参数确定刀具姿态曲线参数，代入刀具姿态曲线方程得到该插补点对应的刀轴矢量。

1. 刀尖点轨迹曲线插补

对于所得到的连续加工区域 $\boldsymbol{\Omega}_{\mathrm{sub},i,j}$ 中的 i-j 段刀尖点序列 $\{\boldsymbol{P}_i,\boldsymbol{P}_{i+1},\cdots,\boldsymbol{P}_j\}$ 形成的刀尖点轨迹曲线 $\boldsymbol{P}(u)$，采用二阶泰勒展开式近似计算第 k+1 个插补周期插补点对应的参数 u_{k+1}。设数控系统插补周期为 T，第 k 个插补周期插补点对应的参数为 u_k，进给速度为 F_k，则 u_{k+1} 可表示为

$$u_{k+1}=u_k+\frac{F_kT}{\left\|\dfrac{\mathrm{d}\boldsymbol{P}(u)}{\mathrm{d}u}\right\|_{u=u_k}}-\frac{\left\|F_k{}^2T^2\left(\dfrac{\mathrm{d}\boldsymbol{P}(u)}{\mathrm{d}u}\dfrac{\mathrm{d}^2\boldsymbol{P}(u)}{\mathrm{d}u^2}\right)\right\|_{u=u_k}}{2\left\|\dfrac{\mathrm{d}\boldsymbol{P}(u)}{\mathrm{d}u}\right\|_{u=u_k}^4}\tag{5.81}$$

2. 刀具姿态曲线插补

对于连续加工区域 $\boldsymbol{\Omega}_{\text{sub},i,j}$，在根据式(5.81)得到刀尖点轨迹曲线 $P(u)$ 参数 u_{k+1} 后，如何确定该插补周期插补点对应角度就成为要解决的关键问题。本节将以 ψ_{k+1} 的确定为例进行说明，ϕ_{k+1} 的确定过程类似。

在连续加工区域 $\boldsymbol{\Omega}_{\text{sub},i,j}$ 中，$\boldsymbol{P}_i$ 和 $\boldsymbol{P}_j$ 为刀尖点轨迹曲线 $P(u)$ 对应的首末端点，M 为 P_iP_j 的中点，$\boldsymbol{P}_i'$ 和 $\boldsymbol{P}_j'$ 为 $P(u)$ 在首末端点处沿加工方向的切线方向，则可得到以 M 为原点的直角坐标系 $M\boldsymbol{M}_\text{v}\boldsymbol{M}_\text{h}\boldsymbol{M}_\text{n}$。

$$
\begin{cases}
\boldsymbol{M}_\text{h} = \dfrac{\boldsymbol{P}_i\boldsymbol{P}_j}{\left\|\boldsymbol{P}_i\boldsymbol{P}_j\right\|} \\
\boldsymbol{M}_\text{n} = \dfrac{\boldsymbol{P}_i'\times\boldsymbol{P}_j'}{\left\|\boldsymbol{P}_i'\times\boldsymbol{P}_j'\right\|} \\
\boldsymbol{M}_\text{v} = \dfrac{\boldsymbol{M}_\text{n}\times\boldsymbol{M}_\text{h}}{\left\|\boldsymbol{M}_\text{n}\times\boldsymbol{M}_\text{h}\right\|}
\end{cases}
\tag{5.82}
$$

在直角坐标系中，原点 $\boldsymbol{O}$ 坐标为

$$
\boldsymbol{O} = \frac{\left\|\boldsymbol{P}_i\boldsymbol{P}_j\right\|}{2\tan\left(\dfrac{1}{2}\varphi_j\right)}\boldsymbol{M}_\text{v} + \frac{1}{2}\left(\boldsymbol{P}_i + \boldsymbol{P}_j\right)
\tag{5.83}
$$

式中，φ_j 为始末刀轴矢量 $\boldsymbol{V}_i$ 与 $\boldsymbol{V}_j$ 之间的夹角。

插补点 P_{k+1} 对应角度 ψ_{k+1} 为

$$
\psi_{k+1} = \arccos\frac{\boldsymbol{OP}_{k+1}\cdot\boldsymbol{OP}_i}{\left\|\boldsymbol{OP}_{k+1}\right\|\left\|\boldsymbol{OP}_i\right\|}
\tag{5.84}
$$

在 ψ_{k+1} 和 ϕ_{k+1} 确定后，代入式(5.70)就可确定对应的刀轴矢量 $\boldsymbol{V}_{k+1}$。

5.5.5 实例验证及分析

为验证本节所提方法的有效性，对图 5.27 所示加工轨迹进行试验验证。为便于说明，取该曲面上粗线所示任意连续加工区域进行分析。

对连续加工区域中的离散刀轴矢量进行压缩，得到的刀具姿态曲线如图 5.28 所示。可以看出，采用本节方法压缩后的刀具姿态曲线能够保证位于单位球面上。

图 5.29 为刀具姿态曲线在 X、Y、Z 方向分量及其一、二阶导数曲线图。可以看出，采用本节方法得到的刀具姿态曲线经过给定的离散刀轴矢量，且曲线在三个线性轴方向的分量均满足一阶和二阶连续的条件。

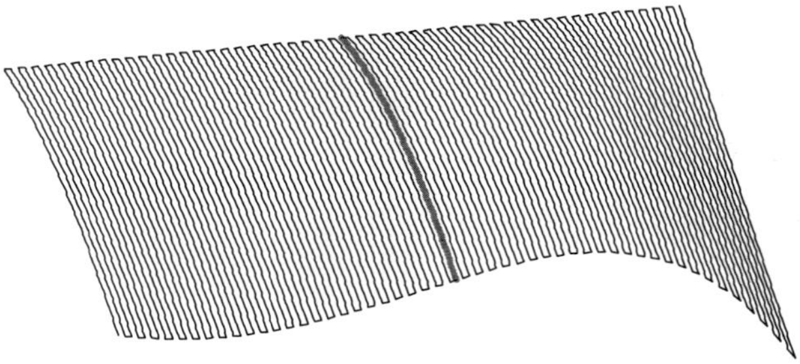

图 5.27　试验曲面

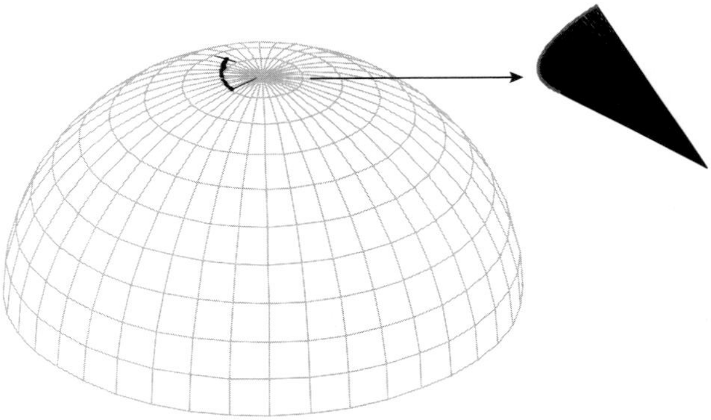

图 5.28　压缩后的刀具姿态曲线

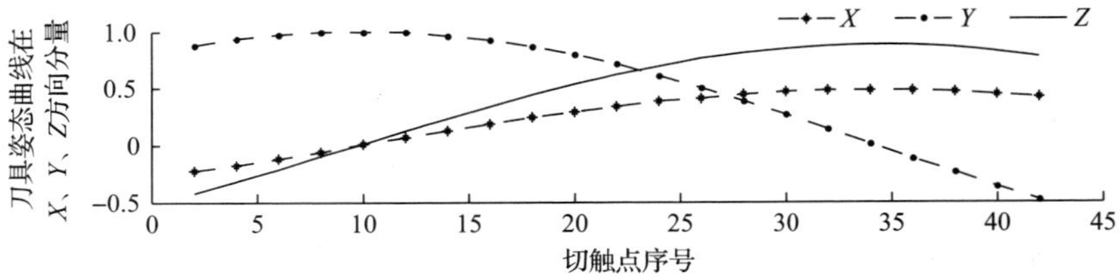

(a) 刀具姿态曲线在X、Y、Z方向分量

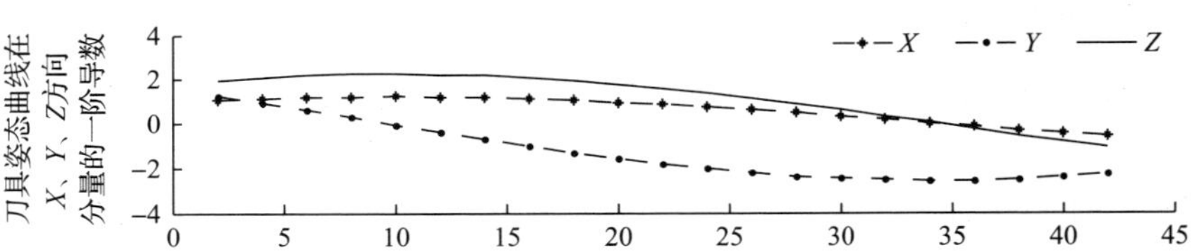

(b) 刀具姿态曲线在X、Y、Z方向分量的一阶导数

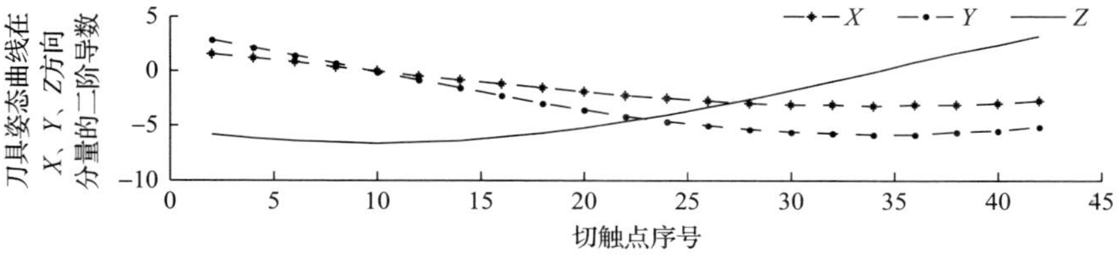

(c) 刀具姿态曲线在X、Y、Z方向分量的二阶导数

图 5.29　刀具姿态曲线在 X、Y、Z 方向分量及其一、二阶导数曲线图(基于刀具姿态控制的指令点插补方法)

线性插补方法和本节方法得到的五轴速度曲线分别如图 5.30 和图 5.31 所示。可以看出，本节方法对大量离散微小程序段进行拟合，避免了机床各轴的频繁加

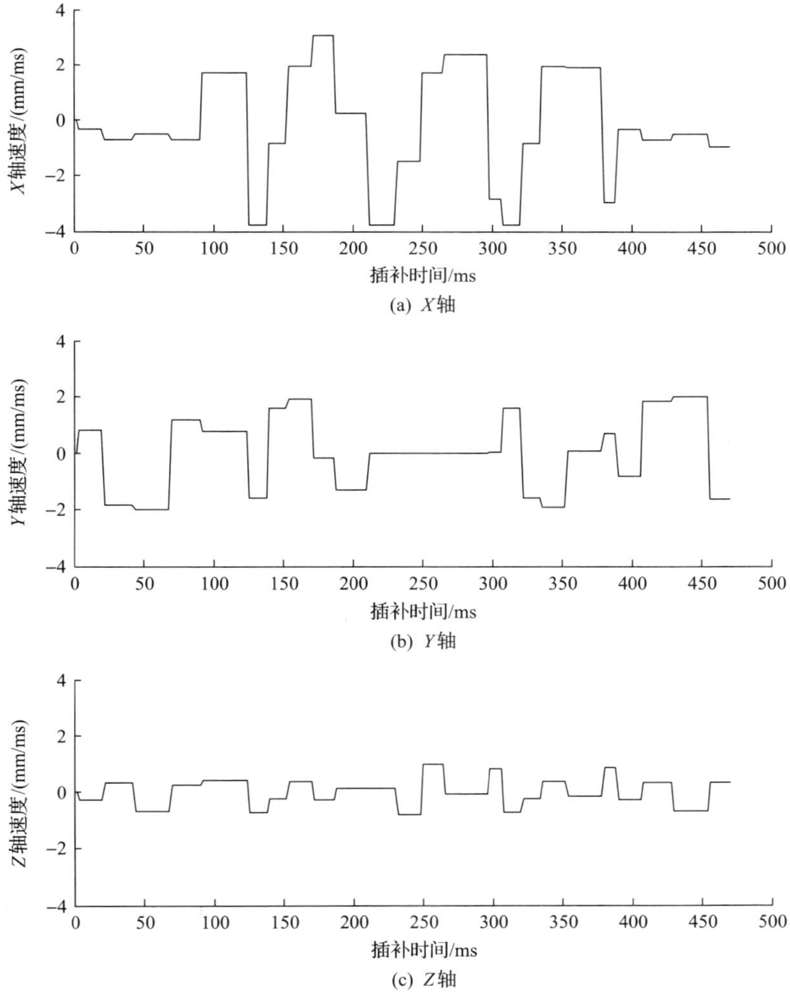

(a) X轴

(b) Y轴

(c) Z轴

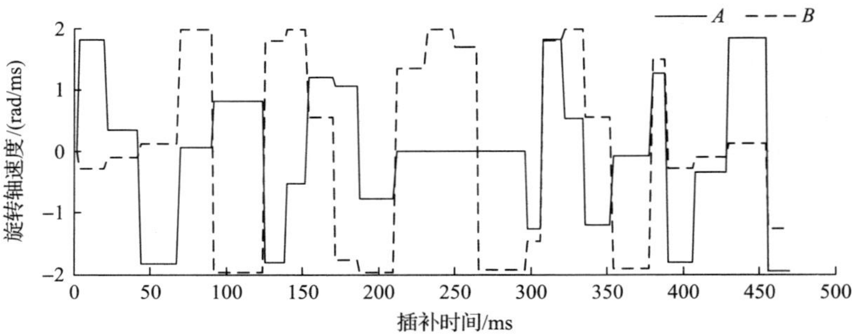

(d) 旋转轴

图 5.30　线性插补方法得到的五轴速度曲线

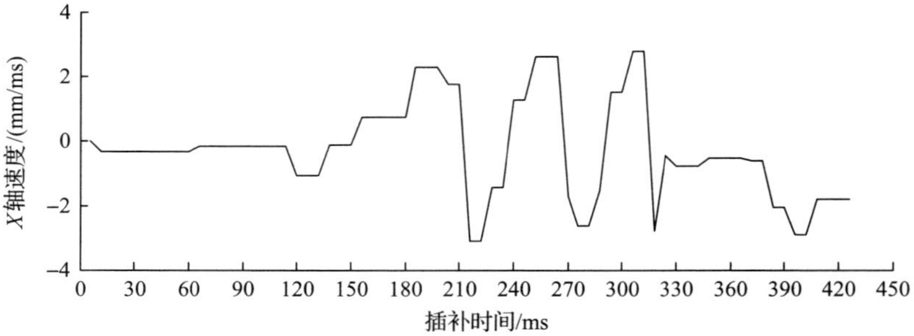

(a) X轴

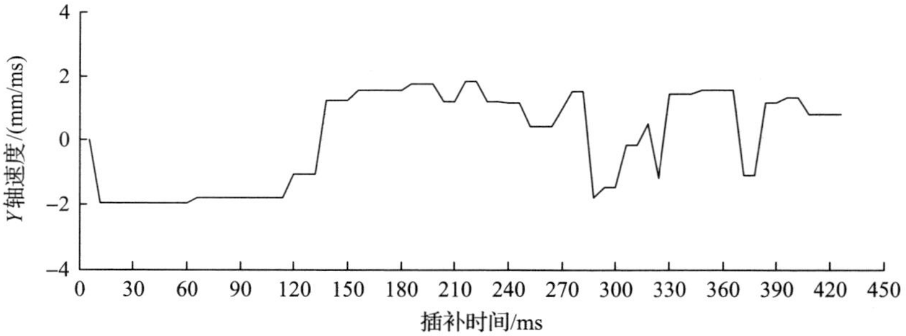

(b) Y轴

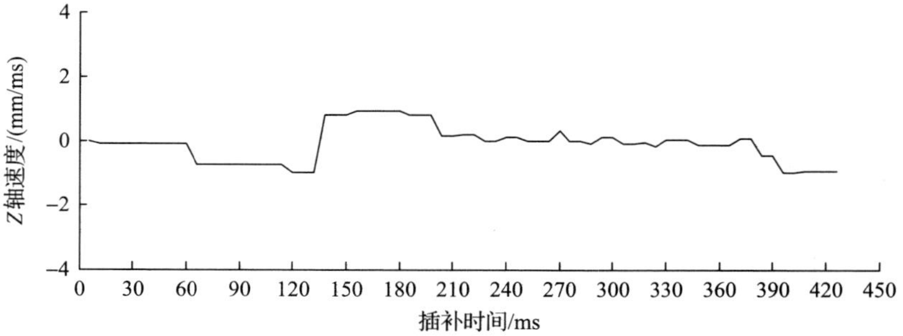

(c) Z轴

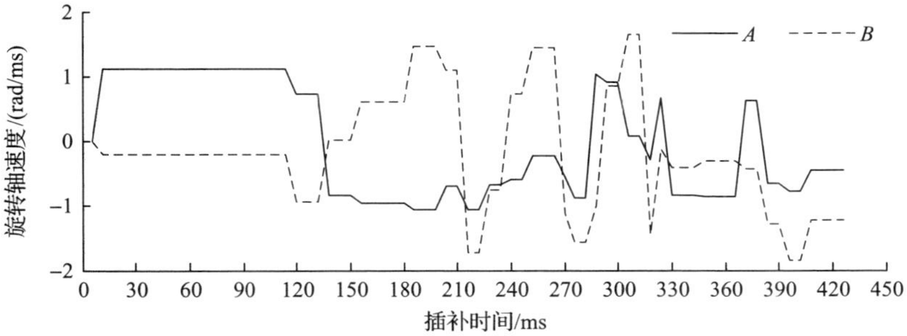

(d) 旋转轴

图 5.31　本节方法得到的五轴速度曲线

减速运动，提高了加工效率。

5.6　适用于圆柱直纹面锯切加工的指令点插补方法

锯切加工具有加工效率高、切割速度快等特点。然而，由于圆锯片与传统车铣刀在刀具结构方面存在差异，现有适用于车刀和铣刀运动控制的指令点插补方法无法直接应用于圆锯片切割，因此圆锯片仍局限于石材制品的直线加工，限制了其应用潜力的进一步发挥[14,15]。对适用于圆柱直纹面锯切加工的指令点插补方法进行研究，对提升石材制品加工效率、充分发挥五轴数控机床在石材数控加工方面的潜力具有十分重要的意义。

本节对适用于圆柱直纹面锯切加工的指令点插补方法展开研究，根据圆锯片和圆柱直纹面的几何特征，得到能够描述该类型零件锯切加工过程的运动几何学模型，结合加工精度要求求解锯切深度，进而得到各插补周期指令点坐标和锯片姿态。

5.6.1　运动几何学模型

圆柱直纹面是动直线沿定圆平行移动所形成的曲面。圆柱直纹面锯切加工的运动几何学模型包括两部分内容，即描述工件特征的待加工曲面和描述圆锯片运动的锯切面面族。图 5.32 为圆柱直纹面锯切运动几何学模型。从图 5.32(a)可以看出，待加工曲面 $\boldsymbol{r}(u,v)$ 为圆柱直纹面，可表示为

$$\boldsymbol{r}(u,v)=\boldsymbol{a}(u)+v\boldsymbol{T}(u) \tag{5.85}$$

式中，$\boldsymbol{T}(u)$ 为圆柱直纹面母线方向矢量；$\boldsymbol{a}(u)$ 为圆柱直纹面准线。

$$\begin{cases}\boldsymbol{T}(u)=\begin{bmatrix}0 & 0 & 1\end{bmatrix}^{\mathrm{T}}\\ \boldsymbol{a}(u)=\begin{bmatrix}r\cos u & r\sin u\end{bmatrix}^{\mathrm{T}}\end{cases} \tag{5.86}$$

式中，r 为圆柱直纹面锯切加工时所用圆锯片的半径。

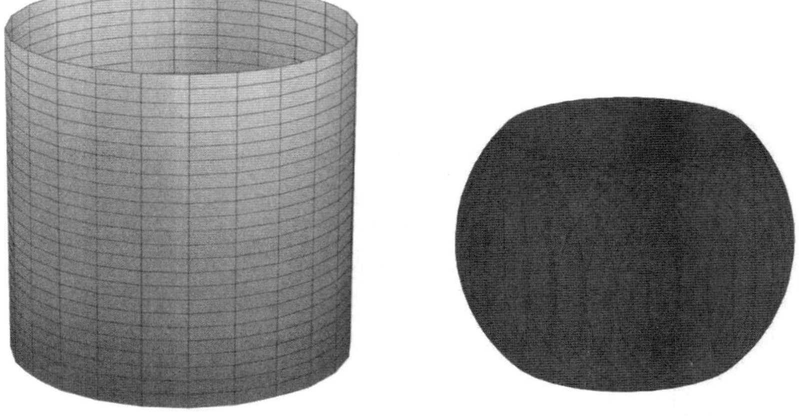

(a) 待加工曲面　　(b) 锯切面面族

图 5.32　圆柱直纹面锯切运动几何学模型

当圆锯片刀具锯切圆柱直纹面时，刀具运动轨迹与圆柱直纹面准线重合。此外，为减少刀具磨损，需要保证加工中刀具的中轴线始终与圆柱面相切。从图 5.32(b)可以看出，圆锯片在加工中任意时刻的位置形成一组锯切面面族，该面族的包络面即为加工的所得曲面。

在所建立的运动几何学模型中，圆锯片抽象为圆柱直纹面形成过程中的动圆，其与待加工曲面相切的位置即为圆柱直纹面的母线。待加工曲面的底面圆弧曲线为圆柱直纹面的准线。在锯切加工过程中，需要确定圆锯片的姿态和刀具切触点的位置坐标，具体实现过程如下所述。

5.6.2　方法设计

适用于圆柱直纹面锯切加工的指令点插补方法实现包括代码预处理、最大锯切深度确定、锯片姿态确定和刀具切触点插补等部分。其中，代码预处理部分是后续锯片姿态确定和刀具切触点插补的基础。在该部分，首先读取并分析加工程序，明确轮廓误差、锯片半径以及待加工石材高度和上下表面圆半径等信息；然后计算满足轮廓误差要求的最大锯切深度，并确定锯片倾斜角度和锯片姿态；最后在已知当前周期位置点参数和进给速度等信息的情况下，采用二阶泰勒展开式求解下一插补周期位置点参数，将所求参数代入待加工曲线得到下一插补周期位置点坐标，并通过机床运动学转换，获得机床直线轴和旋转轴的坐标。图 5.33 为适用于圆柱直纹面锯切加工的指令点插补方法流程。

下面将对最大锯切深度确定、锯片姿态确定以及刀具切触点插补等关键问题

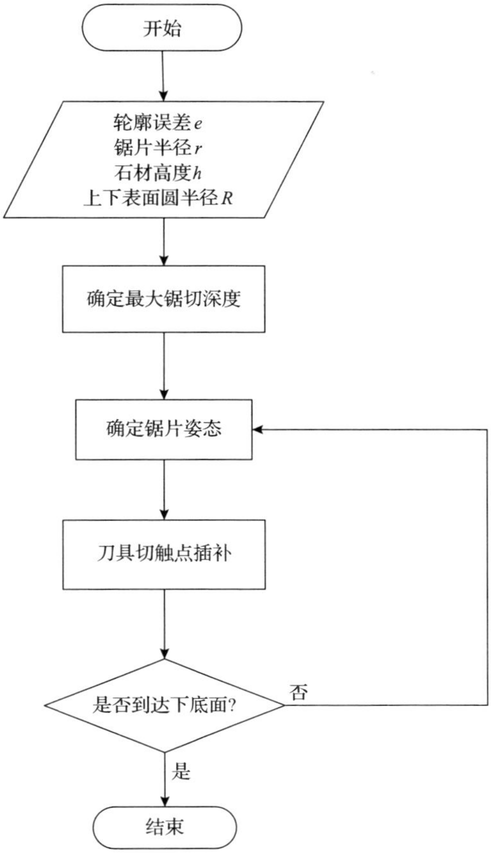

图 5.33　适用于圆柱直纹面锯切加工的指令点插补方法流程

的具体实现过程分别进行说明。

1. 最大锯切深度确定

石材锯切加工的轮廓误差是指在多轴联动锯切加工过程中，由于圆锯片加工位置偏离待加工曲面，被加工零件的轮廓廓形会产生误差。在石材锯切加工中，为使加工得到的圆柱直纹面上下表面圆的直径相同，圆锯片所在球面的球心必须与圆柱直纹面的中心位置重合，此时产生的轮廓误差如图 5.34 所示。

以圆锯片所在球面的球心 O_3 为原点，以垂直于圆锯片并靠近待加工曲面的方向为 X 轴，建立如图 5.34 所示的右手笛卡儿直角坐标系 XO_3Y，则圆锯片加工过程中满足下述坐标关系：

$$x^2 + y^2 = R^2 + \frac{d^2}{4}, \quad y \in \left[-\frac{d}{2}, \frac{d}{2}\right] \tag{5.87}$$

式中，d 为锯切深度；R 为上下表面圆半径。

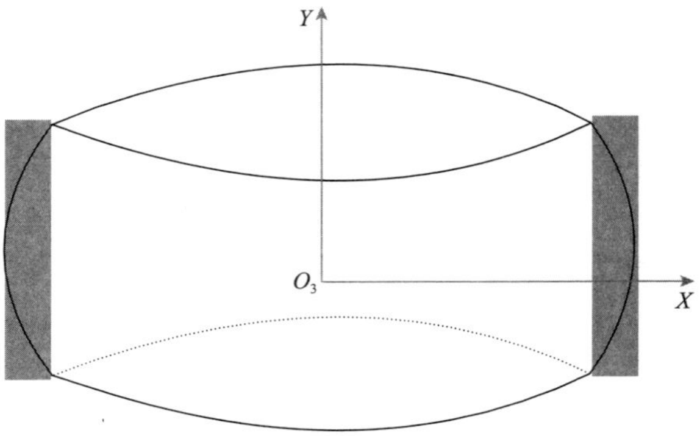

图 5.34　轮廓误差示意图

式(5.87)中，$y=0$ 时对应的 x 最大，$y=\pm d/2$ 时对应的 x 最小，因此轮廓误差 e 可表示为

$$e=2\left(\left|x_{\max}\right|-\left|x_{\min}\right|\right)=2\left(\sqrt{R^2+\frac{d^2}{4}}-R\right) \tag{5.88}$$

由式(5.88)可知，轮廓误差 e 仅与锯切深度 d 和上下表面圆半径 R 相关。进一步求解轮廓误差 e 对两变量的偏导数：

$$\frac{\partial e}{\partial R}=\frac{R}{\sqrt{R^2+\frac{d^2}{4}}}-1<0 \tag{5.89}$$

$$\frac{\partial e}{\partial d}=\frac{d}{2\sqrt{R^2+\frac{d^2}{4}}}>0 \tag{5.90}$$

由式(5.89)和式(5.90)可知，轮廓误差 e 与锯切深度 d 正相关，与上下表面圆半径负相关。

图 5.35 为轮廓误差变化图。可以看出，轮廓误差 e 是随锯切深度 d 和上下表面圆半径 R 变化的曲线。

综上所述，当待加工圆柱直纹面上下表面圆半径 R 一定时，可根据最大轮廓误差确定满足加工精度要求的最大锯切深度。

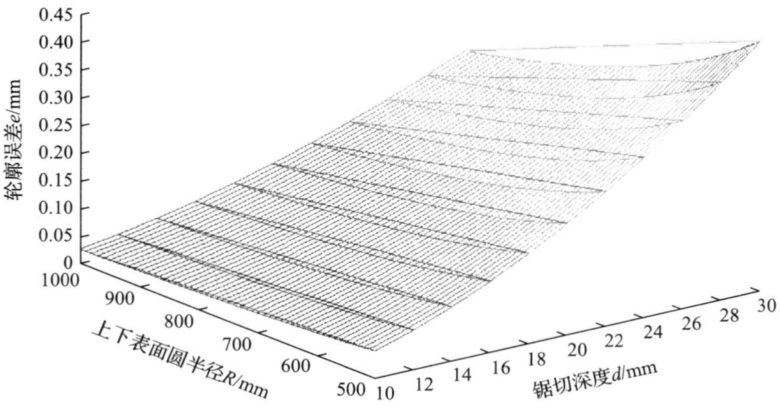

图 5.35　轮廓误差变化图

2. 锯片姿态确定

当用锯片切割圆柱直纹面时，若锯片面与准线所在平面始终保持垂直，易产生过切问题。为避免上述问题的产生，需要以一定角度倾斜锯片面，本节将对锯片倾斜角度的确定过程进行说明。

图 5.36 为圆锯片加工几何关系示意图，O_3 为锯片面的圆心，锯片面倾斜角度 α 后，与圆柱下表面圆交于点 B，与圆柱上表面圆交于点 P，AB 为锯片面直径。在形成包络面过程中的任意时刻 t，过圆心 O_3 作垂直于锯片面的法线 n_1，则对于法线 n_1 上任意点 O_1，由于 $O_1O_3\perp$平面 ABP，可得$\triangle PO_3O_1\cong\triangle BO_3O_1$，从而得到 $PO_1=BO_1$。同样可证明 $AO_1=BO_1$，即对于锯片上的点 A、B 和 P，满足 $O_3A=O_3P=O_3B$。因此，法线 n_1 上存在某点 O_1，使得对圆柱直纹面进行锯切加工的任意时刻，满足锯片圆周上各点始终位于以 O_1 点为球心的球面上。

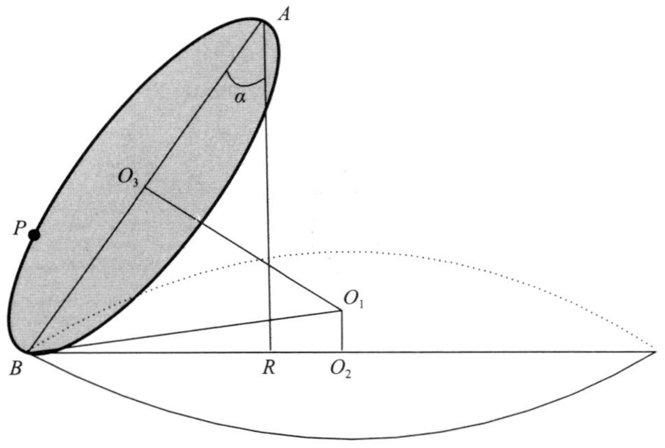

图 5.36　圆锯片加工几何关系示意图

锯片面倾斜角度 α 后，在形成包络面的过程中，锯片面与圆柱上下表面的交点所形成圆的半径相同。此时，过 A 点作 $AR \perp BO_2$，则 $\angle BAR$ 即为倾斜角度 α 。O_1 与 A、B、O_2 位于同一平面上，证明如下。

设 A、B、O_2 确定平面 ABO_2，则 O_3 作为 AB 中点，同样位于该平面上。假设 O_1 不在该平面 ABO_2 上，则存在 $O_1V \perp$ 平面 ABO_2，由此可得到 $O_1V \perp AB$ 且 $O_1O_3 \perp AB$。由于 O_1 位于平面 ABO_2 外，可得到 V 位于直线 O_1O_3 上。同理，由 $O_1V \perp$ 平面 ABO_2，可得到 $O_1V \perp BO_2$ 且 $O_1O_2 \perp BO_2$。由于 O_1 位于平面 ABO_2 外，可得到 V 位于直线 O_1O_2 上。由于 V 既位于直线 O_1O_3 上，又位于直线 O_1O_2 上，可得到点 O_1、O_2、O_3 共线，该结论与假设矛盾。因此，原假设不成立，即 O_1 位于平面 ABO_2 上，A、B、O_2 和 O_1 四点共面。

根据平面 ABO_1O_2 上的几何关系，可推导锯片面倾斜角度 α 满足

$$\begin{aligned}\alpha &= 90° - \angle ABO_2 \\ &= 90° - (\angle ABO_1 + \angle O_1BO_2) \\ &= 90° - (90° - \angle O_3O_1B) - \angle O_1BO_2 \\ &= \angle O_3O_1B - \angle O_1BO_2\end{aligned} \tag{5.91}$$

当采用半径 r 的锯片对上下表面圆半径为 R 的圆柱直纹面进行深度为 d 的锯切加工时，有

$$\angle O_3O_1B = \arctan\frac{r}{\sqrt{R^2 + \left(\frac{d}{2}\right)^2 - r^2}} \tag{5.92}$$

$$\angle O_1BO_2 = \arctan\frac{d}{2R} \tag{5.93}$$

锯片面倾斜角度 α 表示为

$$\alpha = \arctan\frac{r}{\sqrt{R^2 + \left(\frac{d}{2}\right)^2 - r^2}} - \arctan\frac{d}{2R} \tag{5.94}$$

3. 刀具切触点插补

当锯片旋转角速度和插补周期确定后，采用泰勒级数展开可近似估计下一插补周期插补点对应参数，将该参数代入待加工曲面表达式，可得到下一插补周期

刀具切触点的位置。

设 R 为圆柱直纹面上下表面圆半径，θ_k 为第 k 个插补周期对应的参数：

$$\theta_k = \theta(T_k) \tag{5.95}$$

则第 k 个插补周期圆柱直纹面上刀具切触点位置 $\boldsymbol{P}_k$ 表示为

$$\boldsymbol{P}_k = \begin{bmatrix} x_k & y_k \end{bmatrix}^{\mathrm{T}} = \begin{bmatrix} R\cos\theta_k & R\sin\theta_k \end{bmatrix}^{\mathrm{T}}, \quad \theta_k \in [0, 2\pi] \tag{5.96}$$

给定 θ_k 的值，就可在待加工圆柱直纹面上确定对应的刀具切触点坐标。因此，在刀具切触点插补部分，如何确定各插补周期 T_k 对应的 θ_k 值就成为下面要解决的关键问题。

令 ω 为锯片旋转角速度，T 为数控系统插补周期，则由第 k 个插补周期到第 k+1 个插补周期对应的参数变化表示为

$$\Delta\theta_{k+1} = \theta_{k+1} - \theta_k = \frac{r\omega T}{R} \tag{5.97}$$

第 k+1 个插补周期圆柱直纹面上刀具切触点位置 $\boldsymbol{P}_{k+1}$ 表示为

$$\boldsymbol{P}_{k+1} = \begin{bmatrix} x_{k+1} & y_{k+1} \end{bmatrix}^{\mathrm{T}} = \begin{bmatrix} R\cos\theta_{k+1} & R\sin\theta_{k+1} \end{bmatrix}^{\mathrm{T}}, \quad \theta_{k+1} \in [0, 2\pi] \tag{5.98}$$

展开并整理，可得到

$$\begin{cases} x_{k+1} = x_k \cos\Delta\theta_{k+1} - y_k \sin\Delta\theta_{k+1} \\ y_{k+1} = y_k \cos\Delta\theta_{k+1} + x_k \sin\Delta\theta_{k+1} \end{cases} \tag{5.99}$$

将正弦函数和余弦函数按泰勒级数展开，可得

$$\begin{cases} \sin\Delta\theta_{k+1} = \Delta\theta_{k+1} - \dfrac{(\Delta\theta_{k+1})^3}{3!} + \dfrac{(\Delta\theta_{k+1})^5}{5!} - \cdots \\ \cos\Delta\theta_{k+1} = 1 - \dfrac{(\Delta\theta_{k+1})^2}{2!} + \dfrac{(\Delta\theta_{k+1})^4}{4!} - \cdots \end{cases} \tag{5.100}$$

设 ε_1 和 ε_2 分别为对正弦函数和余弦函数取二阶近似后的截尾误差，则式(5.100)可简化为

$$\begin{cases} \sin\Delta\theta_{k+1} = \Delta\theta_{k+1} + \varepsilon_1 \\ \cos\Delta\theta_{k+1} = 1 - \dfrac{\Delta\theta_{k+1}^2}{2} + \varepsilon_2 \end{cases} \tag{5.101}$$

进而得到

$$\begin{cases} x_{k+1} = \left(x_k - \dfrac{1}{2}\Delta\theta_{k+1}^2 x_k - \Delta\theta_{k+1} y_k \right) + \left(\varepsilon_2 x_k - \varepsilon_1 y_k \right) \\ y_{k+1} = \left(y_k - \dfrac{1}{2}\Delta\theta_{k+1}^2 y_k + \Delta\theta_{k+1} x_k \right) + \left(\varepsilon_2 y_k + \varepsilon_1 x_k \right) \end{cases} \tag{5.102}$$

若采用二阶近似估计正弦函数和余弦函数，式(5.102)确定的各动点处径向误差可近似表示为

$$\varepsilon_{\mathrm{R},k+1} = \sqrt{\left(\varepsilon_1^2 + \varepsilon_2^2\right)\left(x_k^2 + y_k^2\right)} \tag{5.103}$$

5.6.3　实例验证及分析

为验证所提出圆柱直纹面锯切加工的指令点插补方法的有效性，对圆柱直纹面进行了试验验证。图 5.37 为圆柱直纹面示意图，其参数曲线方程为

$$\begin{cases} x = 2\cos\theta \\ y = 2\sin\theta \end{cases}, \quad \theta \in [0, 2\pi],\ z \in [0, 8] \tag{5.104}$$

图 5.38 为锯切加工仿真图。可以看出，本节方法能够控制锯片运动方向和倾斜角度，使其始终与待加工曲面相切，满足石材制品圆柱直纹面的加工要求。

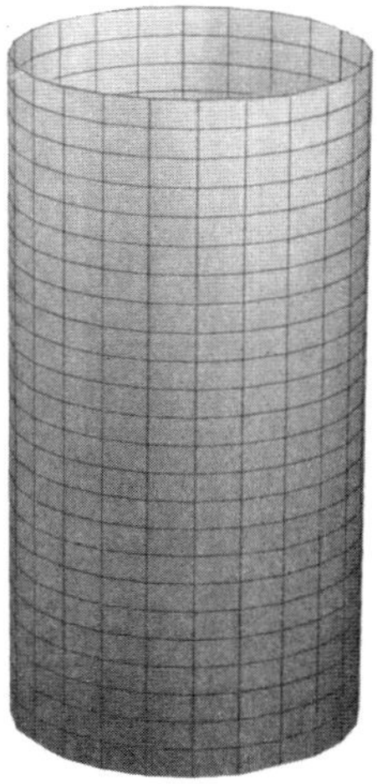

图 5.37　圆柱直纹面示意图

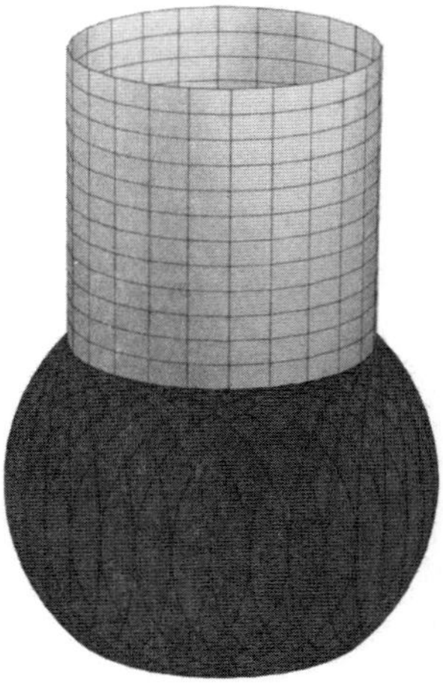

图 5.38　锯切加工仿真图

5.7　适用于椭圆柱直纹面锯切加工的指令点插补方法

椭圆柱直纹面在石材制品设计中有着广泛应用，锯切加工具有加工效率高、切割速度快等特点，更适合椭圆柱直纹面的高速加工。目前，在椭圆柱直纹面锯切加工领域的研究仍为空白，尚未形成适用于椭圆柱直纹面锯切加工的多轴数控加工的指令点插补方法。本节结合加工需要，介绍一种适用于椭圆柱直纹面锯切加工的指令点插补方法，以期提升该类型石材制品的数控锯切加工潜力。根据该类型石材制品锯切加工的特点建立运动几何学模型，确定满足轮廓误差要求的锯切深度，进而得到各插补周期指令点坐标和锯片姿态。

5.7.1　运动几何学模型

椭圆柱直纹面是动直线沿椭圆平行移动所形成的曲面。椭圆柱直纹面锯切加工的运动几何学模型由待加工曲面和锯切面面族两部分组成，如图 5.39 所示。从图 5.39(a) 可以看出，待加工曲面 $\boldsymbol{r}(u,v)$ 为椭圆柱直纹面，可表示为

$$\boldsymbol{r}(u,v)=\boldsymbol{s}(u)+v\boldsymbol{T}(u) \tag{5.105}$$

式中，$\boldsymbol{s}(u)$ 为椭圆柱直纹面的准线；$\boldsymbol{T}(u)$ 为与椭圆柱直纹面母线平行的单位矢量。

$$\boldsymbol{s}(u)=[a\sin u \quad b\cos u]^{\mathrm{T}} \tag{5.106}$$

式中，a 为椭圆柱直纹面的长半轴；b 为椭圆柱直纹面的短半轴。

(a) 待加工曲面

(b) 锯切面面族

图 5.39　椭圆柱直纹面锯切运动几何学模型

在锯切加工中，所用锯片可抽象为半径 r 的动圆，锯片沿准线运动且在任意时刻与待加工曲面相切于中轴线位置，形成一组锯切面面族，其包络面即为加工

所得曲面，如图 5.39(b)所示。在锯切加工过程中，通过对圆锯片运动方向和倾斜角度不断调整，实现椭圆柱直纹面表面的加工。

5.7.2　方法设计

适用于椭圆柱直纹面锯切加工的指令点插补方法实现包括代码预处理、锯片姿态确定和刀具切触点插补。其中代码预处理、锯片姿态确定过程与圆柱直纹面锯切加工过程相似。由于椭圆准线与圆弧准线间存在几何差异，如何确定圆锯片旋转运动与刀具切触点位置坐标间的关系是实现位置点插补的关键，也是本节方法需要解决的难点问题，下面将对该部分进行详细说明。

在已知机床各轴最大允许速度的前提下，位置点插补部分确定各插补周期对应参数，进而在给定的椭圆柱直纹面参数曲线上计算输出下一插补周期锯片切触点坐标。

设 a 为椭圆柱直纹面的长半轴，b 为椭圆柱直纹面的短半轴，θ_k 为第 k 个插补周期对应的参数，满足式(5.95)。

第 k 个插补周期椭圆柱直纹面上刀具切触点位置 $\boldsymbol{P}_k$ 表示为

$$\boldsymbol{P}_k=\begin{bmatrix}x_k & y_k\end{bmatrix}^{\mathrm{T}}=\begin{bmatrix}a\cos\theta_k & b\sin\theta_k\end{bmatrix}^{\mathrm{T}},\quad \theta_k\in[0,2\pi] \tag{5.107}$$

给定 θ_k 的值，就可在待加工椭圆柱直纹面上确定对应的刀具切触点坐标。因此，求解 θ_k 成为本部分要解决的主要问题。

令 ω 为锯片旋转角速度，r 为锯片半径，T 为数控系统插补周期，则由第 k 个插补周期到第 k+1 个插补周期，锯片沿椭圆柱直纹面准线的进给长度 Δl_{k+1} 为

$$\Delta l_{k+1}=r\omega T \tag{5.108}$$

刀具切触点位置坐标由 $\boldsymbol{P}_k$ 变化至 $\boldsymbol{P}_{k+1}$ 时对应的弧长 s_{k+1} 为

$$s_{k+1}=\int_{\theta_k}^{\theta_{k+1}}\sqrt{a^2\sin^2\theta+b^2\cos^2\theta}\,\mathrm{d}\theta=a\int_{\theta_k}^{\theta_{k+1}}\sqrt{1-\frac{a^2-b^2}{a^2}\cos^2\theta}\,\mathrm{d}\theta \tag{5.109}$$

定义离心率 e_{c} 为

$$e_{\mathrm{c}}=\frac{\sqrt{a^2-b^2}}{a} \tag{5.110}$$

进行参数变换，得到

$$\theta=\frac{\pi}{2}-\psi \tag{5.111}$$

因此，式(5.109)可改写为

$$s_{k+1}=a\int_{\theta_k}^{\theta_{k+1}}\sqrt{1-e_{\mathrm{c}}^2\cos^2\theta}\,\mathrm{d}\theta=a\int_{\frac{\pi}{2}-\theta_{k+1}}^{\frac{\pi}{2}-\theta_k}\sqrt{1-e_{\mathrm{c}}^2\sin^2\psi}\,\mathrm{d}\psi \tag{5.112}$$

记

$$E(k,\phi)=\int_0^{\phi}\sqrt{1-k^2\sin^2\psi}\,\mathrm{d}\psi \tag{5.113}$$

则式(5.112)可进一步简化为

$$s_{k+1}=aE\left(e_{\mathrm{c}},\frac{\pi}{2}-\theta_k\right)-aE\left(e_{\mathrm{c}},\frac{\pi}{2}-\theta_{k+1}\right) \tag{5.114}$$

根据级数展开公式可得

$$\sqrt{1-k^2\sin^2\theta}=1-\frac{1}{2}k^2\sin^2\theta-\sum_{n=2}^{\infty}\frac{(2n-3)!!}{(2n)!!}k^{2n}\sin^{2n}\theta \tag{5.115}$$

又由于

$$\begin{cases}\left|\dfrac{(2n-3)!!}{(2n)!!}k^{2n}\sin^{2n}\theta\right|\leqslant\dfrac{(2n-3)!!}{(2n)!!}k^{2n}\\[2ex]\dfrac{\dfrac{(2n-1)!!}{(2n+2)!!}k^{2n+2}}{\dfrac{(2n-3)!!}{(2n)!!}k^{2n}}=\dfrac{(2n-1)}{(2n+2)}k^2\xrightarrow[n\to\infty]{}k^2<1\end{cases} \tag{5.116}$$

级数 $E(k,\phi)$ 对于 ϕ 是一致收敛的，因而可以逐项积分。由此式(5.113)可进一步改写为

$$\begin{aligned}E(k,\phi)&=\int_0^{\phi}\sqrt{1-k^2\sin^2\psi}\,\mathrm{d}\psi\\&\approx\int_0^{\phi}\left(1-\frac{k^2}{2}\sin^2\psi\right)\mathrm{d}\psi\\&=\phi+\frac{1}{8}k^2\sin(2\phi)\end{aligned} \tag{5.117}$$

则式(5.114)可进一步改写为

$$s_{k+1}=a\left\{\theta_{k+1}-\theta_k+\frac{1}{8}e_{\mathrm{c}}^2\left[\sin\left(2\theta_k\right)-\sin\left(2\theta_{k+1}\right)\right]\right\}\approx a\left(\theta_{k+1}-\theta_k\right)\left(1-\frac{1}{4}e_{\mathrm{c}}^2\right) \tag{5.118}$$

根据式(5.117)和式(5.118)，得到

$$\theta_{k+1}=\frac{rwT}{a\left(1-\frac{1}{4}e_{\mathrm{c}}^2\right)}+\theta_k \tag{5.119}$$

计算求解即可得到各插补周期对应的刀具切触点坐标。

5.7.3　实例验证及分析

为验证所提出椭圆柱直纹面锯切加工的指令点插补方法的有效性，对图 5.40(a)所示椭圆柱直纹面进行试验验证，其仿真加工过程如图 5.40(b)所示，加工效果如图 5.40(c)所示。试验结果表明，本节方法能够保证圆锯片始终与待加工直纹面相交于母线，通过调整锯片位置和角度，可以实现椭圆柱直纹面的加工。

(a) 加工初始阶段

(b) 加工过程中

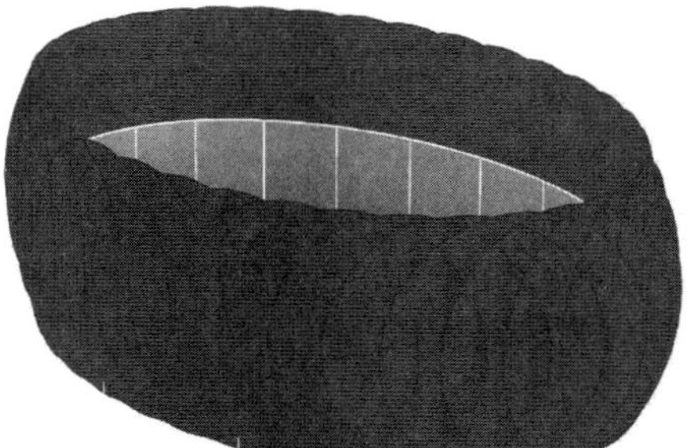

(c) 加工效果

图 5.40　椭圆柱直纹面加工过程

参 考 文 献

[1] Zhang J, Ding J X, Li Q Z, et al. A new contouring error estimation for the high form accuracy of a multi-axis CNC machine tool[J]. The International Journal of Advanced Manufacturing Technology, 2019, 101(5): 1403-1421.

[2] Yang M, Yang J X, Ding H. A high accuracy on-line estimation algorithm of five-axis contouring errors based on three-point arc approximation[J]. International Journal of Machine Tools and Manufacture, 2018, 130(1): 73-84.

[3] 樊文刚, 叶佩青. 复杂曲面五轴端铣加工刀具轨迹规划研究进展[J]. 机械工程学报, 2015, 51(15): 168-182.

[4] Fu G Q, Liu J, Rao Y J, et al. Geometric error compensation of five-axis ball-end milling based on tool orientation optimization and tool path smoothing[J]. The International Journal of Advanced Manufacturing Technology, 2020, 108(5): 1737-1749.

[5] Tsainis A M, Papazafeiropoulos G, Stergiou C. A novel convex hull method for optimum multi-point 5-axis tool positioning for machining of complex sculptured surfaces[J]. The International Journal of Advanced Manufacturing Technology, 2019, 103(9): 4369-4383.

[6] Xu J, Ji Y, Sun Y, et al. Spiral tool path generation method on mesh surfaces guided by radial curves[J]. Journal of Manufacturing Science and Engineering, 2018, 140(7): 1-5.

[7] 耿聪, 于东, 张晓辉. 五轴联动数控加工中的刀具轨迹控制算法[J]. 中国机械工程, 2010, 21(24): 2904-2909.

[8] Wang T Y, Zhang Y B, Dong J C, et al. NURBS Interpolator with adaptive smooth feedrate scheduling and minimal feedrate fluctuation[J]. International Journal of Precision Engineering and Manufacturing, 2020, 21(2): 273-290.

[9] 王宏甲, 赵庆志, 乔磊, 等. 基于差分插补原理的多维线性空间插补与仿真[J]. 组合机床与自动化加工技术, 2017, 9(9): 12-15.

[10] 耿聪, 于东, 张函. 五轴联动刀轴矢量平滑插补算法[J]. 机械工程学报, 2013, 49(3): 180-185.

[11] 马虎亮, 吕明, 王燕青, 等. 圆锥曲线的参数跟踪插补方法研究[J]. 制造技术与机床, 2020, 10(10): 41-45.

[12] 阎长罡, 刘宇, 崔云先, 等. 圆锥刀侧铣非可展直纹面刀轴轨迹规划的特征线方法[J]. 机械工程学报, 2015, 51(19): 206-212.

[13] 李传军, 张世辉, 谢久明, 等. 基于 3 次 B 样条曲线的快速直接插补技术研究[J]. 制造技术与机床, 2021, 7(7): 159-164.

[14] Campos J G, Martin R M. Modelling and implementing circular sawblade stone cutting

processes in STEP-NC[J]. Robotics and Computer-Integrated Manufacturing, 2010, 26(6): 602-609.

[15] Campos J G, Xu N W. STEP-NC-compliant machine automation to support sawblade stone-cutting machining[J]. International Journal of Manufacturing Research, 2010, 5(1): 58-73.

第 6 章　异型石材制品五轴数控加工的指令点平滑过渡方法

在异型石材制品五轴数控加工中，采用基于刀具姿态控制的指定点插补方法虽然能够获得更好的加工精度，但是在一些工件的加工过程中也会出现旋转轴在走刀步长短的程序段处发生较大变化的情况。结合第 4 章可知，当机床旋转轴转动角度变化较大时会产生较大的刀具姿态误差，破坏加工表面质量；旋转轴在走刀步长短的程序段处所发生的较大变化会导致旋转轴速度和加速度的频繁变化，带来加工时间变长等问题；当旋转轴转动速度和加速度超过机床旋转轴速度限制条件时会给加工带来困难。综上所述，这种旋转轴在走刀步长短的程序段处发生较大变化的情况限制了五轴数控机床加工效率和加工精度的进一步提升，需要进一步改进。

分析发现，产生这一问题的原因在于石材曲面的曲率变化较大、型面较为复杂，当 CAM 系统根据 CAD 系统得到的待加工工件曲面信息进行刀具轨迹规划时会产生大幅刀轴矢量变化。结合刀轴矢量与旋转轴位置间关系可知，直接对该类指令点进行加工，会带来机床旋转轴转动角度的大幅变化。因此，需要对该类刀轴矢量变化较大的指令点进行修正，避免旋转轴的大幅转动，以实现指令点的平滑过渡。在端铣、侧铣加工中，刀具参与工件表面加工的部位不同，需要分别考虑适合的指令点平滑过渡方法。

端铣加工通过刀具端面切削实现零件表面的加工。由于刀轴矢量的偏离对加工精度无较大影响，可直接对旋转轴指令点进行修正，以实现指令点平滑过渡。基于这一考虑，6.1 节提出一种基于旋转轴位置修正的指令点平滑过渡方法。该方法对旋转轴转动幅度过大的部分进行修正，使旋转轴转动幅度与刀具切触点的位移成比例变化，避免旋转轴的大幅转动和频繁加减速，从而提高加工精度和加工效率。

在五轴侧铣加工中，采用刀具侧刃面进行切削以完成工件表面的加工。由于刀轴矢量的偏离会对加工精度带来影响，应在允许的偏离范围内对大幅变化的刀轴矢量进行修正，以实现指令点平滑过渡。基于这一考虑，6.2 节提出一种基于刀轴矢量定向压缩的指令点平滑过渡方法。该方法将一系列离散刀轴矢量压缩为一条满足压缩误差要求的刀具姿态曲线，并将原刀轴矢量对应参数在刀具姿态由线上的值作为修正值，实现指令点的平滑过渡。

6.1　基于旋转轴位置修正的指令点平滑过渡方法

在本节提出的基于旋转轴位置修正的指令点平滑过渡方法中，以机床两旋转轴的最大角速度、系统给定的最大刀具姿态误差以及刀具切触点的进给速度等为限制条件，对 CAM 系统生成的旋转轴指令点进行优化修正，生成满足机床旋转轴角速度限制条件以及刀具姿态误差范围的指令点，从而避免机床旋转轴的频繁加减速变化，实现高速高精加工。

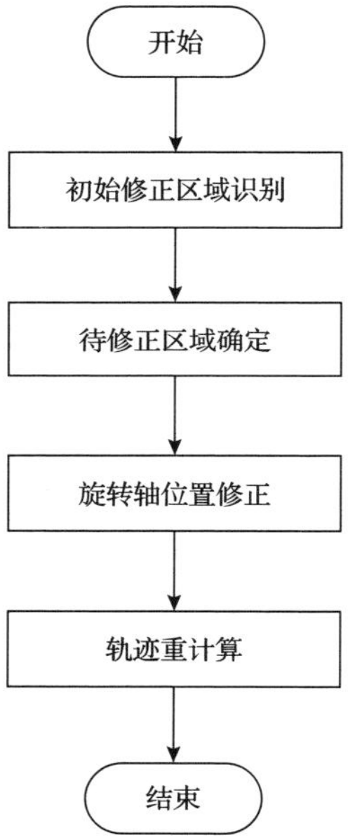

图 6.1　基于旋转轴位置修正的指令点平滑过渡方法流程

该方法主要包括初始修正区域识别、待修正区域确定、旋转轴位置修正和轨迹重计算四个模块，如图 6.1 所示。在初始修正区域识别模块中，根据刀具姿态误差、机床两旋转轴角速度以及由刀具切触点最大进给速度确定的旋转轴转动幅度与转动速度等限制条件，将 CAM 系统生成的指令点序列中不满足上述条件的区域划分为初始修正区域。在考虑旋转轴转动幅度与转动速度限制条件的基础上，待修正区域确定模块采用递归扩充原则对初始修正区域识别模块中确定的初始修正区域进行扩展。在旋转轴位置修正模块中，采用等幅旋转法则对上一模块确定的各待修正区域中指令点旋转轴位置坐标进行修正。轨迹重计算模块根据上一模块修正得到的旋转轴位置坐标重新计算各指令点对应的刀轴矢量，在保证各指令点在工件坐标系下的刀尖点位置坐标不变的情况下，采用重计算得到的刀轴矢量替代该指令点对应的原刀轴矢量，得到新的刀位文件。下面将对各个功能模块的实现过程进行详细介绍。

6.1.1　初始修正区域识别

当刀具在走刀步长短的程序段处产生大幅变化时，往往会带来较大的机床旋转轴角度变化。五轴数控加工中，刀具姿态误差的大小与机床两旋转轴转动幅度有关。当机床旋转轴转动角度变化过大时，会产生较大的刀具姿态误差，破坏加工表面质量，还会导致机床旋转轴角速度和角加速度超过限制，给加工带来困难[1-3]。如何对这类区域进行识别，就成为实现基于旋转轴位置修正的指令点平滑过渡方法所需解决的首要问题。在本部分中，首先介绍如何根据加工精度要求和旋转轴最大转动速度确定旋转轴转动限制条件，然后给出根据旋转轴转动限制条件确定初始修正区域的具体步骤。

1. 旋转轴转动限制条件

旋转轴转动限制条件主要包括旋转轴转动幅度限制条件和旋转轴转动速度限制条件两部分。其中，旋转轴转动幅度限制条件是结合加工精度要求和具体机床结构下刀具姿态误差与旋转轴转动幅度间的关系得到的；旋转轴转动速度限制条件是在考虑旋转轴最大转动速度和加工进给速度限制的基础上获得的。下面将对这两方面内容分别进行介绍。

图 6.2 为加工轨迹示意图。CAM 系统在一定精度范围内用大量微小直线段对待加工曲面离散化，得到刀具路径上相邻两刀具切触点坐标 $\boldsymbol{P}_k$、$\boldsymbol{P}_{k+1}$ 和对应刀轴矢量 $\boldsymbol{V}_k$、$\boldsymbol{V}_{k+1}$，生成适用于五轴数控加工的刀具轨迹。机床坐标系下两旋转轴位置坐标仅与工件坐标系下刀轴矢量各分量呈非线性相关，且两者间关系随机床结构的不同而有所变化[4,5]。不失一般性，本节以 θ_i 和 θ_j 表示五轴数控机床两旋转轴位置坐标，根据具体机床结构不同，刀具切触点 $\boldsymbol{P}_k$、$\boldsymbol{P}_{k+1}$ 处对应的刀轴矢量 $\boldsymbol{V}_k$、$\boldsymbol{V}_{k+1}$ 可分别用两旋转轴位置坐标 $\left(\theta_{i,k},\theta_{j,k}\right)$、$\left(\theta_{i,k+1},\theta_{j,k+1}\right)$ 表示。当刀具沿刀具轨迹由 $\boldsymbol{P}_k$ 运动到 $\boldsymbol{P}_{k+1}$ 时，机床两旋转轴在该段所对应的平均转动幅度可定义为

$$\begin{cases}\lambda(i;k:k+1)=\dfrac{\left|\Delta\theta_{i,k}\right|}{\left\|\boldsymbol{P}_k\boldsymbol{P}_{k+1}\right\|}\\[2ex]\lambda(j;k:k+1)=\dfrac{\left|\Delta\theta_{j,k}\right|}{\left\|\boldsymbol{P}_k\boldsymbol{P}_{k+1}\right\|}\end{cases}\tag{6.1}$$

式中，$\Delta\theta_{i,k}$ 和 $\Delta\theta_{j,k}$ 为刀具沿刀具轨迹由 $\boldsymbol{P}_k$ 运动到 $\boldsymbol{P}_{k+1}$ 时两旋转轴的转动幅度。

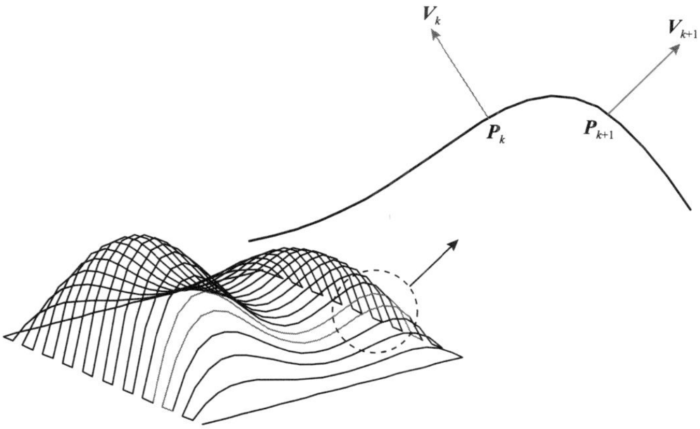

图 6.2　加工轨迹示意图

$$\begin{cases}\Delta\theta_{i,k}=\theta_{i,k+1}-\theta_{i,k}\\ \Delta\theta_{j,k}=\theta_{j,k+1}-\theta_{j,k}\end{cases} \tag{6.2}$$

根据式(6.1)和式(6.2)，可确定机床旋转轴在各段的平均转动幅度。五轴数控加工中产生的刀具姿态误差与机床两旋转轴转动幅度有关[6]，因而根据具体机床结构下刀具姿态误差与旋转轴转动幅度间的函数关系可得到旋转轴转动幅度限制条件：

$$\delta\left(\Delta\theta_{i,k},\Delta\theta_{j,k}\right)\leqslant\delta_{\max} \tag{6.3}$$

式中，$\delta\left(\Delta\theta_{i,k},\Delta\theta_{j,k}\right)$为两旋转轴位置坐标由$\left(\theta_{i,k},\theta_{j,k}\right)$变化至$\left(\theta_{i,k+1},\theta_{j,k+1}\right)$时产生的刀具姿态误差，其值可根据式(4.25)和式(4.39)计算获得；$\delta_{\max}$为最大刀具姿态误差，其值根据具体加工需要确定。

在实际数控加工中，当刀具从刀具切触点$\boldsymbol{P}_k$沿设定的刀具轨迹运动到下一刀具切触点$\boldsymbol{P}_{k+1}$时，刀轴矢量由$\boldsymbol{V}_k$变换为$\boldsymbol{V}_{k+1}$，此时机床两旋转轴位置也分别由$\theta_{i,k}$、$\theta_{j,k}$变化至$\theta_{i,k+1}$、$\theta_{j,k+1}$，机床两旋转轴在该段的转动幅度与两旋转轴转动速度的变化成正比，则旋转轴转动速度限制条件为

$$\begin{cases}\lambda(i;k:k+1)=\dfrac{\left|\Delta\theta_{i,k}\right|}{\left\|\boldsymbol{P}_k\boldsymbol{P}_{k+1}\right\|}<\lambda_{i\max}\\[2ex] \lambda(j;k:k+1)=\dfrac{\left|\Delta\theta_{j,k}\right|}{\left\|\boldsymbol{P}_k\boldsymbol{P}_{k+1}\right\|}<\lambda_{j\max}\end{cases} \tag{6.4}$$

式中，$\lambda_{i\max}$与$\lambda_{j\max}$由机床两旋转轴最大旋转角速度$\omega_{i\max}$、$\omega_{j\max}$和刀具切触点进给速度F确定。

$$\begin{cases}\lambda_{i\max}=\dfrac{\omega_{i\max}}{F}\\[2ex] \lambda_{j\max}=\dfrac{\omega_{j\max}}{F}\end{cases} \tag{6.5}$$

2. 初始修正区域确定

给定刀具姿态误差最大值、机床旋转轴最大角速度以及刀具切触点进给速度后，可根据式(6.3)和式(6.4)确定旋转轴转动限制条件，并对CAM系统生成的指令点序列进行判断，将不符合旋转轴转动限制条件的指令点序列确定为初始修正区域。本节将以机床某一旋转轴为例，说明其初始修正区域的确定过程，另一旋转轴的初始修正区域也可按同样步骤得到。

对于相邻两段旋转轴位置坐标$\left(\theta_{i,k},\theta_{j,k}\right)$、$\left(\theta_{i,k+1},\theta_{j,k+1}\right)$，若其不满足式(6.3)和式(6.4)的旋转轴转动限制条件，则可将由 $\boldsymbol{P}_k$ 到 $\boldsymbol{P}_{k+1}$ 段轨迹确定为 θ_i 的初始修正区域。对于由 $\boldsymbol{P}_{k-m}$ 到 $\boldsymbol{P}_k$ 和由 $\boldsymbol{P}_k$ 到 $\boldsymbol{P}_{k+n}$ 两段连续的 θ_i 的初始修正区域，若为同向运动区域，即

$$\theta_{i,k}\theta_{i,k+n}-\theta_{i,k}^2-\theta_{i,k-m}\theta_{i,k+n}+\theta_{i,k-m}\theta_{i,k}>0 \tag{6.6}$$

可将两段轨迹合并，将由 $\boldsymbol{P}_{k-m}$ 到 $\boldsymbol{P}_{k+n}$ 的区域确定为 θ_i 的初始修正区域。反之，若不满足式(6.6)，由 $\boldsymbol{P}_{k-m}$ 到 $\boldsymbol{P}_k$ 和由 $\boldsymbol{P}_k$ 到 $\boldsymbol{P}_{k+n}$ 两段为异向运动区域。

6.1.2 待修正区域确定

由式(6.3)和式(6.4)可知，对加工中机床两旋转轴位置进行修正，调整各段刀具轨迹对应的旋转轴转动幅度，可将各段刀具轨迹对应的刀具姿态误差和旋转轴转动速度等控制在系统允许范围内。当确定初始修正区域后，若直接将该区域中的旋转轴转动幅度以一定比例缩小，虽然可将该区域的刀具姿态误差和旋转轴转动速度控制在系统允许范围内，但也会对区域外相邻轨迹段所对应的旋转轴转动速度和加工精度造成影响。为避免产生上述问题，采用待修正区域递归扩充原则对初始修正区域进行扩展，以得到待修正区域。对待修正区域中旋转轴位置坐标进行修正，能够得到满足旋转轴转动幅度及转动速度限制条件的刀具轨迹。下面将对本模块所涉及的待修正区域递归扩充定理和待修正区域确定过程进行详细说明。考虑到机床两旋转轴位置的对称性，本节仍以其中一旋转轴为例对待修正区域的确定过程进行详细说明，另一旋转轴的待修正区域确定过程与其类似。

根据 6.1.1 节所述步骤确定 θ_i 的初始修正区域后，将该初始修正区域作为初始状态下 θ_i 的待修正区域。对于各待修正区域，本节提出采用定理 6.1 对该区域进行递归扩充，以得到满足条件的 θ_i 待修正区域。

定理 6.1 若由 $\boldsymbol{P}_{k-m}$ 到 $\boldsymbol{P}_{k+n}$ 的 θ_i 待修正区域仍不满足式(6.3)和式(6.4)的旋转轴转动限制条件，且该区域的左邻域$[\boldsymbol{P}_{k-m-1},\boldsymbol{P}_{k-m}]$与该区域同向运动或静止，即

$$\theta_{i,k+n}\theta_{i,k-m-1}-\theta_{i,k+n}\theta_{i,k-m}-\theta_{i,k-m}\theta_{i,k-m-1}+\theta_{i,k-m}^2\geqslant 0 \tag{6.7}$$

则当该旋转轴的平均转动幅度满足式(6.8)时，可将待修正区域扩充至$[\boldsymbol{P}_{k-m-1},\boldsymbol{P}_{k+n}]$：

$$\lambda(i;k-m:k+n)>\lambda(i;k-m-1:k-m) \tag{6.8}$$

下面将对该定理的正确性进行说明。确定待修正区域的目的在于对区域内旋转轴位置坐标进行调整，使各段刀具轨迹所对应的旋转轴转动幅度满足旋转轴转动限制

条件，从而避免旋转轴在走刀步长短的程序段处产生大幅变化。对于一段不满足旋转轴转动限制条件的区域，仅当扩充后的区域[$\boldsymbol{P}_{k-m-1}$, $\boldsymbol{P}_{k+n}$]对应的平均转动幅度小于区域[$\boldsymbol{P}_{k-m}$, $\boldsymbol{P}_{k+n}$]中的值，即

$$\lambda(i;k-m-1:k+n)<\lambda(i;k-m:k+n) \tag{6.9}$$

时，可将待修正区域由原区域[$\boldsymbol{P}_{k-m}$, $\boldsymbol{P}_{k+n}$]扩充至[$\boldsymbol{P}_{k-m-1}$, $\boldsymbol{P}_{k+n}$]。由于 $\lambda(i;k-m-1:k+n)$ 与 $\lambda(i;k-m:k+n)$ 满足下述关系：

$$\begin{cases}\lambda(i;k-m:k+n)=\dfrac{\left|\theta_{i,k+n}-\theta_{i,k-m}\right|}{\left\|\boldsymbol{P}_{k-m}\boldsymbol{P}_{k+n}\right\|}\\[2ex]\lambda(i;k-m-1:k+n)=\dfrac{\left|\theta_{i,k+n}-\theta_{i,k-m-1}\right|}{\left\|\boldsymbol{P}_{k-m-1}\boldsymbol{P}_{k+n}\right\|}\end{cases} \tag{6.10}$$

且满足式(6.7)，即原区域的左邻域与该区域运动方向相同或保持静止：

$$\begin{cases}\left|\theta_{i,k+n}-\theta_{i,k-m-1}\right|=\left|\theta_{i,k+n}-\theta_{i,k-m}\right|+\left|\theta_{i,k-m}-\theta_{i,k-m-1}\right|\\\left\|\boldsymbol{P}_{k-m-1}\boldsymbol{P}_{k+n}\right\|\approx\left\|\boldsymbol{P}_{k-m}\boldsymbol{P}_{k+n}\right\|+\left\|\boldsymbol{P}_{k-m-1}\boldsymbol{P}_{k-m}\right\|\end{cases} \tag{6.11}$$

因而将式(6.11)与式(6.10)代入式(6.9)，就可以得到式(6.8)所示的待修正区域递归扩充条件，从而可证明上述定理的正确性。

与上述过程类似，对于 θ_i 的待修正区域[$\boldsymbol{P}_{k-m}$, $\boldsymbol{P}_{k+n}$]，若其仍不满足旋转轴转动限制条件，且右邻域[$\boldsymbol{P}_{k+n}$, $\boldsymbol{P}_{k+n+1}$]与该区域同向运动或静止，即

$$\theta_{i,k+n}\theta_{i,k+n+1}-\theta_{i,k+n}^{2}-\theta_{i,k-m}\theta_{i,k+n+1}+\theta_{i,k-m}\theta_{i,k+n}\geqslant 0 \tag{6.12}$$

若该轴平均转动幅度满足式(6.13)，则待修正区域可扩充至[$\boldsymbol{P}_{k-m}$, $\boldsymbol{P}_{k+n+1}$]：

$$\lambda(i;k-m:k+n)>\lambda(i;k+n:k+n+1) \tag{6.13}$$

综上所述，对于由 $\boldsymbol{P}_{k-m}$ 到 $\boldsymbol{P}_{k+n}$ 的 θ_i 待修正区域，若其不满足旋转轴转动限制条件，且该区域的左邻域或右邻域分别满足式(6.7)和式(6.12)，则可对该待修正区域进行扩充。

6.1.3 旋转轴位置修正

当确定待修正区域后，本模块将对区域内的旋转轴位置进行修正。为避免对与待修正区域相邻的轨迹段所对应的旋转轴转动幅度造成影响，本节采用等幅旋

转法则实现待修正区域内旋转轴位置的修正，即在保证该待修正区域的左右边界处旋转轴位置坐标不变的情况下，令该待修正区域中其他位置处的旋转轴坐标随刀具切触点位移变化而单调等幅变化。等幅旋转法则能够保证待修正区域中各位置处刀具轨迹所对应的旋转轴平均转动幅度恒定不变，因而能够避免旋转轴频繁加减速问题的产生，提高加工效率和加工表面光洁度。本节同样以其中一旋转轴为例对待修正区域内的旋转轴位置修正过程进行详细说明，另一旋转轴的旋转轴位置修正过程与之类似。

对于由 6.1.2 节确定的 θ_i 待修正区域$[\boldsymbol{P}_{k-m}, \boldsymbol{P}_{k+n}]$，机床旋转轴在该区域内所对应的平均转动幅度可表示为

$$\lambda(i;k-m:k+n)=\frac{\left|\theta_{i,k+n}-\theta_{i,k-m}\right|}{\left\|\boldsymbol{P}_{k-m}\boldsymbol{P}_{k+n}\right\|} \tag{6.14}$$

为避免该区域内旋转轴位置修正对相邻轨迹段的旋转轴转动幅度造成影响，仍保持该待修正区域的起始点 $\boldsymbol{P}_{k-m}$ 处旋转轴位置 $\theta'_{i,k-m}$ 不变，即

$$\theta'_{i,k-m}=\theta_{i,k-m} \tag{6.15}$$

对于该区域中其他位置点处旋转轴位置，可令其随刀具切触点位移变化而单调等幅变化：

$$\theta'_{i,q}=\theta'_{i,q-1}+\lambda(i;k-m:k+n)\left\|\boldsymbol{P}_{q-1}\boldsymbol{P}_q\right\| \tag{6.16}$$

由式(6.14)和式(6.16)可知，采用等幅旋转法则对区域内旋转轴位置进行修正能够保证该区域的末端点 $\boldsymbol{P}_{k+n}$ 处旋转轴角度 $\theta'_{i,k+n}$ 不变，从而避免对区域外轨迹段的旋转轴转动幅度造成影响。

6.1.4　轨迹重规划

当确定刀具轨迹中的待修正区域，并对待修正区域内旋转轴位置坐标进行修正后，得到了该段加工轨迹上任一刀具切触点 $\boldsymbol{P}_k$ 处旋转轴位置修正值$\left(\theta'_{i,k},\theta'_{j,k}\right)$。根据工件坐标系下刀轴矢量与机床坐标系下旋转轴位置的映射关系，可得到具体机床结构下两旋转轴位置修正值对应的刀轴矢量 $\boldsymbol{V}'_k$：

$$\boldsymbol{V}'_k=\boldsymbol{R}_i\left(\theta'_{i,k}\right)\boldsymbol{R}_j\left(\theta'_{j,k}\right)\boldsymbol{p}^{\mathrm{T}} \tag{6.17}$$

在保证工件坐标系下刀具切触点坐标 $\boldsymbol{P}_k$ 不变的情况下，该处刀轴矢量按

式(6.17)修正为V_k'。根据具体机床结构对工件坐标系下刀具切触点坐标$\boldsymbol{P}_k$和刀轴矢量V_k'进行坐标系转换，可得到机床各轴运动坐标。

6.1.5　实例验证及分析

S 试件主体由一个呈 S 形走向的扭曲曲面构成，如图 6.3 所示。当对 S 试件进行五轴数控加工时，刀轴矢量在该试件的一部分区域变化较小，而在另一部分区域产生较大变化。基于 S 试件的这一加工特征，本节采用 S 试件检验所提出方法的有效性。

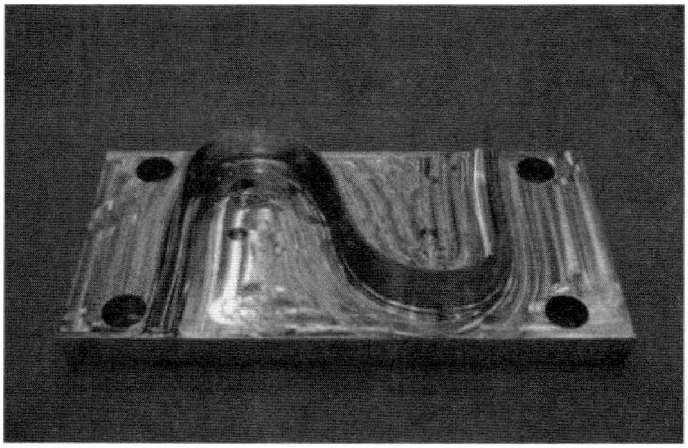

图 6.3　S 试件

直接对 S 试件的一条刀具轨迹进行加工时得到的五轴速度曲线如图 6.4 所示。可以看出，对该条轨迹进行加工所耗时间为 1920ms。采用基于旋转轴位置修正的指令点平滑过渡方法对 S 试件的同一条刀具轨迹进行修正后得到的五轴速度曲线如图 6.5 所示。可以看出，采用该方法对轨迹进行修正后，加工所耗时间为 1379ms，远小于采用线性插补方法加工时所耗时间。

对旋转轴指令点进行修正前的刀具轨迹如图 6.6(a)所示。可以看出，修正前

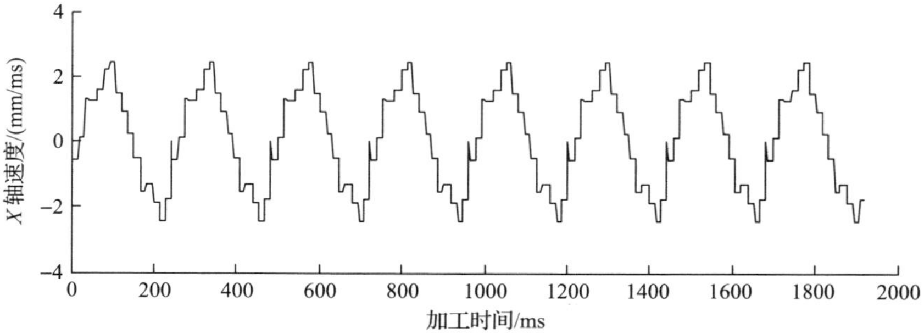

(a) X 轴

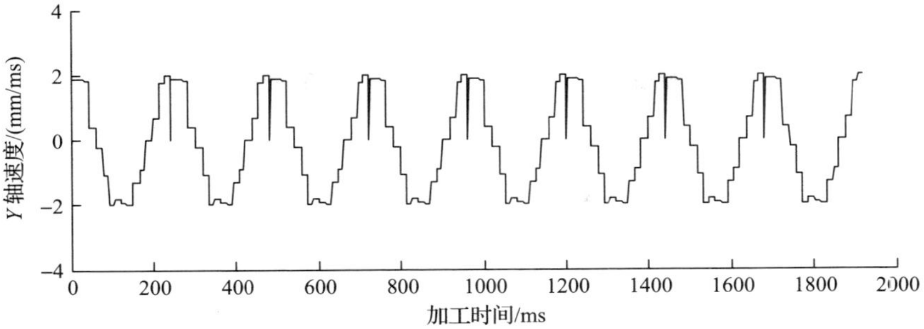

(b) *Y* 轴

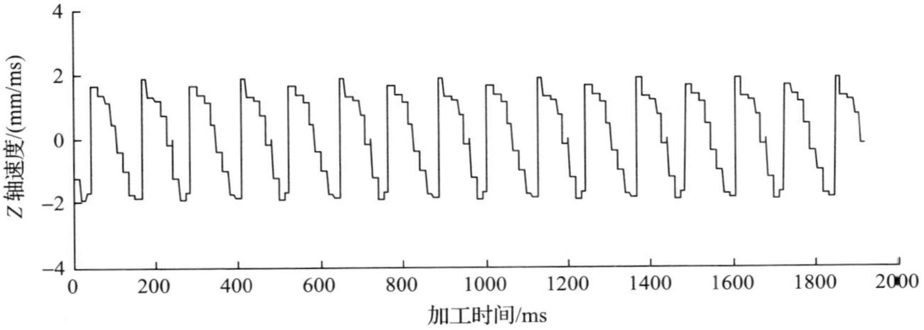

(c) *Z* 轴

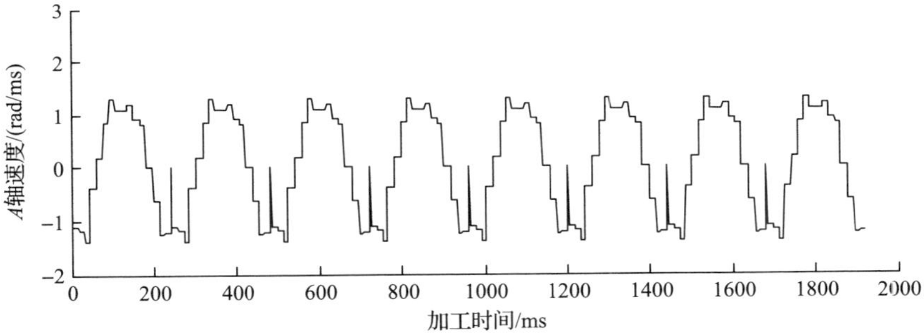

(d) *A* 轴

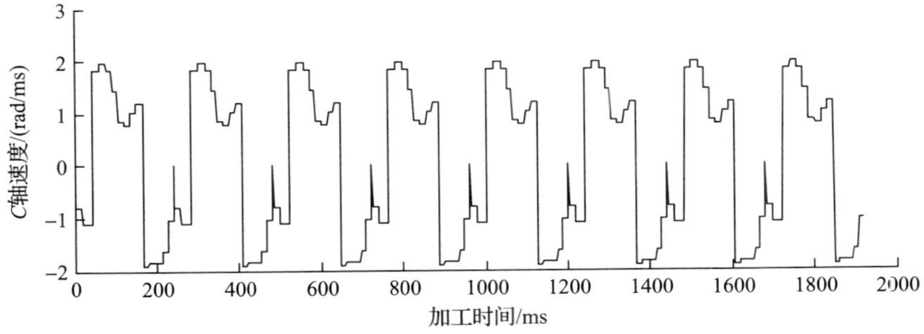

(e) *C* 轴

图 6.4　修正前五轴速度曲线

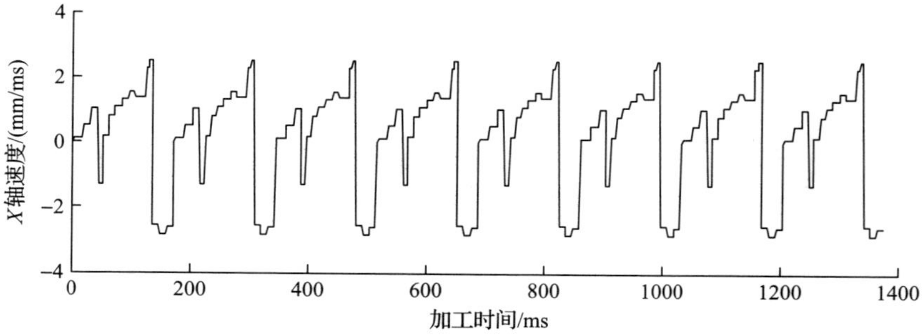

(a) *X*轴

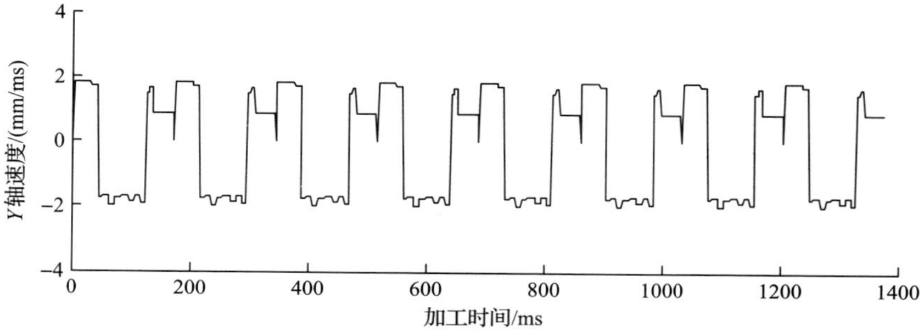

(b) *Y*轴

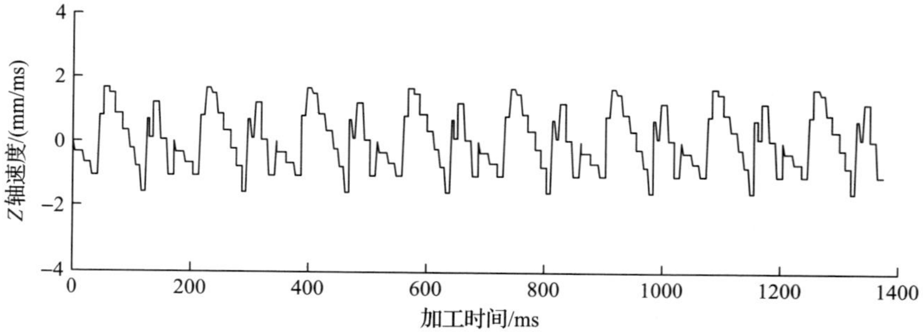

(c) *Z*轴

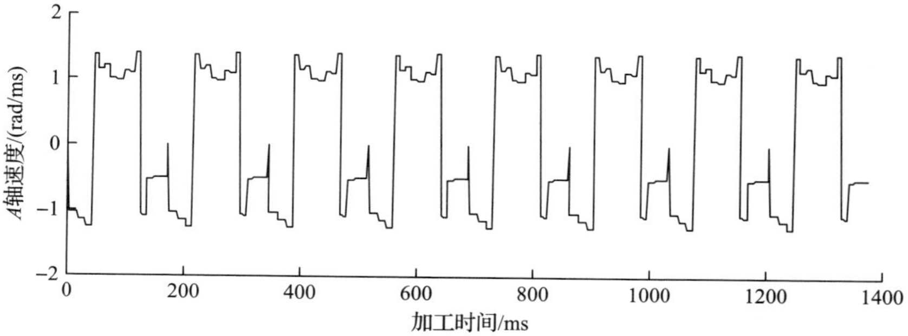

(d) *A*轴

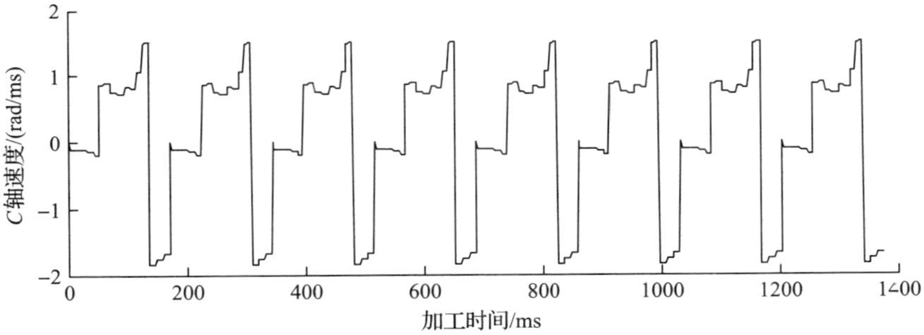

(e) C轴

图 6.5　修正后五轴速度曲线

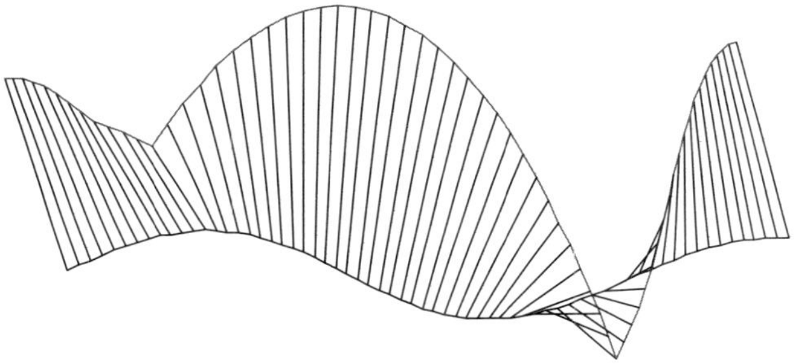

(a) 原轨迹

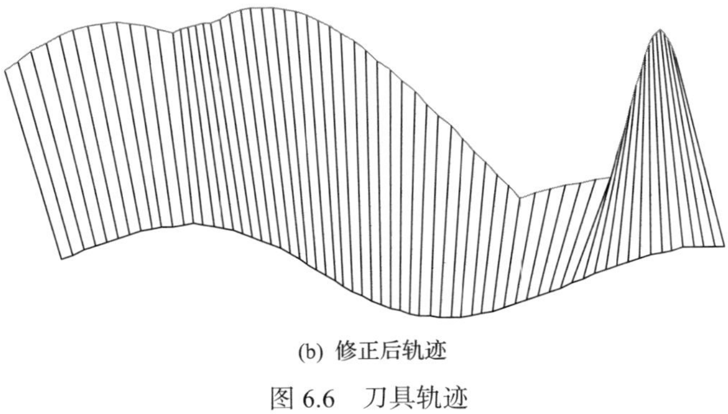

(b) 修正后轨迹

图 6.6　刀具轨迹

轨迹存在两个刀轴矢量产生大幅变化的区域。这种刀轴矢量的大幅变化会导致机床旋转轴转动角度的较大变化。为避免该区域加工过程中旋转轴角速度和角加速度超出机床限制，系统对该区域的加工周期延长，导致加工时间较长等问题的产生。对旋转轴指令点进行修正后的刀具轨迹如图 6.6(b)所示。可以看出，修正后待加工轨迹的刀轴矢量变化更为平滑，避免了旋转轴在走刀步长短的程序段处发生大幅变化。

叶轮叶片在飞行器、汽车、船舶等领域发动机的制造中具有更为广泛的应用，其加工轨迹比 S 试件更为复杂。为进一步验证基于旋转轴位置修正的指令点平滑过渡方法的有效性，对图 5.4 所示叶轮的一个叶面进行加工，并从非线性误差、加工速度和加工时间等方面与线性插补方法和线性加密方法进行对比分析。

图 6.7 为线性插补方法得到的五轴速度曲线。可以看出，整个加工过程包括 1150 个加工周期，加工耗时 2300ms。图 6.8 为线性插补方法得到的非线性误差曲线。可以看出，采用线性插补方法进行加工时产生的最大非线性误差为 0.4857mm。这是因为采用线性插补方法进行加工时，刀轴矢量与旋转轴位置间存在非线性关系，不能保证加工中刀轴矢量始终位于首末刀轴矢量所确定的平面上，加工中刀

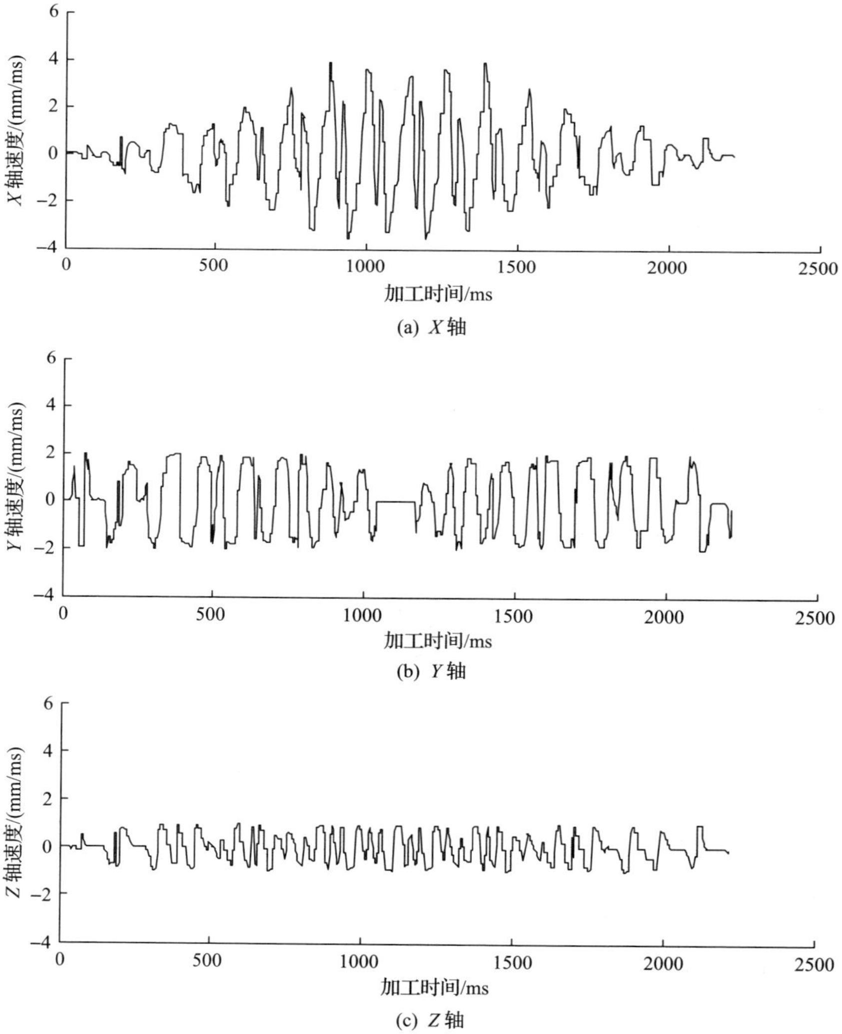

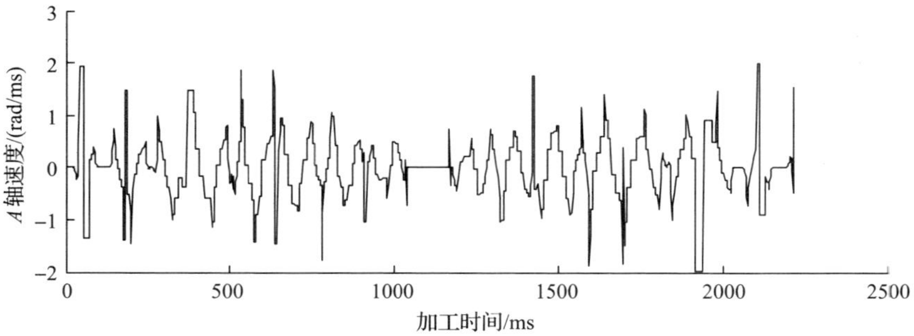

(d) *A* 轴

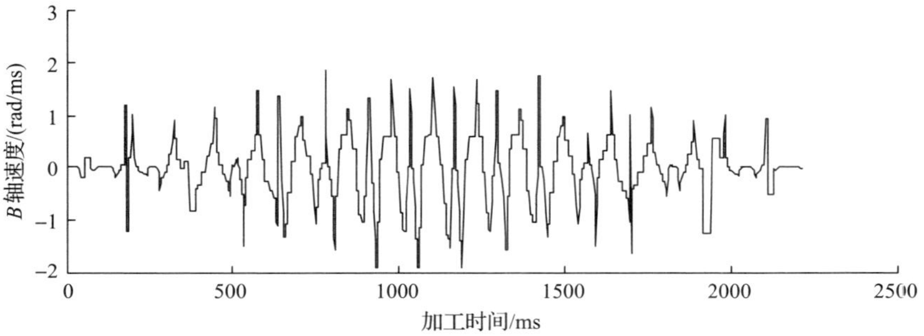

(e) *B* 轴

图 6.7　线性插补方法得到的五轴速度曲线

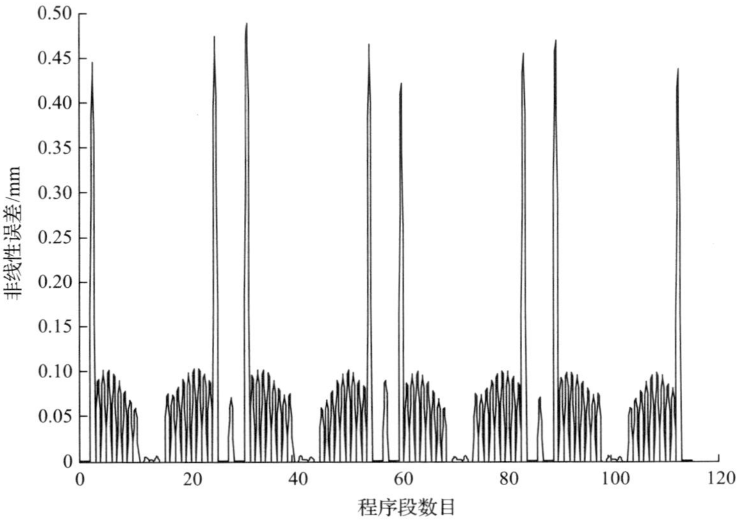

图 6.8　线性插补方法得到的非线性误差曲线

具在空间中发生翻转，刀尖点的运动轨迹是空间中一条曲线。图 6.9 为各段旋转轴转动幅度与非线性误差对应曲线。可以看出，加工中产生的非线性误差与两旋转轴的转动幅度相关。这是由于加工中产生的刀具姿态误差会随着两旋转轴转动幅度的增大而不断变大，进而产生较为明显的非线性误差。因此，对刀具轨迹进行修正，调整旋转轴转动幅度过大的轨迹段，对缩小加工中产生的非线性误差，进而提高叶轮叶片加工精度有着十分重要的作用。

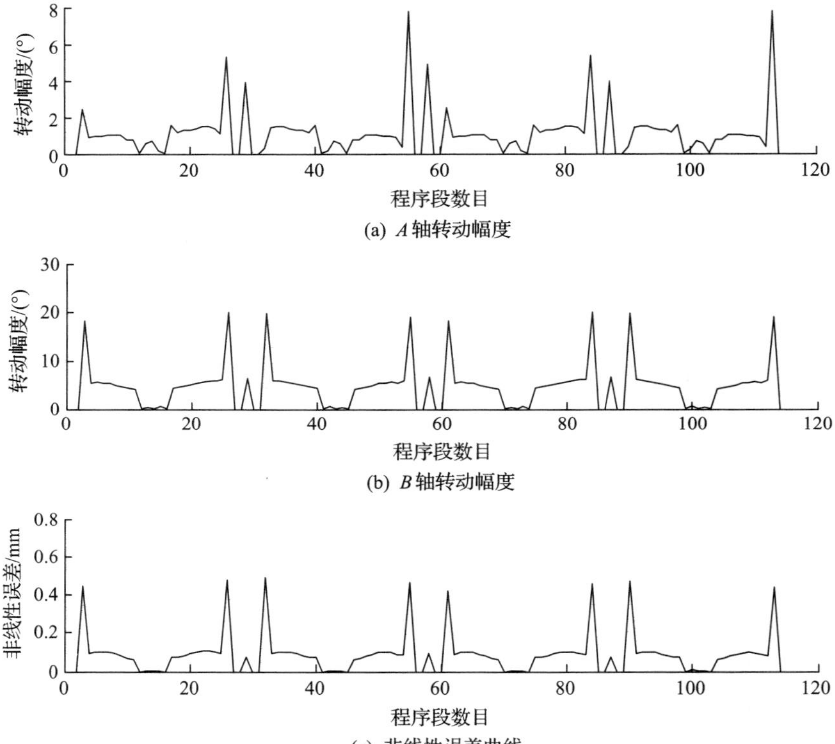

(a) A 轴转动幅度

(b) B 轴转动幅度

(c) 非线性误差曲线

图 6.9　各段旋转轴转动幅度与非线性误差对应曲线

线性加密方法通过在非线性误差较大的轨迹段上插入新指令点，缩短轨迹段长度，减少两指令点间旋转轴转动幅度，从而缩小非线性误差。当限定该叶面加工的最大非线性误差为 0.2mm 时，采用线性加密方法密化刀位点，产生的非线性误差曲线如图 6.10 所示。与图 6.8 相比，采用线性加密方法对刀具轨迹进行修正后，能够将非线性误差控制在允许范围内。这是由于该方法能够将误差超过要求的程序段不断分割，降低各程序段对应的旋转轴转动幅度，进而将非线性误差缩小至加工允许范围内。采用线性加密方法对叶轮叶片进行加工，能够将加工误差控制在合理范围内，但也使程序段由修正前的 113 段增加至修正后的 125 段，指令点段数的增多不仅占用了系统更多的存储空间，也加重了数控系统的传输负担。此外，由于叶轮叶片是曲率变化较大的曲面，采用线性加密方法对加工轨迹进行修正，在缩小旋转轴转动幅度的同时，也增大了机床旋转轴转动幅度与走刀步长距离间的比例，进而导致机床两旋转轴转动速度超出旋转轴角速度限制条件。图 6.11 为采用线性加密方法加工叶轮叶片时，旋转轴转动幅度与刀尖点距离比变化曲线。修正后程序段数目的增多以及机床旋转轴转动幅度与刀尖点距离比的大幅增加，会带来机床各轴的频繁加减速运动，延长加工时间。图 6.12 为线性加密方法得到的五轴速度曲线。可以看出，采用线性加密方法完成加工需要 1252 个加工周期，加工耗时 2504ms，均比线性插补方法有所增长。

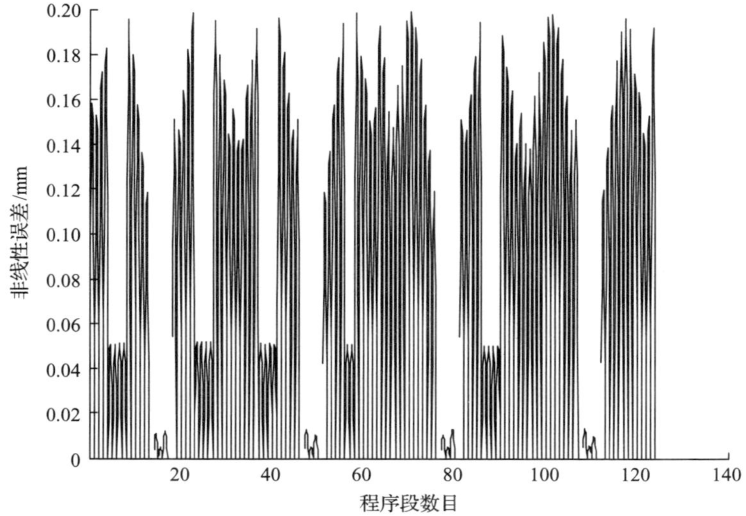

图 6.10　线性加密方法得到的非线性误差曲线

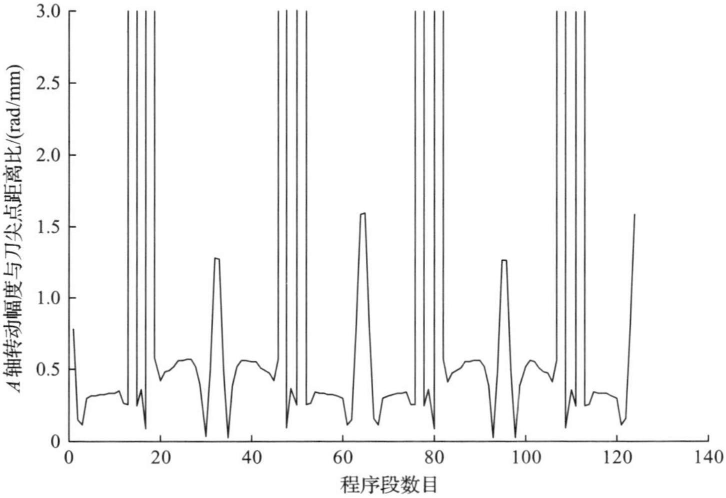

(a) A 轴

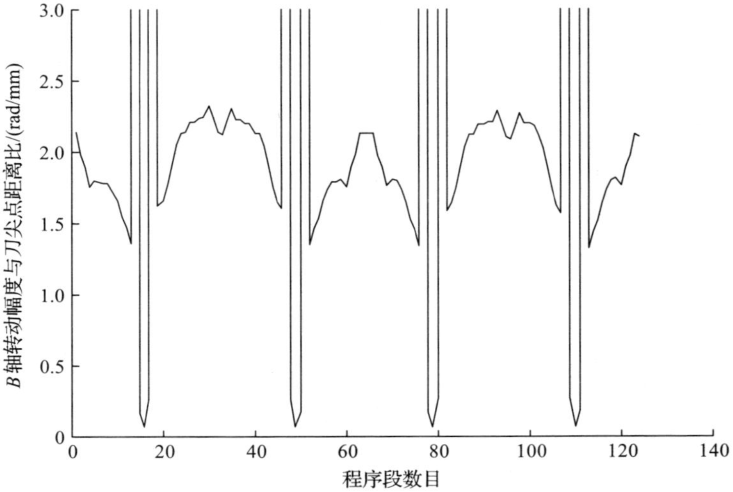

(b) *B*轴

图 6.11　旋转轴转动幅度与刀尖点距离比变化曲线

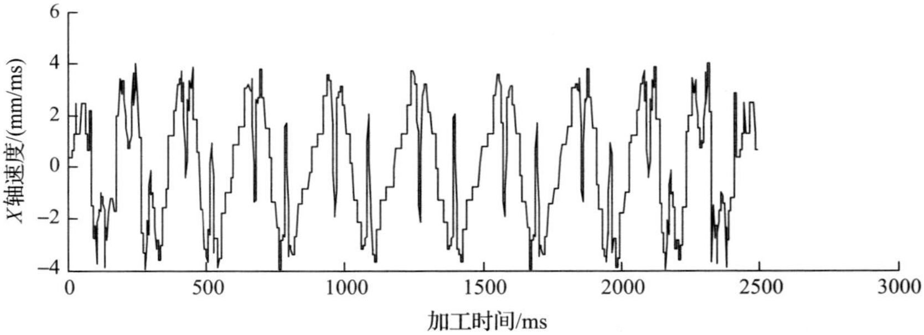

(a) *X*轴

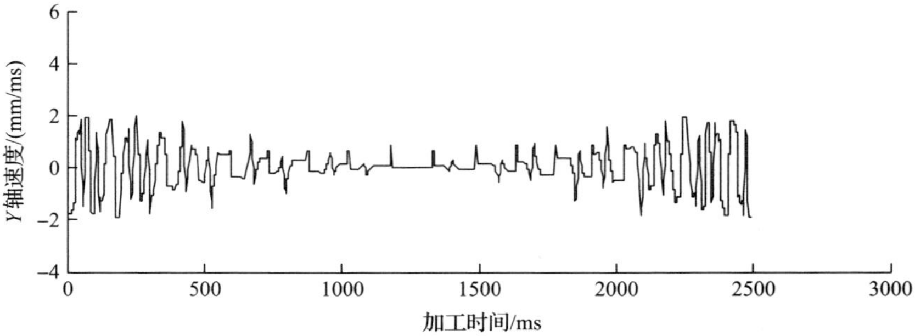

(b) *Y*轴

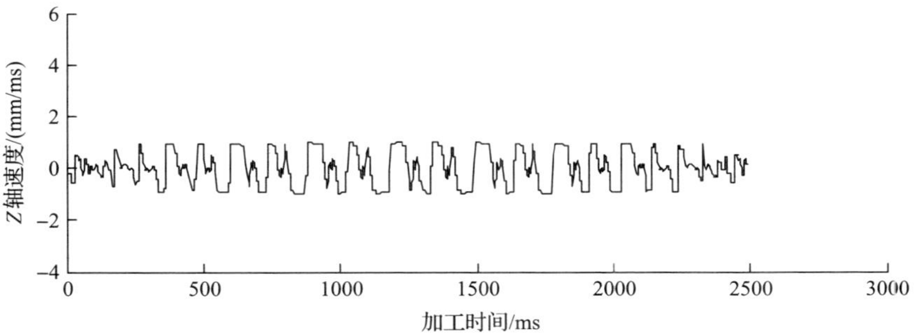

(c) *Z*轴

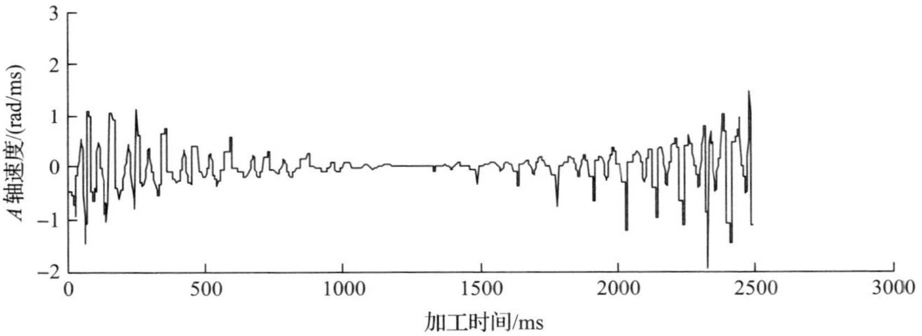

(d) *A*轴

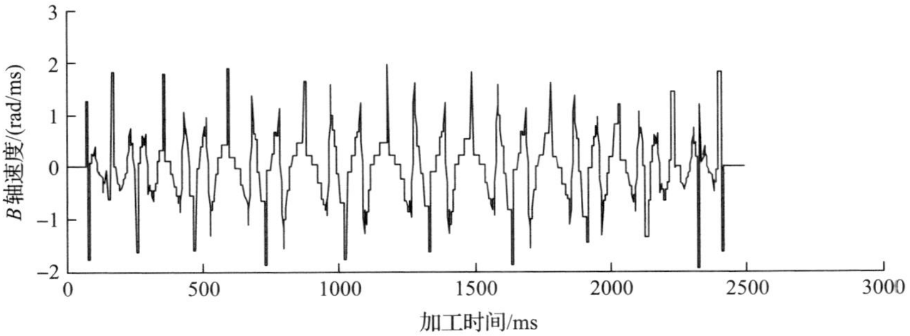

(e) *B*轴

图 6.12　线性加密方法得到的五轴速度曲线

基于旋转轴位置修正的指令点平滑过渡方法得到的非线性误差曲线如图 6.13 所示。可以看出，对原加工轨迹进行修正后，可将加工产生的非线性误差缩小到 0.1452mm。这是因为基于旋转轴位置修正的指令点平滑过渡方法能够对旋转轴位置发生大幅变化的轨迹段进行修正，避免了旋转轴的大幅变化，从而能够将非线性误差减小至加工允许范围内，提高了加工精度。基于旋转轴位置修正的指令点平滑过渡方法得到的五轴速度曲线如图 6.14 所示。可以看出，完成叶片轨迹加工仅需要 786 个加工周期，加工耗时缩短至 1572ms。这是由于在旋转轴位置修正过程中，根据各程序段刀尖点距离确定旋转轴转动幅度，保证旋转轴转动幅度与刀尖点距离比平稳变化，避免了旋转轴速度的频繁变化，从而提高了加工效率。

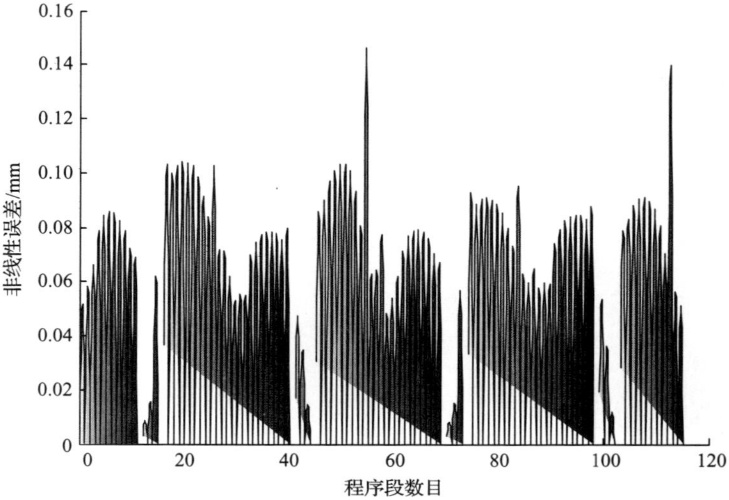

图 6.13　基于旋转轴位置修正的指令点平滑过渡方法得到的非线性误差曲线

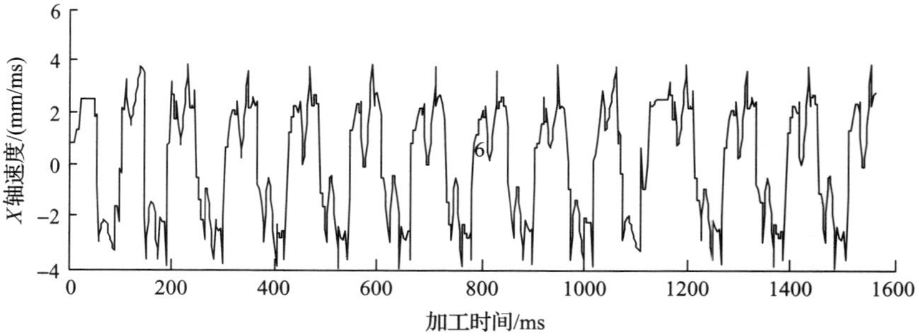

(a) X 轴

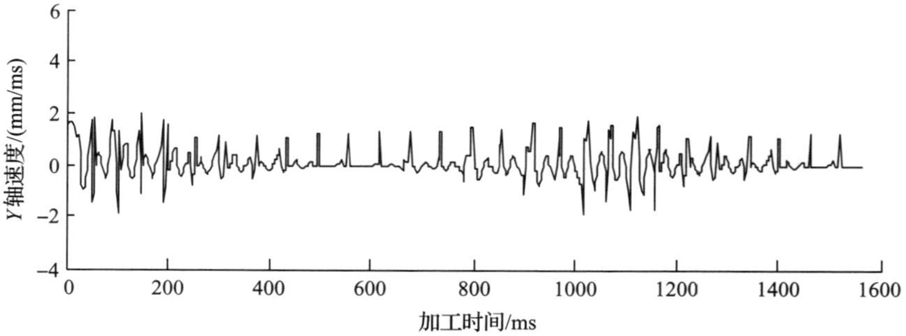

(b) Y 轴

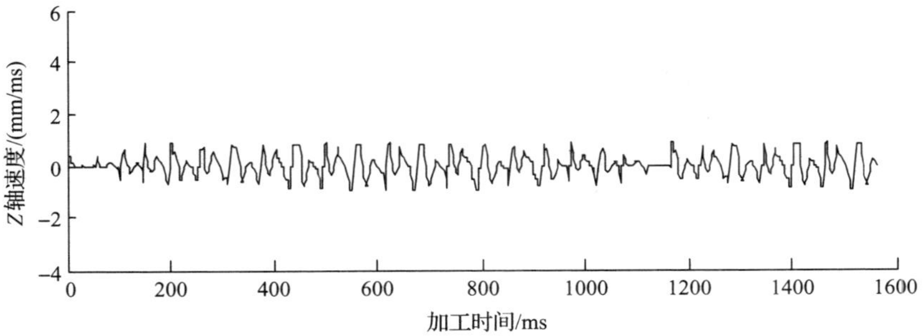

(c) Z轴

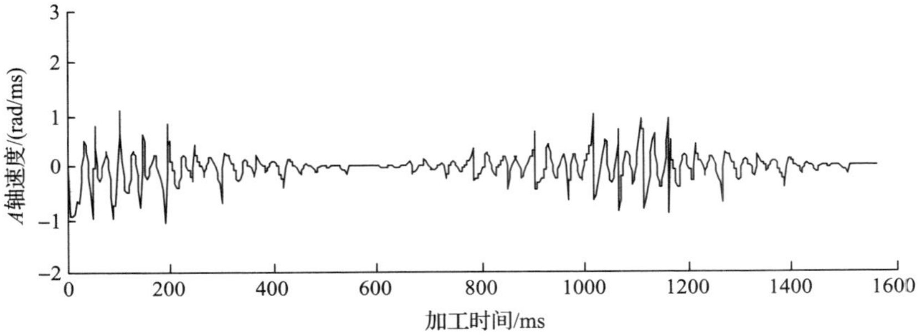

(d) A轴

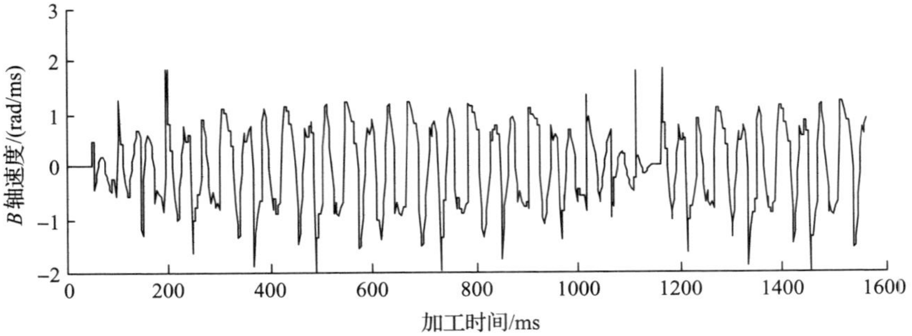

(e) B轴

图 6.14　基于旋转轴位置修正的指令点平滑过渡方法得到的五轴速度曲线

6.2　基于刀轴矢量定向压缩的指令点平滑过渡方法

基于旋转轴位置修正的指令点平滑过渡方法通过对旋转轴位置进行修正，避免了机床旋转轴的大幅变化，能够显著提高加工精度和加工效率。然而，该方法并不适用于五轴侧铣加工，这是因为采用该方法对加工轨迹进行修正时，无法控制修正后刀轴矢量偏离原刀轴矢量的程度。在五轴侧铣加工中，刀轴矢量的偏离程度会对加工精度造成影响[7]。基于上述考虑，本节提出一种能够将刀轴矢量偏离程度控制在可允许范围内的指令点平滑过渡方法——基于刀轴矢量定向压缩的指令点平滑过渡方法。

基于刀轴矢量定向压缩的指令点平滑过渡方法能够将一系列离散刀轴矢量压缩为一条满足压缩误差要求的二阶连续曲线，从而实现五轴数控加工的指令点平滑过渡。在该方法中，首先确定刀具姿态曲线拐点位置，将给定的一系列离散刀轴矢量以拐点为分界点划分为若干区域；然后在已划分的各个区域内，根据区域首末刀轴矢量进行计算，建立局部旋转坐标系；接着在已建立的局部旋转坐标系中，将该区域内刀轴矢量表示为与投影角和倾斜角相关的函数，从而将该区域内刀轴矢量的定向压缩转化为投影角和倾斜角表达式的求解问题；最后采用最小二乘法确定该区域内投影角和倾斜角的表达式，进而实现区域内刀轴矢量的定向压缩。整体流程可划分为待压缩区域确定、待压缩刀轴矢量表示、投影角和倾斜角拟合、刀轴矢量修正等步骤。

6.2.1 待压缩区域确定

刀轴矢量是单位向量，其端点始终是单位球面上的质点，刀轴矢量的端点连线形成一条始终位于单位球面上的刀具姿态曲线[8]。若将刀具姿态曲线的拐点定义为分段点，将该拐点处所对应的刀轴矢量定义为分段刀轴矢量，则分段刀轴矢量将一系列待压缩离散刀轴矢量划分为若干压缩区域，具体确定过程如下。

对于一系列离散刀轴矢量集合 $\boldsymbol{U}=\{\boldsymbol{U}_1,\boldsymbol{U}_2,\cdots,\boldsymbol{U}_n\}$，首先标记起始刀轴矢量 $\boldsymbol{U}_1$ 为分段刀轴矢量，并计算刀轴矢量 $\boldsymbol{U}_1$ 与刀轴矢量 $\boldsymbol{U}_2$ 之间的叉积，得到垂直于 $\boldsymbol{U}_1$ 和 $\boldsymbol{U}_2$ 的向量 $\boldsymbol{v}_1$：

$$\boldsymbol{v}_1=\boldsymbol{U}_1\times\boldsymbol{U}_2 \tag{6.18}$$

自刀轴矢量 $\boldsymbol{U}_2$ 开始，依次计算刀轴矢量 $\boldsymbol{U}_i$ 与下一刀轴矢量 $\boldsymbol{U}_{i+1}$ 之间的叉积 $\boldsymbol{v}_i$ 以及 $\boldsymbol{v}_i$ 与 $\boldsymbol{v}_1$ 间的夹角 α_i：

$$\boldsymbol{v}_i=\boldsymbol{U}_i\times\boldsymbol{U}_{i+1},\quad i=2,3,\cdots,n-1 \tag{6.19}$$

$$\alpha_i=\arccos\left(\frac{\boldsymbol{v}_i\cdot\boldsymbol{v}_1}{\|\boldsymbol{v}_i\|\|\boldsymbol{v}_1\|}\right) \tag{6.20}$$

若 $\alpha_i<90°$，即 $\boldsymbol{U}_i$ 与 $\boldsymbol{U}_1$ 所在的两段刀具姿态曲线弯曲方向相同，可判断 $\boldsymbol{U}_i$ 与 $\boldsymbol{U}_{i-1}$ 位于同一段，重复上述过程判断 $\boldsymbol{U}_{i+1}$ 是否与 $\boldsymbol{U}_{i-1}$ 位于同一段。若 $\alpha_i>90°$，说明 $\boldsymbol{U}_i$ 与 $\boldsymbol{U}_1$ 所在的两段刀具姿态曲线沿不同方向弯曲，$\boldsymbol{U}_i$ 是分段刀轴矢量。标记 $\boldsymbol{U}_i$ 为下一待压缩区域的起始刀轴矢量，继续重复上述步骤搜索下一分段刀轴矢量。

采用上述步骤，能够确定离散刀轴矢量集合 $\boldsymbol{U}$ 的分段刀轴矢量，两相邻分段刀轴矢量可确定一个压缩区域，从而可将 $\boldsymbol{U}$ 划分为若干压缩区域。图 6.15 为待压缩区域确定流程。

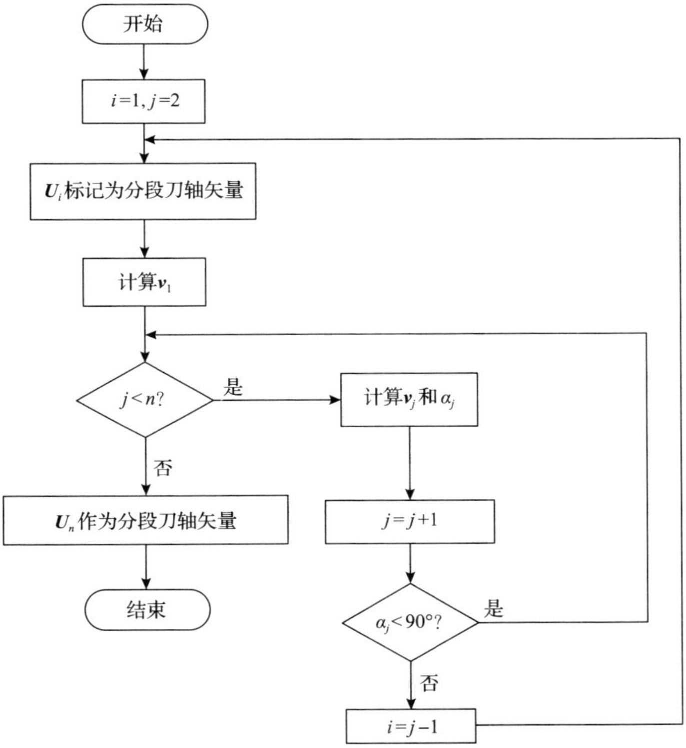

图 6.15　待压缩区域确定流程

6.2.2　待压缩刀轴矢量表示

6.2.1 节以刀具姿态曲线的拐点位置为依据，将曲线上刀轴矢量划分至若干压缩区域，位于同一压缩区域内的刀轴矢量所形成的刀具姿态曲线沿同一方向弯曲。因此，可将位于同一压缩区域内的刀轴矢量用其相对于该区域首末刀轴矢量所确定平面的投影角和倾斜角表示。

对于由离散刀轴矢量$\{\boldsymbol{U}_1,\boldsymbol{U}_2,\cdots,\boldsymbol{U}_j\}$确定的压缩区域，根据式(6.21)和式(6.22)建立局部旋转坐标系 $\boldsymbol{O}\boldsymbol{U}_i\boldsymbol{N}_i\boldsymbol{V}_i$：

$$\boldsymbol{V}_i=\frac{\boldsymbol{U}_i\times\boldsymbol{U}_j}{\left\|\boldsymbol{U}_i\times\boldsymbol{U}_j\right\|}\tag{6.21}$$

$$\boldsymbol{N}_i = \frac{\boldsymbol{V}_i \times \boldsymbol{U}_i}{\|\boldsymbol{V}_i \times \boldsymbol{U}_i\|} \tag{6.22}$$

式中，$\boldsymbol{U}_i$ 和 $\boldsymbol{U}_j$ 为该区域首末端点处的刀轴矢量；$\boldsymbol{V}_i$ 为垂直于 $\boldsymbol{U}_i$ 和 $\boldsymbol{U}_j$ 所在平面的法向量；$\boldsymbol{N}_i$ 位于 $\boldsymbol{U}_i$ 和 $\boldsymbol{U}_j$ 所确定平面上，并与 $\boldsymbol{U}_i$ 垂直。

位于同一压缩区域内任一刀轴矢量 $\boldsymbol{U}_k$ 可表示为

$$\boldsymbol{U}_k = \sin\psi_k \boldsymbol{V}_i + \cos\psi_k \left(\sin\phi_k \boldsymbol{N}_i + \cos\phi_k \boldsymbol{U}_i\right), \quad k = i, i+1, \cdots, j \tag{6.23}$$

式中，ψ_k 为区域内任一刀轴矢量 $\boldsymbol{U}_k$ 相对于平面 $\boldsymbol{U}_i$-$\boldsymbol{N}_i$ 的倾斜角，由该刀轴矢量 $\boldsymbol{U}_k$ 与平面 $\boldsymbol{U}_i$-$\boldsymbol{N}_i$ 间的夹角确定：

$$\psi_k = \arcsin\left(\boldsymbol{U}_k \cdot \boldsymbol{V}_i\right) \tag{6.24}$$

ϕ_k 为投影角，由起始刀轴矢量 $\boldsymbol{U}_i$ 与刀轴矢量 $\boldsymbol{U}_k$ 在平面 $\boldsymbol{U}_i$-$\boldsymbol{N}_i$ 上的投影间夹角确定：

$$\phi_k = \arccos \frac{\boldsymbol{U}_k \cdot \boldsymbol{U}_i}{\sqrt{1 - \left(\boldsymbol{U}_k \cdot \boldsymbol{V}_i\right)^2}} \tag{6.25}$$

将同一压缩区域内的刀轴矢量用投影角和倾斜角表示后，离散刀轴矢量的压缩就转化为投影角和倾斜角的拟合问题。如何确定满足压缩误差要求的投影角和倾斜角表达式，就成为实现同一区域刀轴矢量压缩的关键。

6.2.3　投影角和倾斜角拟合

在对同一区域内刀轴矢量对应投影角和倾斜角进行拟合前，首先必须确定该刀轴矢量所对应的参数。为体现该区域内刀具姿态曲线的变化趋势，任一刀轴矢量 $\boldsymbol{U}_k$ 所对应的参数 u_k 应与该刀轴矢量 $\boldsymbol{U}_k$ 和区域起始刀轴矢量 $\boldsymbol{U}_i$ 间所对应的刀具姿态曲线长度相关。考虑到刀轴矢量是位于单位球面上的单位矢量，$\boldsymbol{U}_k$ 和 $\boldsymbol{U}_i$ 间所对应的刀具姿态曲线长度 $l_{i,k}$ 为

$$l_{i,k} = \sum_{a=i}^{k-1} \arccos \frac{\boldsymbol{U}_a \cdot \boldsymbol{U}_{a+1}}{\|\boldsymbol{U}_a\| \|\boldsymbol{U}_{a+1}\|} \tag{6.26}$$

刀轴矢量 $\boldsymbol{U}_k$ 所对应的参数 u_k 为

$$u_k = \begin{cases} 0, & k = i \\ u_{k-1} + \dfrac{l_{k-1,k}}{l_{i,j}}, & k = i+1, i+2, \cdots, j \end{cases} \tag{6.27}$$

当确定了同一压缩区域内所有刀轴矢量对应的参数后，可将倾斜角和投影角表示为与该参数相关的 n 次多项式：

$$\begin{cases}\phi(u)=\sum_{i=0}^{n}a_iu^i\\ \psi(u)=\sum_{i=0}^{n}b_iu^i\end{cases}\tag{6.28}$$

为使压缩后的刀具姿态曲线经过该区域首末端点处刀轴矢量 $\boldsymbol{U}_i$ 和 $\boldsymbol{U}_j$，投影角和倾斜角表达式应满足下述边界条件：

$$\begin{cases}\phi(u=0)=a_0=0\\ \phi(u=1)=\sum_{i=0}^{n}a_i=\phi_j\end{cases}\tag{6.29}$$

$$\begin{cases}\psi(u=0)=b_0=0\\ \psi(u=1)=\sum_{i=0}^{n}b_i=0\end{cases}\tag{6.30}$$

式中，ϕ_j 为刀轴矢量 $\boldsymbol{U}_j$ 在平面 $\boldsymbol{U}_i$-$\boldsymbol{N}_i$ 上的投影角，可根据式(6.25)计算。

在由离散刀轴矢量 $\{\boldsymbol{U}_i,\boldsymbol{U}_{i+1},\cdots,\boldsymbol{U}_j\}$ 确定的压缩区域内，各刀轴矢量对应的投影角可根据式(6.25)求解，从而得到投影角集合 $\{\phi_i,\phi_{i+1},\cdots,\phi_j\}$，该区域内各投影角与 $\phi(u)$ 曲线上对应值间的偏差 I 可表示为

$$I=\sum_{k=i}^{j}\left(\sum_{l=1}^{n}a_lu_k^l-\phi_k\right)^2\tag{6.31}$$

为使拟合曲线能够体现各离散点的分布情况，区域内各投影角与 $\phi(u)$ 曲线上对应值间的偏差 I 应达到最小值，即 I 对 $\phi(u)$ 曲线各系数的偏导数为 0：

$$\frac{\partial I}{\partial a_m}=2\sum_{k=i}^{j}\left(\sum_{l=1}^{n}a_lu_k^l-\phi_k\right)u_k^m=0\tag{6.32}$$

化简式(6.32)后，可确定 $\phi(u)$ 曲线各系数值为

$$\begin{bmatrix} \sum_{k=i}^{j} u_k^2 & \sum_{k=i}^{j} u_k^3 & \cdots & \sum_{k=i}^{j} u_k^{1+n} \\ \sum_{k=i}^{j} u_k^3 & \sum_{k=i}^{j} u_k^4 & \cdots & \sum_{k=i}^{j} u_k^{2+n} \\ \vdots & \vdots & & \vdots \\ \sum_{k=i}^{j} u_k^{1+n} & \sum_{k=i}^{j} u_k^{2+n} & \cdots & \sum_{k=i}^{j} u_k^{2n} \end{bmatrix} \begin{bmatrix} a_1 \\ a_2 \\ \vdots \\ a_n \end{bmatrix} = \begin{bmatrix} \sum_{k=i}^{j} \phi_k u_k \\ \sum_{k=i}^{j} \phi_k u_k^2 \\ \vdots \\ \sum_{k=i}^{j} \phi_k u_k^n \end{bmatrix} \tag{6.33}$$

当 $\phi(u)$ 曲线各系数值确定后，可以根据式(6.28)得到投影角表达式，倾斜角表达式的确定过程与投影角类似。将投影角和倾斜角表达式代入式(6.23)，即可得到该压缩区域内的刀具姿态曲线表达式。

6.2.4 刀轴矢量修正

当得到了由离散刀轴矢量$\{\boldsymbol{U}_i,\boldsymbol{U}_{i+1},\cdots,\boldsymbol{U}_j\}$确定的压缩区域内投影角和倾斜角表达式后，该区域内任一刀轴矢量 $\boldsymbol{U}_k$ 所对应的参数 u_k 在投影角和倾斜角表达式上的值 $\phi(u_k)$ 和 $\psi(u_k)$ 就可根据式(6.28)计算获得，则该区域内刀轴矢量 $\boldsymbol{U}_k$ 修正为

$$\boldsymbol{U}_k' = \sin\psi(u_k)\boldsymbol{V}_i + \cos\psi(u_k)\sin\phi(u_k)\boldsymbol{N}_i + \cos\psi(u_k)\cos\phi(u_k)\boldsymbol{U}_i, \quad k = i, i+1, \cdots, j \tag{6.34}$$

为进一步比较采用本方法进行压缩后得到的刀轴矢量偏离原刀轴矢量的程度，将修正后刀轴矢量相对原刀轴矢量的偏移角度定义为压缩误差 ε_k：

$$\varepsilon_k = \arccos(\boldsymbol{U}_k' \cdot \boldsymbol{U}_k)$$

6.2.5 数控指令格式

基于刀轴矢量定向压缩的指令点平滑过渡方法将同一压缩区域内刀轴矢量的压缩问题转化为投影角和倾斜角表达式的求解问题。当给定该压缩区域首末端点处刀轴矢量以及投影角、倾斜角表达式后，就可确定该区域内刀轴矢量的修正值。因此，适用于该方法的数控加工程序可设定为如下形式：

*S_E_*;

*A2_A3_A4_A5_*;

B2_B3_B4_B5_;

…

其中，S_与 E_后的数值为待压缩区域的首末刀轴矢量；Ai_后的数值确定了该区域刀轴矢量对应投影角表达式的 i 次项系数；Bi_后的数值确定了该区域刀轴矢量对应倾斜角表达式的 i 次项系数。投影角和倾斜角表达式中常数项和一次项系数可根据首末刀轴矢量值确定，因而不需将其值传送到系统中。

6.2.6　实例验证及分析

为验证本节方法的有效性和可行性，对叶轮叶片的一段刀具轨迹上 25 个离散刀轴矢量进行试验验证。表 6.1 为试验用刀轴矢量数据。当数控系统对该段轨迹进行直接加工时，需要将 25 段刀轴矢量数据依次传入数控系统中，从而完成该段轨迹加工。当加工精度不断提高时，程序段数目也不断增加，而采用基于刀轴矢量定向压缩的指令点平滑过渡方法所需传输的程序段数目会大幅减少。

表 6.1　试验用刀轴矢量数据

切触点序号	q_x	q_y	q_z
1	–0.1073	0.6249	0.7733
2	–0.0030	0.6530	0.7573
3	0.1350	0.6488	0.7489
4	0.2639	0.5968	0.7578
5	0.3172	0.5518	0.7713
6	0.3295	0.5161	0.7906
7	0.3268	0.4780	0.8153
8	0.3137	0.4461	0.8382
9	0.2887	0.4164	0.8621
10	0.2170	0.3575	0.9084
11	0.1295	0.2618	0.9564
12	0.1055	0.2209	0.9696
13	0.0968	0.1849	0.9780
14	0.0979	0.1597	0.9823
15	0.1106	0.1379	0.9843
16	0.1335	0.1275	0.9828
17	0.1711	0.1277	0.9769
18	0.2390	0.1533	0.9588

续表

切触点序号	q_x	q_y	q_z
19	0.3999	0.2013	0.8942
20	0.4879	0.2082	0.8477
21	0.5679	0.1822	0.8027
22	0.6287	0.0985	0.7714
23	0.6542	–0.0066	0.7563
24	0.6520	–0.1172	0.7491
25	0.6189	–0.2239	0.7529

图 6.16 为刀具姿态曲线在 X、Y、Z 方向分量及其一、二阶导数曲线图。可以看出，采用本节方法进行压缩得到的刀具姿态曲线在 X、Y、Z 方向分量及其一、二阶导数曲线是连续的。

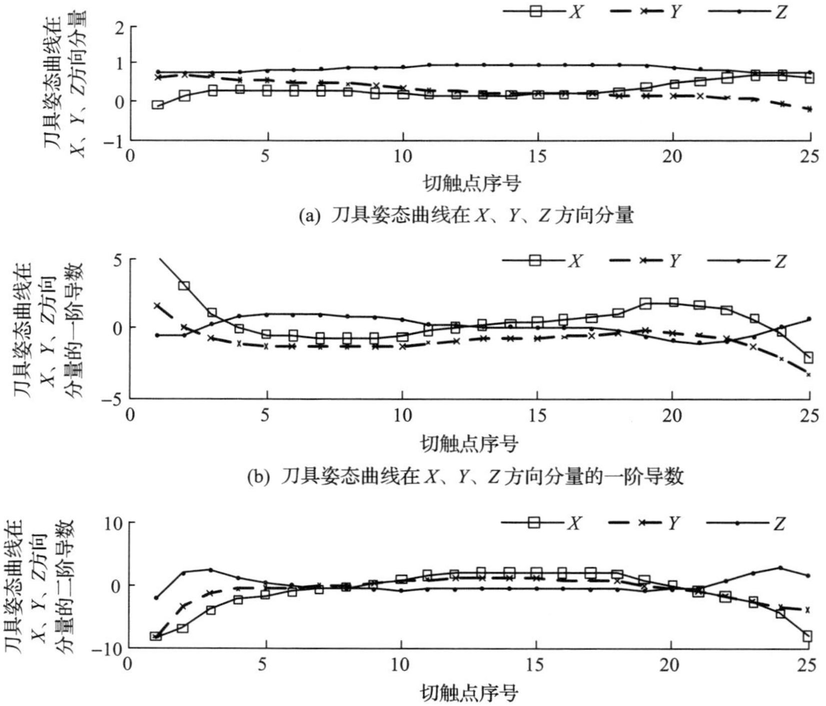

(a) 刀具姿态曲线在 X、Y、Z 方向分量

(b) 刀具姿态曲线在 X、Y、Z 方向分量的一阶导数

(c) 刀具姿态曲线在 X、Y、Z 方向分量的二阶导数

图 6.16　刀具姿态曲线在 X、Y、Z 方向分量及其一、二阶导数曲线图(基于刀轴矢量定向压缩的指令点平滑过渡方法)

图 6.17 为压缩误差图。可以看出，当投影角和倾斜角多项式次数由四次增加

至六次时，产生的最大压缩误差也由 0.218rad 减小到 0.028rad。在刀轴矢量定向压缩过程中选择适合的投影角和倾斜角多项式次数，能够将压缩误差控制在允许范围内。

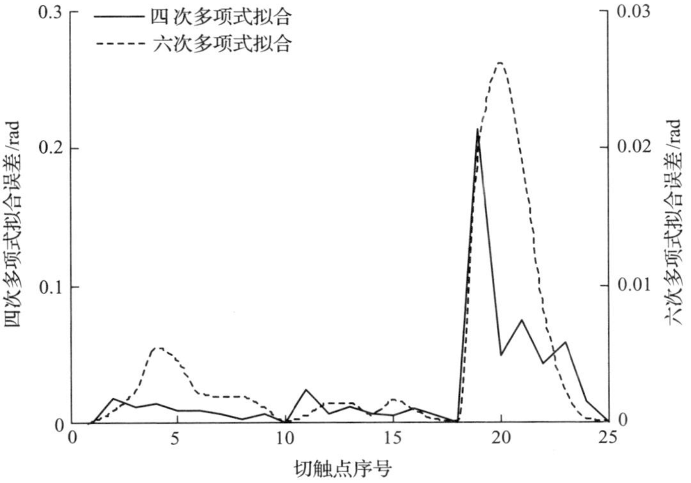

图 6.17　压缩误差图

参 考 文 献

[1] Xiao Q B, Wan M, Zhang W H, et al. Tool orientation optimization for the five-axis CNC machining to constrain the contour errors without interference[J]. Journal of Manufacturing Processes, 2022, 76(4): 46-56.

[2] Zhang W B, Ren J X, Zhou J H. Noninterference tool orientations and maximum taper angles of conical cutters in 4-axis milling of complex channel parts[J]. The International Journal of Advanced Manufacturing Technology, 2023, 127(9): 4357-4385.

[3] Ma J W, Qi X Q, Gui C H, et al. A non-singular five-axis trochoidal milling process method for 3D curved slots[J]. The International Journal of Advanced Manufacturing Technology, 2024, 130(1): 253-266.

[4] 章鸿. 五轴机床分类运动学建模及后置处理验证[J]. 制造技术与机床, 2019, (4): 180-183.

[5] Fountas N A, Stergiou C I, Vaxevanidis N M, et al. A generic multi-axis post-processor engine for optimal CNC data creation and intelligent surface machining[J]. Solid State Phenomena, 2017, 261(1): 463-469.

[6] 耿聪, 于东, 郑飚默, 等. 适用于自由曲面高速高精加工的旋转轴位置优化算法[J]. 机械工程学报, 2012, 48(23): 127-134.

[7] Wu B H, Liang M C, Zhang Y, et al. Optimization of machining strip width using effective cutting shape of flat-end cutter for five-axis free-form surface machining[J]. International Journal of Advanced Manufacturing Technology, 2018, 94(5): 2623-2633.

[8] 赵恒，万能，张森堂，等. 最小非线性插补误差约束的多轴侧铣刀轴矢量优化[J]. 机床与液压, 2022, 50(8): 81-88.